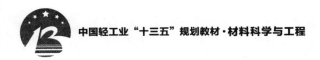
中国轻工业"十三五"规划教材·材料科学与工程

无机材料科学基础

主编 林 营

编者 林 营 赵 婷

方 媛 刘虎林

西北工业大学出版社

西 安

图书在版编目（CIP）数据

无机材料科学基础/林营主编 . —西安：西北工
业大学出版社，2020.2
　ISBN 978-7-5612-6902-2

　Ⅰ.①无…　Ⅱ.①林…　Ⅲ.①无机材料-材料科学
Ⅳ.①TB321

中国版本图书馆 CIP 数据核字（2020）第 003823 号

WUJI CAILIAO KEXUE JICHU

无 机 材 料 科 学 基 础

责任编辑：付高明	策划编辑：付高明	
责任校对：李阿盟	装帧设计：李　飞	
出版发行：西北工业大学出版社		
通信地址：西安市友谊西路 127 号	邮编：710072	
电　　话：(029)88491757，88493844		
网　　址：www.nwpup.com		
印 刷 者：兴平市博闻印务有限公司		
开　　本：787 mm×1 092 mm	1/16	
印　　张：13.875		
字　　数：364 千字		
版　　次：2020 年 2 月第 1 版	2020 年 2 月第 1 次印刷	
定　　价：49.00 元		

前　言

　　材料是人类社会赖以生存的物质基础,与国民经济建设、国防建设和人民生活密切相关,是科学发展的技术先导。信息、材料和能源被誉为当代文明的三大支柱。

　　材料种类多样。从物理和化学属性来分,材料可分为金属材料、无机非金属材料、有机高分子材料和不同类型材料组成的复合材料。其中,无机非金属材料是材料的重要组成部分,它不仅是人类认识和应用最早的材料,而且具有金属材料和有机高分子材料所无法比拟的优异性能,在现代科学技术中占有越来越重要的地位。传统的无机非金属材料主要包括陶瓷、玻璃、水泥和耐火材料等硅酸盐材料,是工业和基本建设所必需的基础材料。随着现代高科技的发展,又将半导体、先进结构陶瓷、功能陶瓷、新型功能玻璃、人工晶体非晶态材料、碳素材料等都纳入到无机非金属材料范畴。由于金属材料、无机非全属材料和有机高分子材料等专业的不同,目前国内材料科学基础课程的内容也有很大区别。本书是立足于无机非金属材料专业方向的特色,结合各院校同类专业方向的特点编写而成的。具体内容包括晶体结构基础、晶体缺陷理论、固溶体及非化学计量化合物、熔体和非晶态固体、无机材料的相平衡理论、无机材料的扩散动力学理论、无机材料的固相反应理论、无机材料的相变理论和无机材料的烧结理论等。书中融合了物理化学、结构化学、结晶化学的基本理论,阐述了无机非金属材料的结构与性能的规律性。通过本书的学习,学生可以掌握无机非金属材料的组成、结构与性能之间的相互关系及其变化规律的基本理论,奠定从事材料科学研究的专业基础,培养和提高科研能力,对于今后从事复杂的技术工作和研发新材料十分有益。本书可作为高校相关课程的教材,也适合于材料学者阅读参考。

　　本书由陕西科技大学材料科学与工程学院林营教授担任主编,编者为林营、赵婷、方媛、刘虎林。具体编写分工如下:第一～三章由刘虎林编写,第四、九章由方媛编写,第五章由林营编写,第六～八章由赵婷编写。

　　在本书编写过程中,我们得到了陕西科技大学教务处、材料科学与工程学院有关领导和老师的支持与帮助,在此表示最衷心的感谢。对编写本书曾参阅过的文献资料的作者,在此也谨致谢意。

　　材料科学所涉及的内容和应用领域十分广泛,限于水平,书中不当之处敬请各位读者给予指正。

编　者

2019 年 8 月

目　录

第一章 晶体结构

固体材料按照内部质点(原子、离子或分子)的聚集或排列状态可以分为晶体和非晶体。金属和陶瓷等材料主要是由晶体组成的晶质材料。在晶质材料中,晶体本身的性质是影响材料性质的主要因素之一。例如,构成耐火材料的主晶相一般具有较高的溶点,氮化铝晶粒较高的导热率使氮化铝陶瓷具有良好的导热性。一般来讲,一种晶体具有一定的物质组成和内部结构(即内部质点的排列方式)。相同的物质组成可以具有不同的排列方式,如金刚石和石墨;而不同的物质组成也可以具有相同的排列方式,如 NaCl 和 MgO。本章主要介绍晶体内部质点的排列规律和典型的晶体结构。

第一节 几何晶体学基础

一、晶体的基本概念

人们最早是从晶体的规则几何外形出发认识晶体的。一般自然凝结的、不受外界干扰而形成的晶体都有自己独特的、呈对称性的形状,即具有规则的几何外形。例如,呈立方体的石盐、菱面体的方解石等。但是实践证明,仅从是否具有规则几何外形来区分晶体是不正确的。很多晶体由于受到生长条件的限制而不具有规则的几何外形,比如多晶材料中呈不规则颗粒状的晶粒。

直到 20 世纪初(1912 年),科学家应用 X 射线衍射对晶体的内部结构进行研究,揭示了晶体结构的微观本质,即晶体内部质点在三维空间内周期性重复排列。这是晶体和非晶体的本质区别,非晶体内部质点的排列不具有周期性。

二、空间点阵和晶胞

为了进一步描述晶体结构的周期性,可以对实际晶体进行几何抽象,进而建立质点排列规律的几何图形。以下以石盐(NaCl)晶体为例进行说明。

图 1-1(a)为石盐晶体的结构示意图。由图可以看出,所有 Na^+ 的前后、左右、上下相同的距离上(0.281 4 nm)都是 Cl^-,而所有 Cl^- 的前后、左右、上下相同的距离上(0.281 4 nm)都是 Na^+。换而言之,在 NaCl 晶体中所有 Na^+ 或 Cl^- 在同一取向上所处的集合环境和物质环境相同,但在同一取向上,Na^+ 和 Cl^- 的环境不相同。如果把 NaCl 晶体中的 Na^+ 和 Cl^- 的中心点作为几何点,并用直线将它们连接起来,则可得到图 1-1(b)所示的几何图形。其中每一个 Na^+ 或 Cl^- 中心点都处于相同的位置环境中,因此可以把这些几何点称为等同点。等同点必定在三维空间呈周期性重复排列。我们把由几何点在三维空间作周期性规则排列所形成的

三维阵列称为空间点阵,点阵中的几何点又称为阵点或节点。同时,将阵点用一系列相互平行的直线连接起来形成的空间格架称为晶格或空间格子。

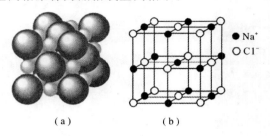

图 1-1　石盐的晶体结构

(a) 结构示意图,大球和小球分别代表 Na^+ 和 Cl^-；　(b) 空间格子

　　在空间格子中(见图 1-2(a)),可以取出一个平行六面体作为最小的重复单元,进而完全描述格子的特征(或阵点的排列特征),这样的结构单元称之为晶胞,如图 1-2(b)所示。同一空间格子可因选取方式不同而得到不相同的晶胞,所以,选取晶胞要求是最能反映该格子的对称性。具体选取原则:

　　(1)选取的平行六面体应反映出点阵的最高对称性；

　　(2)平行六面体内的棱和角相等的数目应最多；

　　(3)当平行六面体的棱边夹角存在直角时,直角数目应最多；

　　(4)在满足上述条件的情况下,晶胞应具有最小的体积晶胞。

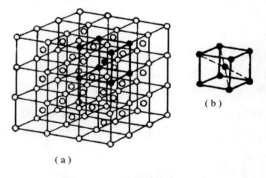

图 1-2　空间格子和晶胞

(a) 空间格子；　(b) 晶胞

　　为了描述晶胞的形状和大小,在建立坐标系时通常以晶胞角上的某一阵点为原点,以该晶胞上过原点的三个棱边为坐标轴 x,y,z(称为晶轴),则可以用三条棱长 a,b,c 及棱间交角 α,β,γ 来表征,这 6 个参数合称"晶胞参数"。其中,三组棱边长又称为晶格常数。同时,只要任选一个阵点为原点,将 $\boldsymbol{a},\boldsymbol{b},\boldsymbol{c}$ 三个点阵矢量(称为基矢)作平移,就可以得到整个点整。点阵中任一阵点的位置均可用矢量表示为

$$\boldsymbol{r}_{uvw} = u\boldsymbol{a} + v\boldsymbol{b} + w\boldsymbol{c} \qquad (1-1)$$

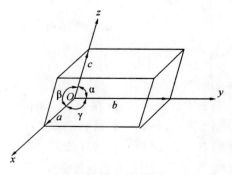

图 1-3　描述晶胞的 6 个参数

式中，r_{uvw} 为由原点到某阵点的矢量；u,v,w 分别为沿三个点阵矢量方向平移的基矢数，即阵点在 x,y,z 轴上的坐标值。

三、晶系和布拉菲点阵

在晶体学中，常根据晶胞外形及棱边长度和晶轴间的夹角情况对晶体进行分类，可将所有晶体分为 7 种类型，或称为 7 个晶系，见表 1-1。但该分类方法不涉及晶胞中原子的具体排列情况。考虑晶胞外形和晶胞中原子的排列情况，布拉菲根据"每个阵点的周围环境相同"的要求，用数学分析法证明晶体中的空间点阵只有 14 种，其晶胞特征如表 1-1 和图 1-4 所示。这 14 种点阵称之为布拉菲点阵。

表 1-1　7 个晶系与 14 种布拉菲点阵

布拉菲点阵	晶　　系	棱边长度与夹角关系	与图 1-4 中对应的标号
简单立方	立方（等轴）	$a=b=c,\ \alpha=\beta=\gamma=90°$	1
体心立方			2
面心立方			3
简单四方	四方（正方）	$a=b\neq c,\ \alpha=\beta=\gamma=90°$	4
体心四方			5
简单菱方	菱方（三方，三角）	$a=b=c,\ \alpha=\beta=\gamma\neq90°$	6
简单六方	六方（六角）	$a=b,\ \alpha=\beta=90°,\ \gamma=120°$	7
简单正交	正交（斜方）	$a\neq b\neq c,\ \alpha=\beta=\gamma=90°$	8
底心正交			9
体心正交			10
面心正交			11
简单单斜	单斜	$a\neq b\neq c,\ \alpha=\beta=90°\neq\gamma$	12
底心单斜			13
简单三斜	三斜	$a\neq b\neq c,\ \alpha\neq\beta\neq\gamma\neq90°$	14

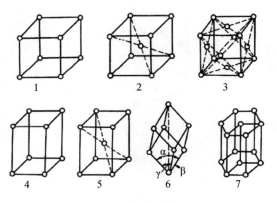

图 1-4　14 种布拉菲点阵晶胞示意图

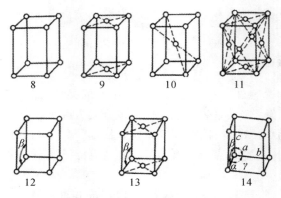

续图 1-4   14 种布拉菲点阵晶胞示意图

第二节   典型布拉菲点阵简介

在 14 种布拉菲点阵中,体心立方(BCC)、面心立方(FCC)和简单六方结构最具有代表性。其中具有六方结构的晶体往往以密排六方(HCP)的形成进行原子堆垛。因此,本节主要以体心立方、面心立方和密排六方为例,介绍点阵的基本特点。如果把阵点处的原子看作刚性球,则这三种晶体结构的晶胞分别如图 1-5~图 1-7 所示。

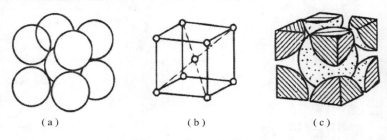

（a）   （b）   （c）

图 1-5   体心立方结构

（a）刚球模型； （b）晶胞模型； （c）晶胞中的原子数(示意图)

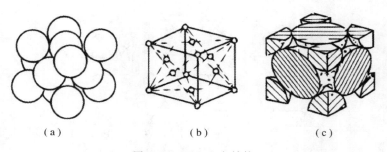

（a）   （b）   （c）

图 1-6   面心立方结构

（a）刚球模型； （b）晶胞模型； （c）晶胞中的原子数(示意图)

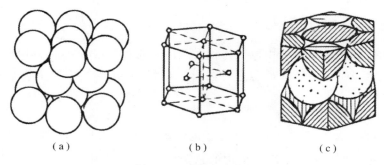

图 1-7 密排六方结构

(a) 刚球模型; (b) 晶胞模型; (c) 晶胞中的原子数(示意图)

一、晶胞中的原子数

由图 1-5(c)、图 1-6(c) 和图 1-7(c) 可知,位于晶胞顶角处的原子为几个晶胞共有,位于晶胞面上的原子为两个相邻晶胞共有,而只有位于晶胞体内的原子才为一个晶胞独有。因此,每个晶胞所含有的原子数 (N) 的计算公式为

$$N = N_i + N_f/2 + N_r/m \tag{1-2}$$

式中,N_i,N_f 和 N_r 分别表示位于晶胞内部、面心和角顶上的原子数;m 与晶胞所属晶系有关,立方晶系的 $m = 8$,六方晶系的 $m = 6$。计算可得体心立方、面心立方和密排六方三种晶胞中的原子数分别为 2,4,6。

二、晶格常数

如果把原子看作半径为 r 的刚性球,则由几何学知识可求得晶格常数 a,b,c 与 r 之间的关系为

体心立方结构($a = b = c$)

$$a = 4\sqrt{3}/3r \tag{1-3}$$

面心立方结构($a = b = c$)

$$a = 2\sqrt{2}r \tag{1-4}$$

密排六方结构($a = b \neq c$)

$$a = 2r \tag{1-5}$$

对于密排六方结构,按原子为等径刚球模型计算,可得其轴比 $c/a = 1.633$。

三、原子的配位数

晶胞中原子的配位数可以描述原子的周围环境。配位数是指晶体结构中任一原子周围最近邻且等距离的原子数(C_N)。根据图 1-5(b)、图 1-6(b) 和图 1-7(b) 可知,体心立方、面心立方和密排六方结构的配位数分别为 8,12,12。

需要注意的是,在密排六方结构中只有当 $c/a = 1.633$ 时,配位数才为 12。如果 $c/a \neq 1.633$,则有 6 个最近邻原子(同一层的原子)和 6 个次近邻原子(上、下层各 3 个原子),其配位数应计为 6+6。

四、致密度

晶胞的致密度是指晶体结构中原子体积占总体积的百分数(K),可以用来定量地表示原子排列的紧密程度。如果用一个晶胞来计算,则致密度就是晶胞中原子体积与晶胞体积之比,即

$$K = nv/V \qquad\qquad (1-6)$$

式中,n 是一个晶胞中的原子数;v 是一个原子的体积,$v = (4/3)\pi r^3$;V 是晶胞的体积。

体心立方、面心立方和密排六方结构的致密度分别为 $\sqrt{3}/8\pi \approx 0.68$,$\sqrt{2}/6\pi \approx 0.74$ 和 $\sqrt{2}/6\pi \approx 0.74$。

五、晶体中的间隙

从晶体结构的刚球模型和致密度计算可知,晶体中存在许多间隙。一般来说,若将晶体中的原子视为球形,则相互接触的最近邻原子间的空隙称为间隙。间隙内能容纳的最大刚性球的半径称为间隙半径。晶体结构中最主要的两种间隙为四面体间隙和八面体间隙,如图 1-8 所示。位于 4 个原子所组成的四面体中间的间隙,称为四面体间隙;位于 6 个原子所组成的八面体中间的间隙,称为八面体间隙。设阵点处原子的半径和间隙半径分别为 r_A 和 r_B,则根据图 1-8 所示的刚球模型中的几何关系,可以求出三种典型晶体结构中四面体间隙和八面体间隙的 r_B/r_A 值,计算结果见表 1-2。三种典型结构中的间隙特征如图 1-9 ～ 图 1-11 所示。

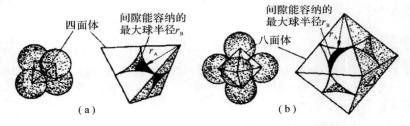

图 1-8　四面体间隙和八面体间隙的刚球模型

(a)四面体间隙;　(b)八面体间隙

表 1-2　三种典型晶体结构中的间隙

晶体类型	间隙类型	一个晶胞中的间隙数 / 个	间隙半径与原子半径之比 r_B/r_A
体心立方	四面体	12	0.291
	扁八面体	6	0.155
面心立方	正四面体	8	0.225
	正八面体	4	0.414
密排六方	四面体	12	0.225
	正八面体	6	0.414

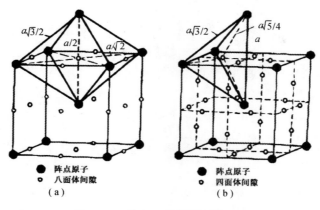

图 1-9　体心立方结构中的间隙

（a）八面体间隙；　（b）四面体间隙

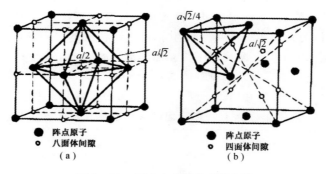

图 1-10　面心立方结构中的间隙

（a）八面体间隙；　（b）四面体间隙

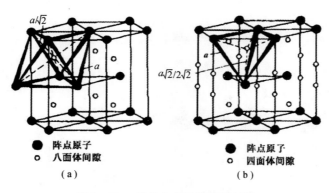

图 1-11　密排六方结构中的间隙

（a）八面体间隙；　（b）四面体间隙

由计算可知，面心立方结构中的八面体间隙和四面体间隙与密排六方结构中的同类型间隙的形状相似，都是正八面体和正四面体。在原子半径相同的条件下，两种结构的同类型间隙的大小也相等，且八面体间隙大于四面体间隙。而体心立方结构中的八面体间隙却比四面体间隙小，且二者的形状都是不对称的，不属于正多面体。

第三节　典型无机物晶体结构

　　金属晶体中的结合键是金属键,没有方向性和饱和性,这使得大多数金属晶体都具有排列紧密、对称性高的简单晶体结构,即以上述的面心立方、体心立方和密排六方为主。但对于大多数的无机非金属物来讲,由于化学键以离子键和共价键为主,且多存在多种元素,因此其晶体结构较为复杂。其中质点的相对大小对晶体结构(或质点的排列方式)影响巨大。

一、配位多面体

　　在离子晶体中,把每个离子周围与之相邻接的异号离子的个数称为该离子的配位数。例如,在 NaCl 晶体中,Na^+ 与 6 个 Cl^- 邻接,故 Na^+ 的配位数为 6;同样 Cl^- 与 6 个 Na^+ 邻接,即 Cl^- 的配位数也是 6。阴、阳离子的配位数主要取决于阴、阳离子的半径比 R^+/R^-。

　　此外,阴、阳离子在堆积形成晶格时,一般由于阳离子半径小于阴离子半径,所以通常可以看成是由阴离子堆积成骨架,阳离子按照自身大小填充于阴离子空隙中。这种与某一个阳离子直接相邻,形成配位关系的各个阴离子的中心连线所构成的多面体,称为阴离子配位多面体。阳离子位于多面体的中心。阴离子配位多面体形状取决于阳离子的配位数。而离子晶体的结构取决于配位多面体的形状及其排列方式。

　　离子半径比、阳离子配位数和阴离子配位多面体间的关系见表 1-3。

表 1-3　离子半径比 R^+/R^-、配位数和阴离子配位多面体的形状

R^+/R^-	阳离子配位数/个	阴离子配位多面体的形状	
0~0.155	2	哑铃状	
0.155~0.225	3	三角形	
0.225~0.414	4	四面体	
0.414~0.732	6	八面体	
0.732~1.00	8	立方体	

续　表

R^+/R^-	阳离子配位数/个	阴离子配位多面体的形状	
1.00	12	最密堆积	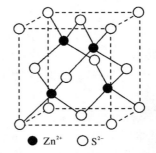

二、常见晶体结构

1. NaCl 型结构

NaCl 的晶体结构如图 1-12 所示。Cl^- 按面心立方排列，$R^+/R^-=0.639$，Na^+ 的配位数为 6，Na^+ 填充于八面体间隙中。若以 Z 表示单位晶胞中的"分子"数（即相当于单位晶胞中含 NaCl 的个数），则在 NaCl 晶体中，$Z=4$。具有 NaCl 晶体结构的有 MgO，CaO，SrO，MnO，FeO 等晶体。

2. 闪锌矿型结构

β-ZnS 闪锌矿晶体结构示意图如图 1-13 所示。S^{2-} 按面心立方排列，$R^+/R^-=0.436$，理论上 Zn^{2+} 的配位数为 6，由于具有 18 电子构型，S^{2-} 半径大且易于变形，Zn—S 键有较大程度的共价性质。因此，Zn^{2+} 的实际配位数为 4，即 Zn^{2+} 填充于四面体间隙中。Zn^{2+} 的填充率 $P=1/2$，交替占据面心立方结构中 1/2 的四面体间隙。该结构中 $Z=4$。具有 β-ZnS 型结构的还有 β-SiC，CdS，CuCl 等化合物。

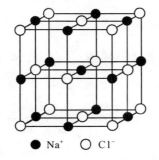

● Na^+　○ Cl^-

图 1-12　NaCl 晶体结构示意图

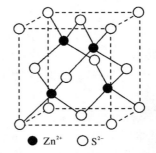

● Zn^{2+}　○ S^{2-}

图 1-13　β-ZnS 晶体结构示意图

3. 纤锌矿型结构

α-ZnS 纤锌矿晶体结构示意图如图 1-14 所示。该晶体属六方晶系，S^{2-} 按六方密排结构排列，$R^+/R^-=0.436$，因极化影响，Zn^{2+} 的配位数降低为 4，Zn^{2+} 填充于 1/2 的四面体间隙。该结构中 $Z=2$。属于纤锌矿结构的晶体有 BeO，ZnO 和 AlN 等。

4. CsCl 型结构

CsCl 晶体结构示意图如图 1-15 所示。Cl^- 按照简单立方结构排列，$R^+/R^-=0.961$，Cs^+ 的配位数为 8，Cs^+ 位于立方体中心。该结构中 $Z=1$。属于 CsCl 结构的晶体有 CsBr、CsI 和 NH_4Cl 等。

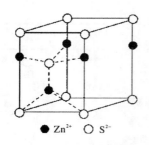

● Zn²⁺ ○ S²⁻

图 1-14 α-ZnS 晶体结构示意图

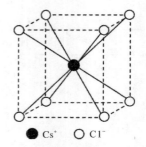

● Cs⁺ ○ Cl⁻

图 1-15 CsCl 晶体结构示意图

5. CaF₂(萤石)型结构

CaF₂晶体结构示意图如图 1-16 所示。Ca^{2+} 按面心立方排列，$R^+/R^- = 0.975$，Ca^{2+} 的配位数为 8，F^- 的配位数为 4。因此 Ca^{2+} 位于 F^- 构成的立方体中心，F^- 填充于 Ca^{2+} 构成的全部四面体间隙中。若把晶胞看成是 $[CaF_8]$ 多面体的堆积，由图 1-16(c)可得，晶胞中仅有一半立方体间隙被 Ca^{2+} 所填充。这表明该结构中间隙位置较大。该结构中 $Z=4$。属于萤石型结构的晶体有 ThO_2，CeO_2，VO_2 和 ZrO_2 等。

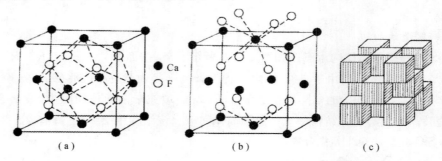

● Ca
○ F

(a)   (b)   (c)

图 1-16 CaF₂晶体结构示意图

此外，碱金属氧化物 Li_2O，Na_2O，K_2O 等的结构属于反萤石结构，它们的阳离子和阴离子的位置与 CaF_2 型结构完全相反，即碱金属离子占据 F^- 的位置，O^{2-} 占据 Ca^{2+} 的位置。

6. TiO₂(金红石)型结构

金红石型结构示意图如图 1-17 所示。Ti^{4+} 按照简单四方结构排列，体心的 Ti^{4+} 属于另一套格子，O^{2-} 处在一些特殊位置上。金红石型结构可认为是 O^{2-} 作变形的六方密堆积，Ti^{4+} 填充到 1/2 的八面体间隙中。该结构中 $Z=2$。属于金红石型结构的晶体有 GeO_2，SnO_2，PbO_2，MgF_2，CoO_2 等。

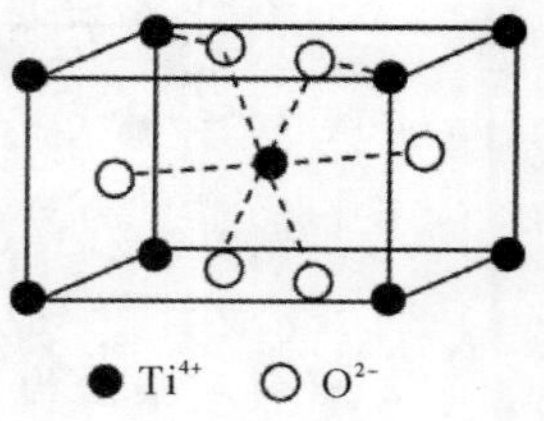

● Ti⁴⁺ ○ O²⁻

图 1-17 金红石型晶体
结构示意图

7. 刚玉型结构

刚玉结构示意图如图 1-18 所示。O^{2-} 近似作六方密堆积排列，$R^+/R^- = 0.431$，Al^{3+} 的配位数为 6，填充于 2/3 的八面体间隙中。Al^{3+} 在填充中满足如下原则：在同一层和层与层之间，Al^{3+} 间的距离应保持最远。如果用六方大晶胞表示，该结构中 $Z=6$。

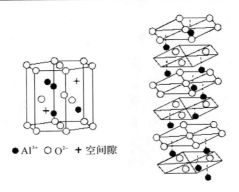

●Al³⁺ ○O²⁻ ＋空间隙

图 1-18 刚玉型晶体结构示意图

8. CaTiO₃(钙钛矿)型结构

钙钛矿型晶体结构示意图如图 1-19 所示。具有该种结构的晶体通式为 ABO_3，其中 A 代表二价金属离子，B 代表四价金属离子。这种结构也可以是 A 为一价金属离子，B 为五价金属离子。高温下钙钛矿属立方晶系。Ca^{2+} 占据立方体的角顶位置，O^{2-} 占据立方体的面心位置，Ti^{4+} 占据立方体的体心位置。因此，钙钛矿结构可看成由 O^{2-} 和半径较大的 Ca^{2+} 共同按面心立方紧密堆积排列，Ti^{4+} 填充于 1/4 的八面体间隙中。由于 $R_{Ti}/R_O = 0.522$，$R_{Ca}/R_O = 1.08$，Ti^{4+} 和 Ca^{2+} 的配位数分别为 8 和 12。

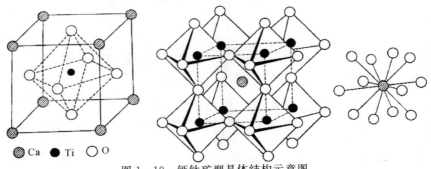

○Ca ●Ti ○O

图 1-19 钙钛矿型晶体结构示意图

9. MgAl₂O₄(尖晶石)型结构

$MgAl_2O_4$ 型晶体结构示意图如图 1-20 所示。该晶体属 AB_2O_4 型结构，通式中 A 为二价阳离子，B 为三价阳离子。其基本结构基元为 A、B 块(见图 1-20(a))，单位晶胞由 4 个 A、B 块拼合而成(见图 1-20(b))。在 $MgAl_2O_4$ 晶胞中，O^{2-} 作面心立方紧密排列，Mg^{2+} 占据 1/8 的四面体间隙，Al^{3+} 占据 1/2 的八面体间隙。

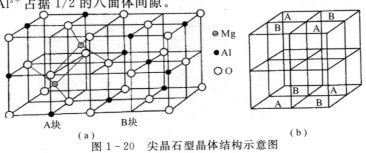

◎Mg ●Al ○O

A块 B块

(a) (b)

图 1-20 尖晶石型晶体结构示意图

二价阳离子 A 填充于四面体间隙,三价阳离子 B 填充于八面体间隙的叫正尖晶石。如果二价阳离子 A 分布在八面体间隙中,而三价阳离子 B 一半填充于四面体间隙,另一半在八面体间隙中,则称为反尖晶石,如 $Fe^{3+}(Mg^{2+}Fe^{2+})O_4$,$Fe^{3+}(Fe^{2+}Fe^{3+})O_4$。

10. 金刚石型结构

金刚石型晶体结构示意图如图 1-21 所示。碳原子组成面心立方格子,碳原子位于面心立方的所有节点位置和交替地分布在面心立方内的 1/2 的四面体间隙处。每个碳原子周围都有四个碳原子,碳原子之间形成共价键。属于金刚石型结构的晶体有 Si、Ge 和人工合成的氮化硼(BN)等。

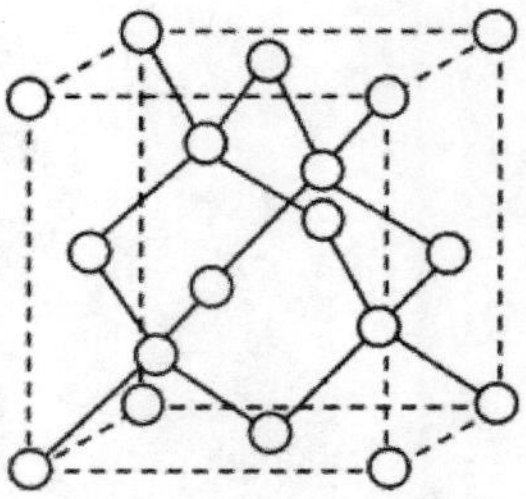

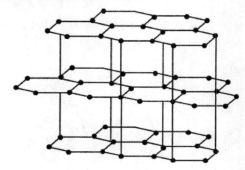

图 1-21 金刚石型晶体
结构示意图

11. 石墨结构

石墨结构示意图如图 1-22 所示,其晶体结构属六方晶系。碳原子为层状排列,同一层中,碳原子连成六边环状,每个碳原子与相邻三个碳原子之间的距离相等,碳原子之间形成共价键,而层与层之间的碳原子以范德华力相结合。人工合成的六方氮化硼与石墨的结构相同。

图 1-22 石墨结构示意图

12. 硅酸盐晶体结构特点

硅酸盐晶体结构比较复杂,其结构有以下特点:

(1)[SiO_4]是硅酸盐晶体结构的基础;

(2)硅酸盐结构中的 Si^{4+} 之间不存在直接的键而是通过 O^{2-} 来实现连接;

(3)[SiO_4]的每个顶点 O^{2-} 最多只能为两个[SiO_4]所用;

(4)两个相邻[SiO_4]之间可以共顶,但不可以共棱、共面连接。

根据[SiO_4]在结构中排列结合的方式,硅酸盐晶体结构可以分为五类:岛状、组群状、链状、层状和架状。硅酸盐晶体结构和组成上的特征见表 1-4。

表 1-4　硅酸盐晶体的结构类型

结构类型	[SiO_4]共用 O^{2-} 数/个	形状	络阴离子团	Si:O	实例
岛状	0	四面体	$[SiO_4]^{4-}$	1:4	镁橄榄石 $Mg_2[SiO_4]$
	1	双四面体	$[Si_2O_7]^{6-}$	2:7	硅钙石 $Ca_3[Si_2O_7]$

续 表

结构类型	[SiO₄]共用O²⁻数/个	形状	络阴离子团	Si∶O	实例
组群状	2	三节环 四节环 六节环	$[Si_3O_9]^{6-}$ $[Si_4O_{12}]^{8-}$ $[Si_6O_{18}]^{12-}$	1∶3	蓝锥矿 $BaTi[Si_3O_9]$ 绿宝石 $Be_3Al_2[Si_6O_{18}]$
链状	2 2、3	单链 双链	$[Si_2O_6]^{4-}$ $[Si_4O_{11}]^{6-}$	1∶3 4∶11	透辉石 $CaMg[Si_2O_6]$ 透闪石 $Ca_2Mg_5[Si_4O_{11}]_2(OH)_2$
层状	3	平面层	$[Si_4O_{10}]^{4-}$	4∶10	滑石 $Mg_3[Si_4O_{10}](OH)_2$
架状	4	骨架	$[SiO_4]^{4-}$ $[(Al_xSi_{4-x}O_8]^{x-}$	1∶2	石英 SiO_2 钠长石 $Na[AlSi_3O_8]$

课后习题

1-1 名词解释:空间点阵,节点,布拉菲格子,晶胞,晶胞参数,四面体间隙,配位数与配位体,萤石型结构和反萤石型结构,尖晶石型结构与反尖晶石型结构。

1-2 (1)画出 O^{2-} 作面心立方堆积时,各四面体间隙和八面体间隙的所在位置(以一个晶胞为结构基元表示出来);

(2)计算四面体间隙数、八面体间隙数与 O^{2-} 数之比;

(3)根据电价规则,在下面情况下,间隙内各需填入何种价数的阳离子? 对每一种结构举出一个例子。

Ⅰ. 所有四面体间隙位置均填满;

Ⅱ. 所有八面体间隙位置均填满;

Ⅲ. 填满半四面体间隙位置;

Ⅳ. 填满半八面休间隙位置。

1-3 一个面心立方紧密堆积的金属晶体,其相对原子质量为 M,密度是 8.94 g/cm³。试计算其晶格常数和原子间距。

1-4 试证明等径球体六方紧密堆积的六方晶胞的轴比 $c/a \approx 1.633$。

1-5 以 NaCl 晶胞为例,试说明面心立方紧密堆积中的八面体和四面体间隙的位置和数量。

1-6 试根据原子半径 R 计算面心立方晶胞、六方晶胞、体心立方晶胞的体积。

1-7 MgO 具有 NaCl 结构。根据 O^{2-} 半径为 0.140 nm 和 Mg^{2+} 半径为 0.072 nm,计算球状离子所占据的体积分数和 MgO 的密度,并说明为什么其体积分数小于 74.05%。

1-8 纯铁在 912 ℃ 由体心立方结构转变成面心立方,体积随之减小 1.06%。根据面心立方结构的原子半径 $R_{面心}$ 计算体心立方结构的原子半径 $R_{体心}$。

第二章　晶体结构缺陷

在前章讨论晶体结构时,都是认为整个晶体中所有的原子都按照理想的晶格点阵排列,每个阵点上都有相应的粒子,没有空着的阵点,也没有多余的粒子。但在高于 0K 的温度下,实际晶体中会有正常位置空着或间隙位置填进一个额外质点,或杂质进入晶体结构中等不正常情况,即存在着对理想晶体结构的偏离,这种偏离称为晶体缺陷。热力学计算表明,存在缺陷的晶体才是稳定的,而理想晶体实际上是不存在的。

晶体中缺陷的存在会对晶体的性质产生或大或小的影响。晶体缺陷不仅会影响晶体的物理和化学性质,而且还会影响发生在晶体中的过程,如扩散、烧结、化学反应等。因而理解晶体缺陷的知识是掌握材料科学的基础。

结构缺陷的晶体主要类型见表 2-1。这些缺陷类型中,点缺陷是无机非金属材料中最基本和最重要的缺陷。

表 2-1　晶体结构缺陷的主要类型

缺陷种类	缺陷特点	类　型
点缺陷	在三维方向上的尺寸都很小,尺寸处在一两个原子大小的级别	空位
		间隙原子
		杂质原子
线缺陷	仅在一维方向上的尺寸较大,而另外二维方向上的尺寸都很小	位错
面缺陷	仅在二维方向上的尺寸较大,而另外一维方向上的尺寸很小	晶体表面
		晶界
		相界面

第一节　点　缺　陷

研究晶体的缺陷,就是要讨论缺陷的产生、缺陷类型、浓度大小及对各种性质的影响。20世纪 60 年代,F. A. Kröger 和 H. J. Vink 建立了比较完整的缺陷研究理论——缺陷化学理论,主要用于研究晶体内的点缺陷。点缺陷是一种热力学可逆缺陷,即它在晶体中的浓度是热力学参数(温度、压力等)的函数,因此可以用化学热力学的方法来研究晶体中点缺陷的平衡问题,这就是缺陷化学的理论基础。点缺陷理论的适用范围有一定限度,当缺陷浓度超过某一临界值(大约在 10 mol% 左右)时,缺陷的相互作用,会导致广泛缺陷(缺陷簇等)的生成,甚至会形成超结构和分离的中间相。但大多数情况下,对许多无机晶体,即使在高温下点缺陷的浓度也不会超过上述极限。

缺陷化学的基本假设是:将晶体看作稀溶液,将缺陷看成溶质,用热力学的方法研究各种缺陷在一定条件下的平衡。也就是将缺陷看作是一种化学物质,它们可以参与化学反应(准化学反应)。一定条件下,这种反应达到平衡状态。

一、点缺陷的类型

点缺陷的分类方法主要有以下两种。

1. 根据对理想晶体偏离的几何位置及成分来划分

根据点缺陷对理想晶格偏离的几何位置及成分来划分,可分为三类,如图 2-1 所示。

(1)空位(Vacancy)。在有序的理想晶体中应该被原子占据的格点,现在却空着。用 Vacancy 单词的第一个字母 V 表示空位。

(2)填隙原子(Interstitial atom)。在理想晶体中原子不应占有的那些位置叫作填隙(或间隙)位置,处于填隙(或间隙)位置上的原子就叫填隙(或间隙)原子。填隙(或间隙)位置用 i 表示。

(3)杂质原子。外来原子进入晶格,则成为晶体中的杂质。如果杂质原子取代原来晶格中的原子而进入正常阵点位置,则成为置换式杂质原子;如果进入本来就没有原子的间隙位置,则成为间隙式杂质原子。

杂质进入晶体可以看作是一个溶解的过程,原晶体看做溶剂,杂质看做溶质,则可把这种溶解了杂质原子的晶体称为固体溶液(简称固溶体)。

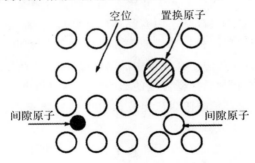

图 2-1 点缺陷的类型

2. 根据缺陷产生的原因划分

根据缺陷产生的原因来划分,可以分为以下三类:

(1)热缺陷。当晶体的温度高于 0K 时,由于晶格内原子热振动,原子的能量是涨落的,总会有一部分原子获得足够的能量离开平衡位置,造成原子缺陷,这种缺陷称为热缺陷。显然,温度越高,能离开平衡位置的原子数也越多。

晶体中常见的热缺陷有两种基本形式:弗伦克尔(Frenkel)缺陷和肖特基(Schottky)缺陷。为简便起见,我们考虑一个二元化合物 MX 所对应的晶体结构。在此晶体结构中,M 的位置数和 X 的位置数之比为 1∶1,并且该化合物晶体是电中性的。在讨论缺陷形成时,必须注意:①由于晶体结构的特性,在缺陷形成的过程中,必须保持位置比不变,否则晶体的构造就被破坏了;②晶体始终是保持电中性的。

如果在晶格热振动时,一些能量足够大的原子离开平衡位置后,挤到晶格的间隙中,形成间隙原子,而原来位置上形成空位,这种缺陷称为弗伦克尔缺陷,如图 2 - 2(a)所示。弗伦克尔缺陷的特点是:①间隙原子和空位成对出现;②缺陷产生前后,晶体体积不变。

如果正常格点上的原子,在热起伏过程中获得能量离开平衡位且迁移到晶体的表面,在晶体内正常格点上留下一套空位,这就是肖特基缺陷,如图 2 - 2(b)所示。肖特基缺陷的特点是:①阴阳离子空位成对出现;②晶体的体积增加。例如 NaCl 晶体中,产生一个 Na^+ 空位时,同时要产生一个 Cl^- 空位。

这两种缺陷的产生都是由于原子的热运动,所以缺陷浓度与温度有关。

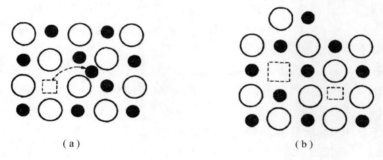

图 2 - 2　热缺陷
(a)弗伦克尔缺陷; (b)肖特基缺陷

(2)杂质缺陷。杂质缺陷指由于外来原子进入晶体而产生缺陷。杂质原子进入晶体后,因与原有的原子性质不同,故它不仅破坏了原有晶体的规则排列,而且引起杂质原子周围的周期势场的改变,因此形成一种缺陷。根据杂质原子在晶体中的位置可分为间隙杂质原子及置换(或称取代)杂质原子两种。杂质原子在晶体中的溶解度主要受杂质原子与被取代原子之间性质差别控制,当然也受温度的影响,但受温度的影响要比热缺陷小。若杂质原子进入后破坏了晶体的电中性,则会同时产生补偿缺陷以满足晶体电中性的要求。这种补偿缺陷可能是带有效电荷的原子缺陷,也可能是电子缺陷。

(3)非化学计量结构缺陷。这是存在于非化学计量化合物中的结构缺陷。非化学计量化合物化学组成与周围环境气氛有关,不同种类的离子或原子数之比不能用简单整数表示(组成偏离化学计量),且晶体的组成与其位置比不符(即有偏离)。如 TiO_2 晶体中 Ti 格点数与 O 格点数之比为 1∶2,且晶体中 Ti 原子数与 O 原子数之比也是 1∶2,则符合化学计量关系。而对 $TiO_{1.998}$ 来说,其化学组成 Ti∶O=1∶1.998,$TiO_{1.998}$ 的结构仍为 TiO_2 结构,格点数之比仍为 1∶2,所以,$TiO_{1.998}$ 是非化学计量晶体。

非化学计量晶体的化学组成会明显地随周围气氛的性质和压力大小的变化而变化,但当周围条件变化很大以后,这种晶体结构就会随之瓦解,而成为另一种晶体结构。非化学计量的结果往往使晶体产生原子缺陷的同时产生电子缺陷,从而使晶体的物理性质发生巨大的变化。如 TiO_2 是绝缘体,但 $TiO_{1.998}$ 却具有半导体性质。

二、点缺陷化学反应表示法

既然可以将点缺陷看成是化学物质,点缺陷之间会发生一系列类似化学反应的缺陷化学反应,因此可以用化学热力学的原理来研究缺陷的产生、平衡及其浓度等问题。为了便于讨论缺陷反应,需要建立一整套的符号来表示各种点缺陷。

1. Kröger－Vink 缺陷符号

当前采用最为广泛的缺陷表示方法是 Kröger－Vink 符号,它由三部分构成,即

1 区写缺陷种类;右上角写缺陷所带的有效电荷;右下角写缺陷在晶体中的位置。如 V_A 表示 A 格点位置空着;A_i 表示 A 原子在填隙位置上;M_A 表示 M 原子在 A 格点位置上;M_i 表示 M 原子在填隙位置上。

关于有效电荷,Kröger 方法规定:一个处在正常位置上的离子,当它的价数与化合物的化学计量式相一致时,则它相对于晶格来说,所带电荷为零,即正常位置上的正常离子有效电荷为零。"$\bullet$"表示有效正电荷;"×"表示有效零电荷,通常可以不写;"$'$"表示有效负电荷。如 NiO 晶格中,Ni^{2+} 和 O^{2-} 相对于晶格的有效电荷为零。如果 NiO 中有部分 Ni^{2+} 氧化成 Ni^{3+},则这些 Ni^{3+} 的有效电荷为 $+1$;若 Al^{3+}、Cr^{3+} 取代了 Ni^{2+},则这些杂质离子的有效电荷也是 $+1$;如果是一价阳离子取代 Ni^{2+},如 Li^+,则该缺陷的有效电荷为 -1,所以该缺陷记作 Li'_{Ni}。下面列举 NiO 晶体中的几种缺陷及其相应表示方法:

Ni^{2+} 在 Ni 格点位置上记为 $Ni^{\times}_{Ni}$;

O^{4-} 在 O 格点位置上记为 $O^{\times}_O$;

Al^{3+} 在 Ni 格点位置上记为 $Al^{\bullet}_{Ni}$;

Cr^{3+} 在 Ni 格点位置上记为 $Cr^{\bullet}_{Ni}$;

Li^+ 在 Ni 格点位置上记为 Li'_{Ni}。

现在以 MX 离子晶体(M 为二价阳离子、X 为二价阴离子)为例来说明缺陷化学符号的表示方法:

(1)晶格中的空位。用 V_M 和 V_X 分别表示 M 原子空位和 X 原子空位,V 表示空位缺陷类型,下标 M、X 表示原子空位所在的位置。必须注意,这种不带电的空位是表示原子空位。若 MX 是离子晶体,当 M^{2+} 离开其原来格点位置时,晶体中的这一点就多了两个负电荷,因此 M 空位相对于晶格来说带两个有效负电荷,缺陷符号记为 V''_M。

(2)填隙原子:M_i 和 X_i 分别表示 M 及 X 原子处在间隙位置上。

(3)错位原子:M_X 表示 M 原子占据在 X 位置上。

(4)杂质原子:L_M 表示杂质 L 处在 M 位置上,S_X 表示 S 杂质处在 X 位置上。例如 Ca 取代了 MgO 晶格中的 Mg 写作 Ca_{Mg}。Ca 若填隙在 MgO 晶格中则写作 Ca_i。

(5)自由电子及电子空穴:导带中的自由电子带一个有效负电荷,记作 e',价带中的空穴带一个有效正电荷,记作 $h^{\bullet}$。

(6)缔合中心:一个带电的点缺陷也可能与另一个带有相反符号的点缺陷相互缔合成一组或一群,一般把发生缔合的缺陷放在括号内来表示。例如 V''_M 和 $V^{\bullet\bullet}_X$ 发生缔合可记作 $(V''_M V^{\bullet\bullet}_X)$。

2. 缺陷反应方程式书写规则

点缺陷产生和消灭的过程可以用化学反应式来表示,这种反应式的写法必须满足以下规则:

(1)质量守衡。反应式左边出现的原子、离子,也必须以同样数量出现在反应式右边。注意空位的质量为零,电子缺陷也要保持质量守衡。

(2)电荷守衡。反应式两边的有效电荷代数和必须相等。

(3)位置关系。晶体中各种格点数的固有比例关系必须保持不变。由于晶体结构要求各种位置数有固定比例,因此反应前后,都必须保持这种比例。例如在 $\alpha-Al_2O_3$ 中,Al 格点与 O 格点数之比在反应前后,都必须是 2∶3。只要保持比例不变,每一种类型的位置总数可以改变。对一些常常表现为非化学计量的化合物如 $TiO_{2-\delta}$(δ 很小)也必须保持固定比例,即 Ti 格点数与 O 格点数之比为 1∶2。

3. 缺陷反应方程式书写举例

缺陷化学反应式在描述材料的掺杂、固溶体的生成和非化学计量化合物的反应中都是很重要的。为了掌握上述规则在缺陷反应中的应用,现举例说明如下(对于二元化合物 MX,假定为 $M^{2+}X^{2-}$):

(1)Schottky 缺陷。生成等量的阴离子空位和阳离子空位(相当于等量的阴、阳离子从其正常格点扩散到晶体表面),对于二元化合物 $M^{2+}X^{2-}$ 可写成

$$0 \rightarrow V''_M V^{\cdot\cdot}_X + V''_M \quad (0 \text{ 表示无缺陷状态}) \tag{2-1}$$

(2)Frenkel 缺陷。对于二元化合物 $M^{2+}X^{2-}$,由 M^{2+} 引起的缺陷可以写成

$$M^\times_M \rightarrow M^{\cdot\cdot}_i + V''_M \tag{2-2}$$

(3)MX 变为非化学计量 MX_{1-y},X 进入气相中,相应 X 格点上产生空位:

$$X^\times_X \rightarrow V^{\cdot\cdot}_X + 2e' + \frac{1}{2}X_2(\text{气}) \tag{2-3}$$

(4)如果有三价杂质 $F_2^{3+}X_3^{2-}$ 进入 $M^{2+}X^{2-}$,并假设 F 处于 M 位,MX 具有 Frenkel 缺陷:

$$F_2X_3 \xrightarrow{MX} 2F^{\cdot}_M + V''_M + 3X^\times_X \tag{2-4}$$

(5)$CaCl_2$ 溶解在 KCl 中,可能有以下三种情况:

1)每引进一个 $CaCl_2$ 分子,同时带进二个 Cl^- 和一个 Ca^{2+}。一个 Ca^{2+} 置换一个 K^+,但由于引入两个 Cl^-,为保持原有格点数之比 K∶Cl=1∶1,必然出现一个钾空位。

$$CaCl_2 \xrightarrow{KCl} Ca^{\cdot}_K + V'_K + 2Cl^\times_{Cl} \tag{2-5}$$

2)除上式以外,还可以考虑一个 Ca^{2+} 置换一个 K^+,而多一个 Cl^- 进入填隙位置。

$$CaCl_2 \xrightarrow{KCl} Ca^{\cdot}_K + Cl^\times_{Cl} + Cl'_i \tag{2-6}$$

3)当然,也可以考虑 Ca^{2+} 进入填隙位置,而 Cl^- 仍然在 Cl 位置上,为了保持电中性和位置关系,必须同时产生两个钾空位,即

$$CaCl_2 \xrightarrow{KCl} Ca^{\cdot\cdot}_i + 2V'_K + 2Cl^\times_{Cl} \tag{2-7}$$

上述三个缺陷反应式中,KCl 表示溶剂,写在箭头上面,也可以不写;溶质写在箭头左边。以上三个反应式均符合缺陷反应规则,反应式两边质量平衡,电荷守恒,位置关系正确。但三个反应实际上是否都能存在呢?虽然其合理性需用实验证实,但是可以根据离子晶体结构的一些基本知识粗略地分析判断它们的正确性。式(2-7)的不合理性在于离子晶体是以负离子作密堆,正离子位于密堆空隙内。既然有两个钾离子空位存在,一般 Ca^{2+} 首先填充空位,而不会挤到间隙位置使晶体不稳定因素增加。式(2-6)中由于氯离子半径大,离子晶体的密堆中

一般不可能挤进间隙氯离子,因而上面三个反应式以式(2-5)最合理。

(6)MgO 溶解到 Al_2O_3 晶格内形成有限置换型固溶体。此时可以写出以下两个反应式:

$$2MgO \xrightarrow{\quad Al_2O_3 \quad} 2Mg'_{Al} + V''_O + 2O''_O \tag{2-8}$$

$$3MgO \xrightarrow{\quad Al_2O_3 \quad} 2Mg'_{Al} + Mg''_i + 3O^{\times}_O \tag{2-9}$$

以上两个反应中式前一个较为合理;后一反应式中 Mg^{2+} 进入晶格填隙位置,这在刚玉型的离子晶体中不易发生。

三、热缺陷浓度计算

1. 统计热物理学计算法

热缺陷是由于热起伏引起的。在热平衡条件下,热缺陷浓度仅与晶体所处的温度有关。故在某一温度下,热缺陷的数目可以用热力学中自由能最小原理进行计算。现以肖特基缺陷为例:

设构成完整单质晶体的原子数为 N,在 $T(K)$ 温度时形成 n 个孤立空位,每个空位形成的自由焓是 Δh_v。相应这个过程的自由能变化为 ΔG,热焓的变化为 ΔH,熵的变化为 ΔS,则

$$\Delta G = \Delta H - T\Delta S = n\Delta h_v - T\Delta S \tag{2-10}$$

其中熵的变化分为两部分:一部分是由于晶体中产生缺陷所引起的微观状态数的增加而造成的,称组态熵或混和熵 ΔS_C,根据统计热力学,$\Delta S_C = k\ln W$,其中 k 是波尔兹曼常数,W 是热力学概率。热力学概率 W 是指 n 个空位在 $n+N$ 个晶格位置不同分布时排列总方式数,即

$$W = C^n_{N+n} = \frac{(N+n)!}{N!n!} \tag{2-11}$$

另一部分是振动熵 ΔS_v,是由于缺陷产生后引起周围原子振动状态的改变而造成的,它和空位相邻的晶格原子的振动状态有关,这样式(2-10)写作:

$$\Delta G = n\Delta h_v - T(\Delta S_C + n\Delta S_v) \tag{2-12}$$

当平衡时,有

$$\partial\Delta G/\partial n = 0 \tag{2-13}$$

$$\partial\Delta G/\partial n = \Delta h_v - T\Delta S_v - \frac{d\ln\dfrac{(N+n)!}{N!n!}}{dn}kT \tag{2-14}$$

当 $x \gg 1$ 时,根据斯特令公式 $\ln x! = x\ln x - x$ 或 $\dfrac{d\ln x!}{dx} = \ln x$,有

$$\partial\Delta G/\partial n = \Delta h_v - T\Delta S_v - \left[\frac{d\ln(N+n)!}{dn} - \frac{d\ln N!}{dn} - \frac{d\ln n!}{dn}\right]kT \tag{2-15}$$

若将括号内第一项 dn 改为 $d(N+n)$ 再用斯特令公式得

$$\partial\Delta G/\partial n = \Delta h_v - T\Delta S_v + kT\ln\frac{n}{N+n} = 0 \tag{2-16}$$

所以
$$\frac{n}{N+n} = \exp\left[-\frac{(\Delta h_v - T\Delta S_v)}{kT}\right] = \exp\left(-\frac{\Delta G_f}{kT}\right) \tag{2-17}$$

当 $n \ll N$ 时,有

$$\frac{n}{N} = \exp(-\Delta G_f/kT) \tag{2-18}$$

ΔG_f 是缺陷形成自由能,在此近似地将其作为不随温度变化的常数看待。

在离子晶体中若考虑正、负离子空位成对出现,此时推导式(2-18)时还需考虑正离子空位数 n_M 和负离子空位数 n_X。在这种情况下,微观状态数由于 n_M、n_X 同时出现,根据乘法原理(从概率论得知,两个独立事件同时发生的概率等于每个事件发生概率的乘积):

$$W = W_M W_X \tag{2-19}$$

同样用上述方法计算可得

$$n/N = \exp(-\Delta G_f / 2kT) \tag{2-20}$$

式(2-20)即为热缺陷浓度与温度的关系式。同理弗伦克尔缺陷也推得式(2-20)的结果。在此式中 n/N 表示热缺陷在总格点中所占分数,即热缺陷浓度。ΔG_f 代表空位形成自由能或填隙缺陷形成自由能。式(2-20)表明,热缺陷浓度随温度升高而呈指数增加;热缺陷浓度随缺陷形成自由能升高而下降。表 2-2 是根据式(2-20)计算的缺陷浓度。当 ΔG_f 从 1eV 升到 8 eV,温度由 1 800 ℃ 降到 100 ℃ 时,缺陷浓度可以从 10^{-2} 降到 10^{-54}。可见当缺陷的生成能不太大而温度比较高时,就有可能产生相当可观的缺陷浓度。

在同一晶体中生成弗伦克尔缺陷与肖特基缺陷的能量往往存在着很大的差别,这样就使得在某种特定的晶体中,某一种缺陷占优势。到目前为止,尚不能对缺陷形成自由能进行精确的计算。然而,形成能的大小和晶体结构、离子极化率等有关,对于具有氯化钠结构的碱金属卤化物,生成一个间隙离子加上一个空位的缺陷形成能约需 7 ~ 8 eV。由此可见,在这类离子晶体中,即使温度高达 2 000 ℃,间隙离子缺陷浓度小到难以测量的程度。但在具有萤石结构的晶体中,有一个比较大的间隙位置,生成填隙离子所需要的能量比较低,如对于 CaF_2 晶体,F 离子生成弗伦克尔缺陷的形成能为 2.8 eV,而生成肖特基缺陷的形成能是 5.5 eV,因此在这类晶体中,弗伦克尔缺陷是主要的。一些化合物中缺陷的形成能见表 2-3。

表 2-2　不同温度下的缺陷浓度表 $\left[\dfrac{n}{N} = \exp\left(-\dfrac{\Delta G_f}{2kT}\right) \right]$

T	$\Delta G_f = 1$ eV 的缺陷浓度	$\Delta G_f = 2$ eV 的缺陷浓度	$\Delta G_f = 4$ eV 的缺陷浓度	$\Delta G_f = 6$ eV 的缺陷浓度	$\Delta G_f = 8$ eV 的缺陷浓度
100 ℃	2×10^{-7}	3×10^{-14}	1×10^{-27}	3×10^{-41}	1×10^{-54}
500 ℃	6×10^{-4}	3×10^{-7}	1×10^{-13}	3×10^{-20}	8×10^{-37}
800 ℃	4×10^{-3}	2×10^{-5}	4×10^{-10}	8×10^{-15}	2×10^{-19}
1 000 ℃	1×10^{-2}	1×10^{-4}	1×10^{-8}	1×10^{-12}	1×10^{-16}
1 200 ℃	2×10^{-2}	4×10^{-4}	1×10^{-7}	5×10^{-11}	2×10^{-13}
1 500 ℃	4×10^{-2}	2×10^{-3}	2×10^{-6}	3×10^{-9}	4×10^{-12}
1 800 ℃	6×10^{-2}	4×10^{-3}	1×10^{-5}	5×10^{-8}	2×10^{-10}
2 000 ℃	8×10^{-2}	6×10^{-3}	4×10^{-5}	2×10^{-7}	1×10^{-9}

表 2-3　化合物中缺陷的形成能 (ΔG_f)

化合物	反应	形成能 ΔG_f/eV	化合物	反应	形成能 ΔG_f/eV
AgBr	$Ag_{Ag}^{\times} \Leftrightarrow Ag_i^{\cdot} + V_{Ag}'$	1.1		$F_F^{\times} = V_F^{\cdot} + F_i'$	2.3~2.8
BeO	$0 = V_{Be}'' + V_O^{\cdot\cdot}$	~6	CaF_2	$Ca_{Ca}^{\times} = V_{Ca}'' + Ca_i^{\cdot\cdot}$	~7
MgO	$0 = V_{Mg}'' + V_O^{\cdot\cdot}$	~6		$0 = V_{Ca}'' + 2V_F^{\cdot}$	~5.5

续 表

化合物	反 应	形成能 $\Delta G_f/eV$	化合物	反 应	形成能 $\Delta G_f/eV$
NaCl	$0 = V'_{Na} + V_{Cl}$	$2.2 \sim 2.4$		$O_O^\times = V_o + O''_i$	3.0
LiF	$0 = V'_{Li} + V_F$	$2.4 \sim 2.7$	UO_2	$U_U^\times = V''''_U + 2V_O^{··}$	~ 9.5
CaO	$0 = V''_{Ca} + V_O$	~ 6		$0 = V''''_U + 2V_O^{··}$	~ 6.4

2. 化学平衡计算法

晶体中缺陷的产生与消失是一个动平衡的过程。缺陷的产生过程就可以看成是一种化学反应过程,可用化学反应平衡的质量作用定律来处理。

(1)弗伦克尔缺陷。弗伦克尔缺陷可以看作是正常格点离子和间隙位置反应生成间隙离子和空位的过程。

正常格点离子＋未被占据的间隙位置⇔间隙离子＋空位

例如在 AgBr 中,弗伦克尔缺陷的生成可写成:

$$Ag_{Ag}^\times + V_i^\times = Ag_i^{·} + V'_{Ag} \qquad (2-21)$$

根据质量作用定律,有

$$K_F = \frac{c[Ag_i^{·}]c[V'_{Ag}]}{c[Ag_{Ag}^\times]c[V_i^\times]} \qquad (2-22)$$

式中,K_F 为弗伦克尔缺陷反应平衡常数。$c[Ag_i^{·}]$ 表示间隙银离子浓度。

在缺陷浓度很小时,$c[V_i^\times] \approx c[Ag_{Ag}^\times] \approx 1$,$c[Ag_i^{·}] = c[V'_{Ag}]$,即

$$K_F = c[Ag_i^{·}]c[V'_{Ag}] \qquad (2-23)$$

$$c[Ag_i^{·}] = \sqrt{K_F} \qquad (2-24)$$

而缺陷反应平衡常数与温度关系为 $K_F = \exp(-\Delta G_f/kT)$,因此

$$c[Ag_i^{·}] = \exp(-\Delta G_f/2kT) \qquad (2-25)$$

(2)肖特基缺陷。肖特基缺陷和弗伦克尔缺陷之间的一个重要差别,在于肖特基缺陷的生成需要一个象晶界、位错或表面之类的晶格上无序的区域,例如在 MgO 中,镁离子和氧离子必须离开各自的位置,迁移到表面或晶界上,反应式为:

$$Mg_{Mg}^\times + O_O^\times = V''_{Mg} + V_O + Mg_S^\times + O_S^\times \qquad (2-26)$$

式(2-26)中 $Mg_S^\times$ 和 $O_S^\times$ 表示它们位于表面或界面上。式(2-26)左边表示离子都在正常位置上,是没有缺陷的。反应以后,变成表面离子和内部空位。在缺陷反应规则中表面位置在反应式内可以不加表示,上式可写成:

$$0 = V''_{Mg} + V_O^{··} \qquad (2-27)$$

0 表示无缺陷状态。

肖特基缺陷平衡常数为

$$K_S = c[V''_{Mg}]c[V_o] \qquad (2-28)$$

因为 $c[V''_{Mg}] = c[V_O^{··}]$,所以 $K_S = \exp(-\Delta G_f/kT)$

$$c[V_O^{··}] = K_S^{\frac{1}{2}} \qquad (2-29)$$

$$c[V_O^{··}] = \exp(-\Delta G_f/2kT) \qquad (2-30)$$

式(2-30)中 ΔG_f 为肖特基缺陷形成自由能。K 为常数,k 为波尔兹曼常数。

第二节 线 缺 陷

位错是晶体中存在的非常重要的晶体缺陷,属于线位错。位错模型最开始是为了解释材料的强度性质提出来的。经过近半个世纪的理论研究和实验观察,人们认识到位错的存在不仅影响晶体的强度性质,还与晶体生长、表面吸附、扩散等密切相关。了解位错的结构及性质,对于了解陶瓷多晶体中晶界的性质和烧结机理也是不可或缺的。

一、刃型位错

图 2-3(a)表示一块单晶体,受到压缩作用后 $ABFE$ 上部的晶体相对于下部晶体向左滑移了一个原子间距,其中 $ABDC$ 为滑移面,$ABFE$ 为已滑移区,$EFDC$ 为未滑移区。发生局部滑移后,在晶体内部出现了一个多余的半原子面。EF 是已滑移区和未滑移区的交界线,其周围的原子排列状态如图 2-3(b)所示,在 EF 线周围出现原子间距疏密不均的现象,产生了缺陷,这就是位错,EF 为位错线。位错的特点之一是具有柏氏矢量 $\boldsymbol{b}$,它的方向表明滑移方向,其大小一般是一个原子间距。这种位错在晶体中有一个刀刃状的多余半原子面,所以称为刃型位错。

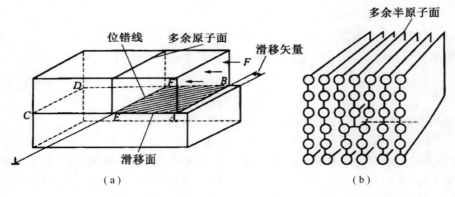

图 2-3 刃型位错

刃型位错主要有以下特点:①柏氏矢量与刃型位错线垂直。②在位错的周围引起晶体的畸变,从而使位错周围产生弹性应变,形成应力场。③位错在晶体中引起的畸变在位错线处最大,离位错线越远,晶格畸变越小。

二、螺型位错

晶体以图 2-4(a)所示方式,上下两部分晶体相对滑移一个原子间距,$ABDC$ 滑移面,EF 线以右为滑移区,以左为未滑移区,EF 线为位错线。EF 线附近的原子排列如图 2-4(b)所示。EF 线周围的原子失去正常的排列,沿位错线原子面呈螺旋形,每绕轴一周,原子面上升一个原子间距,构成了一个以 EF 为轴的螺旋面,这种晶体缺陷为螺型位错。

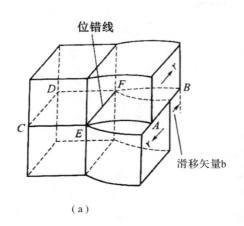
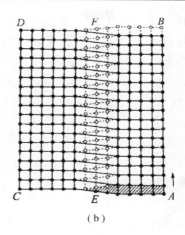

（a）　　　　　　　　　　　（b）

图 2-4　螺型位错

螺型位错主要有以下特点：①柏氏矢量与螺型位错线平行。②在位错的周围只引起晶体的剪切畸变，而不引起体积膨胀或收缩。因为存在晶体畸变，所以在位错线附近也形成应力场。③同样，离位错线越远，晶格畸变越小。

第三节　面　缺　陷

晶体的面缺陷，是指在晶面的两侧原子的排列不同。晶体的表面和晶界、亚晶、相界面等都属于面缺陷，这类缺陷的特点是在薄层内原子的排列偏离平衡位置，因此它们的物理、化学和机械性能与规则排列的晶体内部有很大区别。

一、外表面

陶瓷材料的多晶体同理想晶体是有差别的，因为在形成时，会受温度、压力、浓度及杂质等外界环境的影响，出现同理想结构发生偏离的现象。这种现象若发生在固体表面则形成表面缺陷，如常有高低不平和微裂纹出现，这些缺陷都会降低固体材料的机械强度。当固体材料受外力作用时，破裂常常从表面开始，实际上是从有表面缺陷的地方开始的，即使表面缺陷非常微小，甚至在一般显微镜下也分辨不出的微细缺陷，都足以使材料的机械强度大大降低。另外，由于表面的微细缺陷和表面原子的高能态，使其也极易与环境其他侵蚀性物质发生化学反应而被腐蚀，所以固体往往都在表面，尤其表面凸起或裂缝缺陷部位首先产生腐蚀现象。在生产中，要消除表面缺陷是十分困难的，但可以用表面处理的办法来减少缺陷的暴露，如陶瓷材料的施釉、金属材料的镀层、热处理、涂层等。

二、晶界

晶界是晶粒间界的简称，晶界是多晶体中由于晶粒取向不同而形成的，它是多晶体中最常见的面缺陷。陶瓷是多晶体，由许多晶粒组成，因此它对于陶瓷材料具有特别重要的意义。

在晶界上由于质点间排列不规则时使质点距离疏密不均，从而形成微观的机械应力，这就是晶界应力。它将吸引空位、杂质和一些气孔，因此晶界上是缺陷较多的区域，也是应力比较集中的部位。此外,对单相的多晶材料来说,由于晶粒的取向不同,相邻晶粒在同一方向的热膨胀系数、弹性模量等物理性质都不相同。对于固溶体来说,各晶粒间化学组成上的不同也会形成性能上的差异。这些性能上的差异,会导致陶瓷在烧成后的冷却过程中,容易在晶界上产生很大的晶界应力。晶粒越大,晶界应力也越大。这种晶界应力甚至可以使晶粒出现贯穿性断裂,这就是为什么粗晶结构的陶瓷材料的力学强度和介电性能都较差的原因。

由于晶界的原子处于不平衡的位置,所以晶界处存在有较多的空位、位错等缺陷,使得原子沿晶界的扩散比在晶粒内部快,杂质原子也更容易富集于晶界,因而固态相变首先发生于晶界,还使得晶界的溶点比晶粒内部低,并且容易被腐蚀。

在陶瓷材料的生产中,常常利用晶界易于富集杂质的现象,有意识地加入一些杂质到瓷料中,使其集中分布在晶界上,以达到改善陶瓷材料的性能,并达到为陶瓷材料寻找新用途的目的。例如,在陶瓷生产中,控制晶粒的大小是很重要的,这需要想办法限制晶粒的长大,特别是防止二次再结晶。在工艺上除了严格控制烧成制度,如烧成温度、冷却及冷却方式等外,常常是通过掺杂来加以控制。在刚玉瓷的生产中,可掺入少量的 MgO,使之在 $\alpha - Al_2O_3$ 晶粒之间的晶界上形成镁铝尖晶石薄层,包围了 $\alpha - Al_2O_3$ 晶粒,防止了晶粒的长大,成为细晶结构。

三、相界面

所谓相,是指物理、化学性质均匀一致的体系。相界面则是指两相体系之间的分界面。

类似于晶界,相界面的存在也同样影响着材料的物理力学性能。如由晶粒细化有利于提高材料的强度和硬度可以推知,相界面变小和增多,也有利于改善材料的物理力学性能,这已在金属基、陶瓷基、水泥基和高聚物基复合材料中得到证实。减小和增多相界面,可明显提高材料的强度和韧性,但是由于组成相界面的各相、化学组成和结构有较大的差异,其性能上的差异要比单相多晶体间的差异大得多,因而在相界面上,界面应力也更加显著。

复合材料是目前很有发展前途的一种多相材料,其性能优于其中任一组元材料的单独性能,但很重要的一条就是要避免产生过大的界面应力。为此,弥散强化和纤维增强是目前采用的主要复合手段。弥散强化的复合材料结构是由基体和在基体中均匀分布的、直径在 $0.01\ \mu m$ 到几十毫米,含量从 $1\% \sim 70\%$ 或更多的球体或块状体组成。如 ZrO_2 增韧 Al_2O_3 材料、水泥基混凝土材料就属此类。纤维增强复合材料有平行取向和紊乱取向两种,纤维的直径一般在 $1\ \mu m$ 到几百微米之间波动,水泥基混凝土材料内的增强纤维则是从 $1\ \mu m$ 的玻璃纤维到数十毫米的钢筋。复合材料的基体通常有高分子基、金属基、陶瓷及水泥基等。常用的纤维有无机材料类如石墨、Al_2O_3,ZrO_2 和玻璃等,金属材料类如钢纤维和有机高分子材料类,这些材料具有很好的力学性能,它们掺入复合材料中还可以充分保持其原有性能。

课后习题

2-1 名词解释:弗伦克尔缺陷与肖特基缺陷,热缺陷。

2-2 试述晶体结构中点缺陷的类型。以通用的表示法写出晶体中各种点缺陷的表示符号。试举例写出 $CaCl_2$ 中 Ca^{2+} 置换 KCl 中 K^+ 或进入到 KCl 间隙中去的两种点缺陷反应表示式。

2-3 试写出下列缺陷方程:

（1）TiO_2 掺杂进 Al_2O_3；

（2）CaO 掺杂进 ThO_2；

（3）Y_2O_3 掺杂进 MgO；

（4）Al_2O_3 掺杂进 ZrO_2。

2-4　在缺陷反应方程式中，所谓位置平衡、电中性、质量平衡是指什么？

2-5　（1）在 MgO 晶体中，肖特基缺陷的生成能为 6 eV，计算在 25 ℃和 1 600 ℃时热缺陷的浓度。（2）如果 MgO 晶体中，含有摩尔分数 0.01% 的 Al_2O_3 杂质，则在 1 600 ℃时，MgO 晶体中是热缺陷占优势还是杂质缺陷占优势？说明原因。

2-6　对某晶体的缺陷测定生成能为 84 kJ/mol，计算该晶体在 1 000 K 和 1 500 K 时的热缺陷浓度。

2-7　试写出在下列二种情况，生成什么缺陷？缺陷浓度是多少？（1）在 Al_2O_3 中，添加摩尔分数 0.01% 的 Cr_2O_3，生成淡红宝石；（2）在 Al_2O_3 中，添加摩尔分数 0.5% 的 NiO，生成黄宝石。

第三章　固溶体及非化学计量化合物

一种组分(溶剂)内"溶解"了其他组分(溶质)而形成的单一、均匀的晶态固体称为固溶体。如果固溶体是由 A 物质溶解在 B 物质中形成的,一般将原组分 B 称为溶剂(或称主晶相、基质),把掺杂原子或杂质称为溶质。在固溶体中不同组分的结构基元之间是以原子尺度相互混合的,这种混合并不破坏溶剂原有的晶体结构。如以 Al_2O_3 晶体中溶入 Cr_2O_3 为例,Al_2O_3 为溶剂,Cr^{3+} 溶解在 Al_2O_3 中以后,并不破坏 Al_2O_3 原有晶体结构。但少量 Cr^{3+}(质量分数约 $0.5\%\sim2\%$)的溶入,由于它能产生受激辐射,就会使原来没有激光性能的白宝石(α - Al_2O_3)变为有激光性能的红宝石。

固溶体可以在晶体生长过程中生成,也可以从溶液或溶体中析晶时形成,还可以通过烧结过程由原子扩散而形成。

固溶体、机械混合物和化合物三者之间是有本质区别的。若单质晶体 A、B 形成固溶体,A 和 B 之间以原子尺度混合成为单相均匀晶态物质。机械混合物 A、B 是 A 和 B 以颗粒态混合,A 和 B 分别保持本身原有的结构和性能,A、B 混合物不是均匀的单相而是两相或多相。若 A 和 B 形成化合物 A_mB_n,则 A 和 B 的质量分数之比为 $w(A):w(B)\equiv m:n$,有固定的比例。

固溶体中由于杂质原子占据正常格点的位置,破坏了基质晶体中质点排列的有序性,引起晶体内周期性势场的畸变,这也是一种点缺陷范围的晶体结构缺陷。

固溶体在无机固体材料中所占比重很大,人们常常采用固溶原理来制造各种新型的无机材料。例如 $PbTiO_3$ 和 $PbZrO_3$ 生成的锆钛酸铅压电陶瓷 $Pb(Zr_xTi_{1-x})O_3$ 广泛应用于电子、无损检测、医疗等技术领域。又如 Si_3N_4 与 Al_2O_3 之间形成的 Sialon 固溶体应用于高温结构材料等。

第一节　固　溶　体

一、固溶体的分类

1. 按溶质原子在溶剂晶格中的位置分类

溶质原子进入晶体后,可以进入原来晶体中正常格点位置,生成取代(置换)型的固溶体,在无机固体材料中所形成的固溶体绝大多数都属这种类型。在金属氧化物中,主要发生在金属离子位置上的置换。例如:MgO　CoO,MgO　CaO,$PbZrO_3$　$PbTiO_3$,Al_2O_3　Cr_2O_3 等都属于此类。

MgO 和 CoO 都是 NaCl 型结构，Mg^{2+} 半径是 0.072 nm，Co^{2+} 半径是 0.074 nm。这两种晶体结构相同，离子半径接近，MgO 中的 Mg^{2+} 位置可以任意量地被 Co^{2+} 取代，生成无限互溶的置换型固溶体，图 3-1 和图 3-2 所示为 MgO—CoO 系统相图及固溶体结构图。

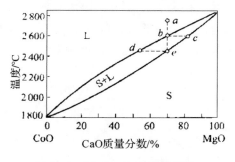

图 3-1 MgO—CoO 系统相图

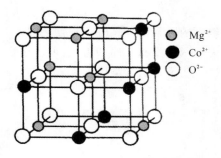

图 3-2 MgO—CoO 系统固溶体结构

如果杂质原子进入溶剂晶格中的间隙位置就生成填隙型固溶体。在无机固体材料中，填隙原子一般处在阴离子或阴离子团所形成的间隙中。

2. 按溶质原子在溶剂晶体中的溶解度分类

如果按照溶质原子的溶解度来分，固溶体可分为连续固溶体和有限固溶体两类。连续固溶体是指溶质和溶剂可以按任意比例相互固溶。因此，在连续固溶体中溶剂和溶质都是相对的。在二元系统中连续固溶体的相平衡图是连续的曲线，如图 3-1 所示。有限固溶体则表示溶质只能以一定的限量溶入溶剂，超过这一限度即出现第二相。例如 MgO 和 CaO 形成有限固溶体如图 3-3 所示。在 2 000 ℃时，约有质量分数为 3%CaO 溶入 MgO 中。超过这一限量，便出现第二相——氧化钙固溶体。从相图可以看出，溶质的溶解度与温度有关，温度升高，溶解度增加。

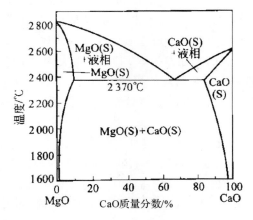

图 3-3 MgO—CaO 系统有限固溶相图

二、置换型固溶体

在天然矿物方镁石（MgO）中常常含有相当数量的 NiO 或 FeO，Ni^{2+} 和 Fe^{2+} 离子置换晶体中 Mg^{2+} 离子，生成连续固溶体。固溶体组成可以写成 $(Mg_{1-x}Ni_x)O$，$x = 0 \sim 1$。能生成连续固溶体的实例还有 $Al_2O_3-Cr_2O_3$，ThO_4-UO_2，$PbZrO_3-PbTiO_3$ 等。除此以外，还有很多二元系统可以形成有限置换型固溶体。例如 $MgO-Al_2O_3$，$MgO-CaO$，ZrO_4-CaO 等。

1. 影响置换固溶体中溶质溶解度的因素

置换型固溶体既然有连续置换和有限置换之分，那么影响置换固溶体中溶质原子(离子)溶解度的因素是什么呢？根据热力学参数分析，从自由能与组成关系，可以定量计算。但由于热力学函数不易正确获得，目前严格定量计算仍是十分困难。然而实践经验的积累，已归纳了下述一些重要的影响因素。

(1)离子尺寸因素。在置换固溶体中，离子的大小对形成连续或有限置换型固溶体有直接的影响。从晶体稳定的观点看，相互替代的离子尺寸愈相近，则固溶体愈稳定。若以 r_1 和 r_2 分别代表溶剂或溶质离子的半径，经验证明一般规律为

$$\left|\frac{r_1-r_2}{r_1}\right|<15\% \qquad (3-1)$$

当符合上式时，溶质和溶剂之间有可能形成连续固溶体。若此值为 $15\%\sim30\%$ 时，可以形成有限置换型固溶体。而此值大于 30% 时，不能形成固溶体。例如 $MgO-NiO$ 之间，$r_{Mg^{2+}}=0.072\ nm$，$r_{Ni^{2+}}=0.070\ nm$，由式(3-1)计算得 2.8%，因而它们可以形成连续固溶体。而 $CaO-MgO$ 之间，计算离子半径差别近于 30%，它们不易生成固溶体(仅在高温下有少量固溶)。在硅酸盐材料中多数离子晶体是金属氧化物，形成固溶体主要是阳离子之间取代，因此，阳离子半径的大小直接影响了离子晶体中正负离子的结合能，从而对固溶的程度和固溶体的稳定性产生影响。

(2)晶体的结构类型。能否形成连续固溶体，晶体结构类型是十分重要的。例如 $MgO-NiO$，$Al_2O_3-Cr_2O_3$，$Mg_2SiO_4-Fe_2SiO_4$，ThO_4-UO_2 等系统，都能形成连续固溶体，其主要原因之一是这些二元系统中两个组分具有相同的晶体结构类型。又如 $PbZrO_3-PbTiO_3$ 系统中，Zr^{4+} 与 Ti^{4+} 半径分别为 $0.072\ nm$ 和 $0.061\ nm$，$(0.074\ nm-0.061\ nm)/0.072\ nm=15.28\%>15\%$，但由于相变温度以上，任何锆钛比情况下，立方晶系的结构是稳定的，虽然半径之差略大于 15%，但它们之间仍能形成连续置换型固溶体 $Pb(Zr_xTi_{1-x})O_3$。

又如 Fe_2O_3 和 Al_2O_3 两者的半径差为 18.4%，虽然它们都有刚玉型结构，但它们也只能形成有限置换型固溶体。但是在复杂构造的石榴子石 $Ca_3Al_2(SiO_4)_3$ 和 $Ca_3Fe_2(SiO_4)_3$ 中，它们的晶胞比刚玉晶胞大八倍，对离子半径差的宽容性较高，因而在石榴子石中 Fe^{3+} 和 Al^{3+} 能连续置换。

(3)离子电价的影响。只有离子价相同或离子价总和相等，复合掺杂时才能生成连续置换型固溶体。如前面已列举的 $MgO-NiO$，$Al_2O_3-Cr_2O_3$ 等都是单一离子电价相等，相互取代以后形成连续固溶体。如果取代离子价不同，但种以上不同离子组合起来能满足电中性取代的条件，那么也能生成连续固溶体。典型的实例有天然矿物如钙长石 $Ca(Al_2Si_2O_8)$ 和钠长石 $Na(AlSi_3O_8)$ 所形成的固溶体，其中一个 Al^{3+} 离子代替一个 Si^{4+} 离子，同时有一个 Ca^{2+} 离子取代一个 Na^+ 离子，即 $Ca^{2+}+Al^{3+}=Na^++Si^{4+}$，使结构内总的电中性得到满足。又如 $PbZrO_3$ 和 $PbTiO_3$ 是 ABO_3 型钙钛矿结构，可以用众多离子价相等而半径相差不大的离子去取代 A 位上的 Pb 或 B 位上的 Zr、Ti，从而制备一系列具有不同性能的复合钙钛矿型压电陶瓷材料。

(4)电负性。离子电负性对固溶体及化合物的生成有很大的影响。电负性相近，有利于固溶体的生成，电负性差别大，倾向于生成化合物。

达肯(Darkon)等曾将电负性和离子半径分别作坐标轴,取溶质与溶剂半径之差为±15%作为椭圆的一个横轴,又取电负性差±0.4为椭圆的另一个轴,画一个椭圆。他们发现,这个椭圆内的系统有65%具有很大的固溶度,而椭圆外的系统有85%其固溶度小于5%。因此,电负性之差在±0.4之内也是衡量固溶度大小的一个条件。

2. 置换型固溶体中的"补偿缺陷"

置换型固溶体可以有等价置换和不等价置换之分。在不等价置换的固溶体中,为了保持晶体的电中性,必然会在晶体结构中产生"补偿缺陷"。即可在原来结构的格点位置产生空位,也可能在原来填隙位置嵌入新的质点,还可能产生补偿的电子缺陷。这种补偿缺陷与热缺陷是不同的。热缺陷的产生是由于晶格的热振动引起的。而"补偿缺陷"仅发生在不等价置换固溶体中,其缺陷浓度取决于掺杂量(溶质数量)和固溶度。不等价离子化合物之间只能形成有限置换型固溶体,由于它们的晶格类型及电价均不同,因此它们之间的固溶度一般仅为百分之几。

现在以焰熔法制备尖晶石单晶为例。用 MgO 与 Al_2O_3 溶融拉制镁铝尖晶石单晶往往得不到纯尖晶石,而生成"富铝尖晶石",此时尖晶石中 $w(MgO):w(Al_2O_3)<1:1$,即"富铝",由于尖晶石与 Al_2O_3 形成固溶体时存在着 $2Al^{3+}=3Mg^{2+}$,其缺陷反应式为

$$4Al_2O_3 \xrightarrow{MgAl_2O} 2Al_{Mg}^{\cdot} + V_{Mg}'' + 6Al_{Al}^{\times} + 12O_O^{\times} \qquad (3-2)$$

为保持晶体电中性,结构中出现阳离子(镁离子)空位。如果把 Al_2O_3 的化学式改写为尖晶石形式,则应为 $Al_{8/3}O_4 = Al_{2/3}Al_2O_4$。可以将富铝尖晶石固溶体的化学式表示为 $[Mg_{1-x}(V_{Mg}'')_{\frac{1}{3}x}Al_{\frac{2}{3}x}]Al_2O_4$ 或写作 $[Mg_{1-x}Al_{\frac{2}{3}x}]Al_2O_4$。当 $x=0$ 时,化学式即为尖晶石 $MgAl_2O_4$;若 $x=1$,化学式 $Al_{2/3}Al_2O_4$ 即为 $\alpha-Al_2O_3$;若 $x=0.3$,化学式即为 $(Mg_{0.7}Al_{0.2})Al_2O_4$,这时结构中阳离子空位占全部阳离子,0.1/3.0=1/30。即每30个阳离子位置中有一个是空位。类似这种固溶的情况还有 $MgCl_2$ 固溶到 $LiCl$ 中,Fe_2O_3 固溶到 FeO 中及 $CaCl_2$ 固溶到 KCl 中等。

不等价置换固溶体中,还可以出现阴离子空位。例如,CaO 加入到 ZrO_2 中,缺陷反应表示为

$$CaO \xrightarrow{ZrO_2} Ca_{Zr}'' + V_O^{\cdot\cdot} + O_O^{\times} \qquad (3-3)$$

此外,不等价置换还可以形成阳离子或阴离子填隙的情况。

现将不等价置换固溶体中,可能出现的 6 种"补偿缺陷"归纳如下:

不等价置换	补偿缺陷	实例
高价置换低价 产生带有效正电荷的杂质 缺陷,补偿缺陷带负电荷	阳离子空位补偿	$Al_2O_3 \xrightarrow{MgO} 2Al_{Mg}^{\cdot} + V_{Mg}'' + 3O_O^{\times}$
	阴离子填隙补偿	$Al_2O_3 \xrightarrow{MgO} 2Al_{Mg}^{\cdot} + O_i'' + 2O_O^{\times}$
	自由电子补偿	$La_2O_3 + 2TiO_2 \xrightarrow{BaTiO_3} 2La_{Ba}^{\cdot} + 2e' + 2Ti_{Ti}^{\times} + 6O_O^{\times} + \frac{1}{2}O_2 \uparrow$
低价置换高价 产生带有效负电荷的杂质 缺陷,补偿缺陷带正电荷	阴离子空位补偿	$CaO \xrightarrow{ZrO_2} Ca_{Zr}'' + Ca_i^{\cdot\cdot} + 2O_O^{\times}$
	阳离子填隙补偿	$2CaO \xrightarrow{ZrO_2} Ca_{Zr}'' + Ca_i^{\cdot\cdot} + 2O_O^{\times}$
	空穴补偿	$Li_2O + \frac{1}{2}O_2 \xrightarrow{NiO} 2Li_{Ni}' + 2h^{\cdot} + 2O_O^{\times}$

以空位补偿的固溶体一般也称空位型固溶体,同样填隙补偿的称填隙型固溶体。在具体的系统中,究竟出现哪一种"补偿缺陷",与固溶体生成时的热力学条件即温度、气氛有关。例

無機材料科學基礎

如CaO溶入ZrO₂時，在較低溫度(1 600 ℃)下形成氧空位補償，在更高的溫度(1 800 ℃)下則可能出現$Ca_i^{..}$補償。陰離子進入間隙位置一般較少，因為陰離子半徑大，形成填隙會使晶體內能增大而不穩定。但螢石結構是例外。補償缺陷的形式一般必須通過實驗測定來確證。

利用不等價置換產生"補償缺陷"，其目的是為了製造不同材料的需要。由於產生空位或填隙使晶格顯著畸變，從而使晶格活化。材料製造工藝上常利用這個特點來降低難溶氧化物的燒結溫度。如Al₂O₃外加質量分數為1%～2%TiO₂，使燒結溫度降低近300 ℃。又如ZrO₂材料中加入少量CaO作為晶型轉變穩定劑，使ZrO₂晶型轉化時體積效應減少，提高了ZrO₂材料的熱穩定性。

在半導體材料的製造中，普遍利用不等價摻雜產生補償電子缺陷，形成n型半導體(施主摻雜)或p型半導體(受主摻雜)。

三、填隙型固溶體

若雜質原子比較小，則能進入晶格的間隙位置內，這樣形成的固溶體稱為填隙型固溶體。形成填隙型固溶體的條件如下：

1)溶質原子的半徑小或溶劑晶格結構間隙大，容易形成填隙型固溶體。例如面心立方格子結構的MgO，只有四面體間隙可以利用，而在TiO₂晶格中還有八面體間隙可以利用；在CaF₂型結構中則有配位數為8的較大間隙存在；再如架狀硅酸鹽沸石結構中的空隙就更大。所以在以上這幾類晶體中形成填隙型固溶體的次序必然是：沸石＞CaF₂＞TiO₂＞MgO。

2)形成填隙型固溶體也必須保持結構中的電中性，一般可以通過形成空位或補償電子缺陷，以及複合陽離子置換來達到。例如硅酸鹽結構中嵌入Be^{2+}、Li^+等離子時，正電荷的增加往往被結構中Al^{3+}替代Si^{4+}所平衡：$Be^{2+}+2Al^{3+}=2Si^{4+}$。

常見的填隙型固溶體實例：

(1)原子填隙。金屬晶體中，原子半徑較小的H、C、B元素易進入晶格填隙位置中形成填隙型固溶體。鋼就是碳在鐵中的填隙型固溶體。

(2)陽離子填隙。CaO加入ZrO₂中，當CaO加入量小於0.15%時，在1 800 ℃高溫下發生下列反應：

$$2CaO \xrightarrow{ZrO_2} Ca''_{Zr}+Ca_i^{..}+2O_O^{\times} \qquad (3-4)$$

(3)陰離子填隙。將YF₃加入到CaF₂中，形成$(Ca_{1-x}Y_x)F_{2+x}$固溶體，其缺陷反應式為

$$YF_3 \xrightarrow{CaF_2} Y_{Ca}+F'_i+2F_F^{\times} \qquad (3-5)$$

這些不同種類的固溶體，實際上反映了物質結晶時，其晶體結構中原有離子或原子的配位位置被介質中部分性質相似的其他離子或原子所占有，共同結晶成均勻的、呈單一相的晶體，但不引起鍵性和晶體結構發生質變。

四、固溶體的研究方法

固溶體的生成可以用各種相分析手段和結構分析方法進行研究，因為不論何種類型的固溶體，都將引起結構上的某些變化及反映在性質上的相應變化(如密度和光學性能等)。但是，最本質的方法是用X射線結構分析測定晶胞參數，並輔以有關的物性測試，以此來測定固溶體及其組分、鑒別固溶體的類型等。

— 30 —

在盐类的二元系统中,等价置换固溶体晶胞参数的变化服从维加(Vegard)定律,即固溶体的晶胞参数 a 和外加溶质的浓度 c 成线性关系。但是,在不少无机非金属材料中,并不能很好地符合维加定律。因此,固溶体类型主要通过测定晶胞参数并计算出固溶体的密度和由实验精确测定的密度数据对比来判断。

若 D 表示实验测定的密度值,D_0 表示计算的密度值,则

$$D_0 = \sum_{i=1}^{n} g_i/V \qquad (3-6)$$

式中,V 表示单位晶胞的体积(cm^3);g_i 表示单位晶胞内第 i 种原子(离子)的质量(单位:克),则有

$$g_i = \frac{(原子数目)_i (占有因子)_i (原子质量)_i}{阿伏伽德罗常数} \qquad (3-7)$$

$$\sum_{i=1}^{n} g_i = g_1 + g_2 + g_3 + \cdots + g_i \qquad (3-8)$$

对于立方晶系,$V = a^3$;对于六方晶系,$V = \frac{\sqrt{3}}{2}a^2c$;等等。现举例说明:

CaO 外加到 ZrO_2 中生成置换型固溶体。在 1 600 ℃,该固溶体具有萤石结构,属立方晶系。经 X 射线分析测定,当 1 mol ZrO_2 结构中溶入 0.15 mol CaO 时,晶胞参数 $a=0.513$ nm,实验测定的密度值为 $D=5.477$ g/cm^3,分析此情况下点缺陷情况。对于 CaO$-ZrO_2$ 固溶体,从满足电中性要求看,可以写出两个固溶方程为

$$CaO \xrightarrow{ZrO_2} Ca''_{Zr} + V_O^{\cdot\cdot} + O_O^{\times} \qquad (3-9)$$

$$2CaO \xrightarrow{ZrO_2} Ca''_{Zr} + Ca_i^{\cdot\cdot} + 2O_O^{\times} \qquad (3-10)$$

究竟上两式哪一种正确,它们之间形成何种补偿缺陷,可从计算和实测固溶体密度的对比来决定。

已知萤石结构中每个晶胞应有 4 个分子。当 0.15 分子 CaO 溶入 ZrO_2 中时,设形成氧离子空位固溶体,则固溶体分子式可表示为 $Zr_{0.85}Ca_{0.15}O_{1.85}$,按此式可求形成空位固溶体时的理论密度 D_1,则有

$$\sum_{i=1}^{n} g_i = \frac{4 \times (0.85 \times 91.22 + 0.15 \times 40.08 + 1.85 \times 16)}{6.02 \times 10^{23}}g = 75.18 \times 10^{-23} g \qquad (3-11)$$

$$V = a^3 = (0.513 \times 10^{-7})^3 cm^3 = 135.1 \times 10^{-24} cm^3 \qquad (3-12)$$

$$D_1 = \frac{75.18 \times 10^{-23}}{135.1 \times 10^{-24}} g/cm^3 = 5.564 g/cm^3 \qquad (3-13)$$

同样,如果形成填隙型缺陷,则固溶体分子式可表示为 $Zr_{0.85}Ca_{0.30}O_2$,用同样方法可求得形成填隙固溶体时的理论密度 D_2 为 5.979 g/cm^3。与实验值 $D=5.477$ g/cm^3 相比,D_1 仅差 0.087 g/cm^3,是相当一致的。这说明在 1 600 ℃时,方程式(3-9)是合理的,化学式 $Zr_{0.85}Ca_{0.15}O_{1.85}$ 是正确的。图 3-4(a)表示了按不同固溶体类型计算和实测的结果。曲线表明,在 1 600 ℃时形成缺位固溶体。但在温度升高到 1 800 ℃急冷后,将所测得的密度与计算值比较,发现该固溶体是阳离子填隙的形式。从图 3-4(b)可以看出,两种不同类型的固溶体,其密度值有很大不同,用对比密度值的方法可以很准确地定出固溶体的类型。

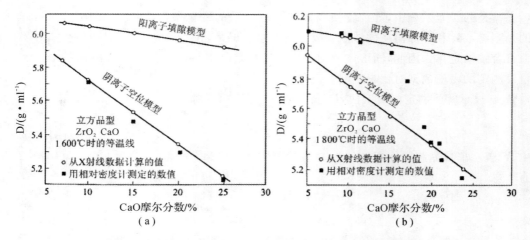

图 3-4 添加 CaO 的 ZrO$_2$ 固溶体的密度与 CaO 含量的关系

(a) 1 600 ℃的淬冷试样; (b) 1 800 ℃的淬冷试样

第二节 非化学计量化合物

在普通化学中,定比定律认为,化合物中不同原子的数量要保持固定的比例。但实际化合物中,有一些并不符合定比定律,即分子中各元素的原子数比例并不是一个简单的固定比例关系。这些化合物称为非化学计量化合物(Nonstoichiometric Compounds)。形成非化学计量化合物也是晶体中产生点缺陷的重要机制之一。点缺陷伴随非化学计量现象而生成的情形分述如下。

一、阴离子空位型

TiO$_{2-x}$和 ZrO$_{2-x}$属于这种类型。从化学计量观点看,在 TiO$_2$ 晶体中,$w(Ti):w(O)=1:2$。但若处于低氧分压气氛中,晶体中的氧可以逸出到大气中,这时晶体中出现氧空位,使金属离子与化学式比较显得过剩。从化学观点看,缺氧的 TiO$_2$ 可以看作是四价钛和三价钛氧化物的固溶体,其缺陷反应式为

$$2Ti_{Ti}^{\times}+4O_O^{\times} \longrightarrow 2Ti_{Ti}'+V_O^{\cdot\cdot}+3O_O^{\times}+\frac{1}{2}O_2 \uparrow \tag{3-14}$$

式中,Ti_{Ti}'是三价钛位于四价钛的位置上,这种离子变价现象总是和电子缺陷相联系的。Ti^{4+}获得电子而变成了 Ti^{3+},但获得的电子并不是固定在一个特定的钛离子上,它很容易从一个位置迁移到另一个位置。更确切地说,这个电子位于氧离子空位的周围,被氧空位所束缚,以保持电中性。氧空位上束缚了两个自由电子,这种电子如果与附近的 Ti^{4+} 离子相联系,Ti^{4+}就变成了 Ti^{3+}。在电场作用下,这些电子可以从这个 Ti^{4+} 离子迁移到邻近的另一个 Ti^{4+}上而形成电子导电,所以具有这种缺陷的材料是一种 n 型半导体。

自由电子陷落在阴离子空位中而形成的这种缺陷又称为 F-色心。它是由一个负离子空位和一个在此位置上的电子组成的,由于陷落电子能吸收一定波长的光,因而使晶体着色而得名。例如 TiO$_2$ 在还原气氛下由黄色变为灰黑色,NaCl 在 Na 蒸气中加热呈黄棕色等。

反应式(3-14)又能简化为

$$O_O^\times \longrightarrow V_O^{\cdot\cdot} + \frac{1}{2}O_2 \uparrow + 2e' \qquad (3-15)$$

式中，$e' = Ti_{Ti}'$。根据质量作用定律，平衡时，有

$$K = \frac{c[V_O][P_{O_2}]^{\frac{1}{2}}c[e']^2}{c[O_O^\times]} \qquad (3-16)$$

由晶体电中性条件：$2c[V_O] = c[e']$，当缺陷浓度很小时，$c[O_O^\times] \approx 1$（注意：是摩尔分数浓度），代入式(3-16)，可得

$$c[V_O] \propto [P_{O_2}]^{-\frac{1}{6}} \qquad (3-17)$$

这说明氧空位的浓度和氧分压的1/6次方成反比。所以 TiO_2 材料如金红石质电容器在烧结时对氧分压是十分敏感的，如在强氧化气氛中烧结，获得金黄色介质材料。如氧分压不足，氧空位浓度增大，烧结得到灰黑色的 n 型半导体。

二、阳离子填隙型

$Zn_{1+x}O$ 和 $Cd_{1+x}O$ 属于这种类型。过剩的金属离子进入间隙位置，它是带正电的，为了保持电中性，等电荷量的电子被束缚在填隙阳离子周围。这也是一种色心，如 ZnO 在锌蒸气中加热，颜色会逐渐加深，缺陷反应式为

$$ZnO \longrightarrow Zn_i^{\cdot\cdot} + 2e' + \frac{1}{2}O_2 \uparrow \qquad (3-18)$$

$$ZnO \longrightarrow Zn_i^{\cdot} + e' + \frac{1}{2}O_2 \uparrow \qquad (3-19)$$

以上两个缺陷反应都是正确的。但实验证明，氧化锌在蒸气中加热时，单电离填隙锌的反应式是可行的。

三、阴离子填隙型

具有这种缺陷结构的目前只发现 UO_{2+x}。它可以看作是 U_3O_8 在 UO_2 中的固溶体。为保持电中性，结构中引入空穴，相应的阳离子升价。空穴也不局限于特定的阳离子，它在电场作用下会运动。因此这种材料为 p 型半导体。UO_{2+x} 中缺陷反应可以表示为

$$\frac{1}{2}O_2 \longrightarrow O_i'' + 2h^{\cdot} \qquad (3-20)$$

由式(3-20)可得

$$c[O_i''] \propto [P_{O_2}]^{\frac{1}{6}} \qquad (3-21)$$

随着氧分压的提高，填隙氧浓度增大。

四、阳离子空位型

$Cu_{4-x}O$ 和 $Fe_{1-x}O$ 属于这种类型。晶体中的阳离子空位捕获空穴，因此，它也是 p 型半导体。$Fe_{1-x}O$ 也可以看作是 Fe_2O_3 在 FeO 中的固溶体，为了保持电中性，两个 Fe^{2+} 被两个 Fe^{3+} 和一个空位所代替，可写成固溶式为 $(Fe_{1-x}Fe_{2x/3})O$。其缺陷反应式为

$$2Fe_{Fe}^\times + \frac{1}{2}O_2 \longrightarrow 2Fe_{Fe}^{\cdot} + O_O^\times + V_{Fe}'' \qquad (3-22)$$

或者

$$\frac{1}{2}O_2 \longrightarrow 2h^{\cdot} + O_O^{\times} + V_{Fe}'' \qquad (3-23)$$

由方程式(3-23)可见,铁离子空位带负电,两个空穴被吸引到 V_{Fe}'' 周围,形成一种 V-色心。根据质量作用定律,可得

$$K = \frac{c[O_O^{\times}]c[V_{Fe}'']c[h^{\cdot}]^2}{[P_{O_2}]^{\frac{1}{2}}} \qquad (3-24)$$

$$c[h^{\cdot}] \propto [P_{O_2}]^{\frac{1}{6}} \qquad (3-25)$$

随着氧分压增加,空穴浓度增大,电导率也相应升高。

综上所述,非化学计量化合物的产生及其缺陷的浓度与气氛的性质及气氛分压的大小有密切的关系。这是它与其他缺陷不同点之一。非化学计量化合物与前述的不等价置换固溶体中所产生的"补偿缺陷"很类似。实际上,正是这种"补偿缺陷"才使化学计量的化合物变成了非化学计量,只是这种不等价置换是发生在同一种离子中的高价态与低价态之间的相互置换,而一般不等价置换固溶体则在不同离子之间进行。因此非化学计量化合物可以看成是变价元素中的高价态与低价态氧化物之间由于环境中氧分压的变化而形成的固溶体。它是不等价置换固溶体中的一个特例。

课后习题

3-1 试述影响置换型固溶体的固溶度的条件。

3-2 从化学组成、相组成考虑,试比较固溶体与化合物、机械混合物的差别。

3-3 试阐明固溶体、晶格缺陷和非化学计量化合物三者之间的异同点。列出简明表格比较。

3-4 试写出少量 MgO 掺杂到 Al_2O_3 中和少量 YF_3 掺杂到 CaF_2 中的缺陷方程。(1)判断方程的合理性。(2)写出每一方程对应的固溶式。

3-5 一块金黄色的人造黄玉,化学分析结果认为,是在 Al_2O_3 中添加了摩尔分数为 0.5% 的 NiO 和摩尔分数为 0.02% 的 Cr_2O_3。试写出缺陷反应方程(置换型)及化学式。

3-6 ZnO 是六方晶系,$a=0.3242$ nm,$c=0.5195$ nm,每个晶胞中含 2 个 ZnO 分子,测得晶体密度分别为 5.74 g/cm^3 和 5.606 g/cm^3,求这两种情况下各产生什么型式的固溶体?

3-7 对于 MgO、Al_2O_3 和 Cr_2O_3,其正、负离子半径比分别为 0.47、0.36 和 0.40。(1)Al_2O_3 和 Cr_2O_3 形成连续固溶体。这个结果可能吗?为什么?(2)试预计,在 $MgO-Cr_2O_3$ 系统中的固溶度是有限还是很大?为什么?

3-8 用 0.2 molYF_3 加入 CaF_2 中形成固溶体,实验测得固溶体的晶胞参数 $a=0.55$ nm,测得固溶体密度 $\rho=3.64$ g/cm^3,试计算说明固溶体的类型。(元素的相对原子质量为:Mr(Y)$=88.90$;Mr(Ca)$=40.08$;Mr(F)$=19.00$)

3-9 非化学计量缺陷的浓度与周围气氛的性质、压力大小相关,如果增大周围氧气的分压,非化学计量化合物 $Fe_{1-x}O$ 及 $Zn_{1+x}O$ 的密度将发生怎样变化?增大?减少?为什么?

3-10 非化学计量化合物 Fe_xO 中,$Fe^{3+}/Fe^{2+}=0.1$,求 Fe_xO 中的空位浓度及 x 值。

第四章 熔体和非晶态固体

自然界中的任何固体物质按其内部结构来区分都可以两种不同的形态存在,即结晶态固体及非晶态固体。非晶态和玻璃态常作同义语,但很多非晶态有机材料及非晶态金属和合金通常并不称为玻璃,故非晶态含义应该更广些。玻璃一般是指从液态凝固下来,结构上与液态相似的非晶态固体。非晶态则还包括从气态沉积下来的固体。近年来非晶态金属和合金、非晶态半导体等新材料无论在工艺、物理及应用上都有很多新发展,大大丰富了非晶态的知识。本章主要讲述与无机材料密切有关的玻璃态的结构、形成条件及性能等方面的内容。

第一节 熔体的结构

起初,人们认为液体更接近于气体状态,把液体看作是被压缩了的气体。液体内部质点排列是无序的,只是质点间距较短。接着发现,液体结构在沸点和凝固点之间变化很大。实验证实,接近于结晶温度的液体中质点的排列形式和晶体相似。由同一物质不同聚集状态的 X 射线衍射图知:对气体,当 θ 角很小时,气体的散射强度极大,而熔体和玻璃并无显著散射现象;当 θ 角增大时,强度逐渐减小。对熔体和玻璃,质点有规则排列区域高度分散,峰宽阔,峰位对应晶体相应峰位区域。表明液体中某一质点最邻近的几个质点的排列形式及间距与晶体相似,体现了液体结构中的近程有序和远程无序的特征。上述分析可以看出:液体是固体和气体的中间相(介于两态之间的一种物质状态),在高温时与气体接近,在稍高于熔点时与晶体接近。

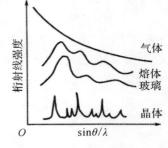

图 4-1 SiO₂ 的气体、熔体、玻璃体、晶体的 X 射线衍射图谱

硅酸盐熔体组成复杂,黏度大,其结构研究较为困难。熔体结构理论有多种,众多理论中熔体聚合物理论提出的结构模型比较具体,同时能进行一些定量计算。因而,近年来,熔体聚合物理论为较多人接受,用来解释熔体的结构及结构—组成—性能关系。聚合物理论的要点:

1. 什么是聚合物?

对于硅酸盐熔体来说,不同聚合程度的负离子团(单体、二聚体、三聚体等)就是聚合物。

硅酸盐熔体中最基本的离子是硅、氧、碱土或碱金属离子。Si^{4+} 电荷高,半径小,有着很强的形成硅氧四面体[SiO₄]的能力。根据鲍林电负性计算,Si-O 间电负性差值 $\Delta X=1.7$,所以 Si-O 键既有离子键又有共价键成分(其中 52% 为共价键),为典型的极性共价键。从硅原子的电子轨道分布来看,Si 原子位于 4 个 sp³ 杂化轨道构成的四面体中心。当 Si 与 O 结合时,

可与氧原子形成 sp^3、sp^2、sp 三种杂化轨道,从而形成 σ 键。同时氧原子已充满的 p 轨道可以作为施主与 Si 原子全空着的 d 轨道形成 $d_x - p_\pi$ 键,这时 π 键叠加在 σ 键上,使 Si - O 键增强,距离缩短。因此,Si - O 键具有高键能,有方向性和低配位等特点,导致硅酸盐倾向于形成相当大的、形状不规则的、短程有序的离子聚合体。

2. 聚合物形成的三个阶段

(1)熔融石英的分化过程。熔体中的 R - O 键(R 指碱或碱土金属)的键型以离子键为主。在熔体中与两个 Si 相连的 O 称为桥氧(O_b),与一个 Si 相连的 O 称为非桥氧(O_{nb})。当 R_2O、RO 引入硅酸盐熔体中时,由于 R - O 键的键强比 Si - O 键弱得多,Si 能把 R - O 键上的氧离子拉到自己周围,使桥氧断裂,并使 Si - O 键的键强、键长和键角都发生变动,如图 4 - 2 所示。例如,熔融石英中,O/Si 比为 2:1,以[SiO_4]为基本单元,通过 4 个顶角的 O^{2-} 扩展延伸,形成三维架状结构。若加入 Na_2O,使 O/Si 比例升高,随着加入量的增加,O/Si 比可逐步升高至 4:1,此时,[SiO_4]连接方式可从架状变为层状、链状、组群状直至最后桥氧全部断裂而形成[SiO_4]岛状(无桥氧)。上述架状[SiO_4]断裂称为熔融石英的分化过程,如图 4 - 3 所示。

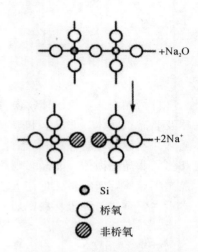

图 4 - 2 [SiO_4]桥氧断裂过程非桥氧

在石英熔体中,部分石英颗粒表面带有断键,这些断键与空气中水汽作用生成 Si - OH 键。若加入 Na_2O,断键处发生离子交换,大部分 Si - OH 键变成 Si - O - Na 键,由于 Na 在硅氧四面体中存在而使 Si - O 键的键强发生变化。在含有一个非桥氧的二元硅酸盐中,Si - O 键的共价键成分由原来四个桥氧的 52% 下降为 47%。因而在有一个非桥氧的硅氧四面体中,由于 Si - O - Na 的存在,因 O - Na 连接较弱,使得 Si - O 相对增强。而与 Si 相连的另外三个 Si - O 相对较弱,很容易受碱的侵蚀而断裂,形成更小的聚合体。

初期:随温度的升高,高聚体分化成三维碎片、高聚物、低聚物和单体。

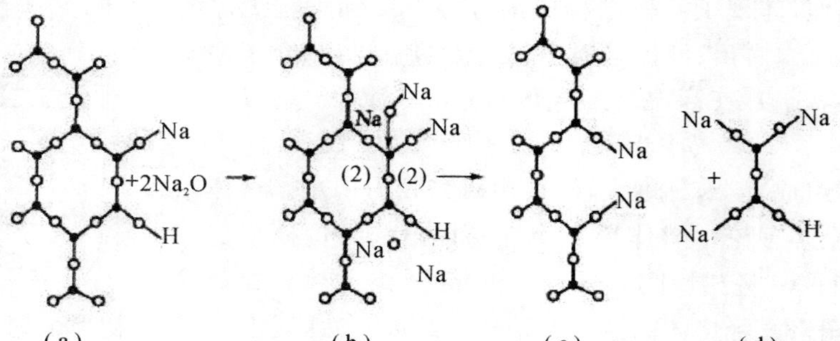

图 4 - 3 石英熔体网络分化过程

(2)缩聚和变形。分化过程产生的低聚物不是一成不变的,它们可以相互发生作用,形成级次较高的聚合物,同时释放出部分 Na_2O,该过程称为缩聚过程。例如:

$$[SiO_4]Na_4 + [Si_2O_7]Na_6 = (Si_3O_{10})Na_8(短链) + Na_2O$$

$$2(Si_3O_{10})Na_8 = [SiO_3]_6Na_{12}(环) + 2Na_2O$$

在熔融过程中,随着温度升高,不同聚合程度的聚合物发生变形:一般链状聚合物易发生绕 Si－O 轴转动,同时弯曲;层状聚合物使层体本身发生褶皱、翘曲;架状聚合物由于热振动使得氧桥键断裂,同时 Si－O－Si 键角发生变化。

中期:各类聚合物缩聚并伴随变形。

(3)分化与缩聚的平衡。缩聚释放的 Na_2O 能进一步侵蚀石英骨架使其分化出低聚物,低聚物相互作用形成级次较高的高聚物、释放。如此循环,最终体系出现分化$\rightleftharpoons$缩聚平衡。

熔体中有各种不同聚合程度的负离子团同时并存,有$[SiO_4]^{4-}$(单体)、$(Si_2O_7)^{6-}$(二聚体)、$(Si_3O_{10})^{8-}$(三聚体),…,$(Si_nO_{3n+1})^{(2n+1)-}$(n 聚体,$n=1,2,3,\cdots$)。此外还有三维晶格碎片$(SiO_2)_n$,其边缘有断键,内部有缺陷。这些硅氧团除$[SiO_4]$是单体外,其他称聚离子。

后期:在一定温度和时间下,聚合解聚达到平衡。多种聚合物同时并存而不是一种独存,这就是熔体结构远程无序的实质。

最终得到的熔体是不同聚合程度的各种聚合体的混合物,聚合体的种类、大小、数量随熔体的组成和温度而变化。熔体的结构特点是近程有序而远程无序的,如图 4－4 所示。

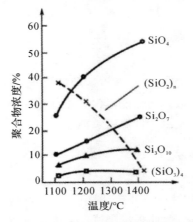

图 4－4　某一硅酸盐熔体中聚合物分布与温度的关系

第二节　熔体的性质

一、黏度

1. 黏度的概念

液体流动时,一层液体受到另一层液体的牵制,其力 F 的大小是和两层间的接触面积 S 及垂直流动方向的速度梯度 dv/dx 成正比,即

$$F=\eta S dv/dx \tag{4-1}$$

式中,η 为黏度或内摩擦力。

因此黏度 η 是指单位接触面积、单位速度梯度下两层液体间的摩擦力。黏度单位为帕·秒($Pa \cdot s$),它表示相距 1 m 的两个面积为 1 m^2 的平行平面相对移动所需的力为 1 N,因此 1 $Pa \cdot s$＝1 $N \cdot s/m^2$。黏度的倒数称为流动度:$\varphi=1/\eta$。

　　黏度实际上表征液体的内摩擦力,是由流体的结构本质所决定的。一般说,聚合程度高的流体往往有较高的黏度。硅酸盐熔体的黏度往往相差很大,通常为 $10^{-2} \sim 10^{15}$ Pa·s。

　　熔体的黏度对晶体生长、玻璃熔制与成型、陶瓷的液相烧结等有很重要的作用,是材料制造过程中需要控制的一个重要工艺参数。例如熔制玻璃时,熔体的黏度小,气泡容易逸出,有利于玻璃液的澄清;玻璃制品的加工范围和加工方法的选择也和玻璃的黏度及其随温度变化的速率密切相关。在硅酸盐工业中,熔体的黏度还影响材料的烧结温度、烧结速率、瓷釉的融化及耐火材料的使用等。

　　2. 黏度-温度关系

　　用聚合物理论解释它们之间的关系:低温时,聚合物的缔合程度大,黏度增大;高温时,聚合物的缔合程度小,流动度增大,黏度减小。

　　以数学式描述上述关系,能够求出任意温度对应的黏度,对解决许多工艺问题具有重要意义。熔体结构表明,熔体中每个质点(离子或聚合体)都处在相邻质点的键力作用下,也即每个质点均落在一定大小的势垒之间,因此要使质点流动,就需使得质点活化,即要有克服势垒 (Δu) 的足够能量。这种活化质点的数目越多,流动性就越大。依据玻耳兹曼分布定律,活化质点的数目是和 $e^{-\frac{\Delta u}{kT}}$ 成比例的,即

$$\varphi = A_1 e^{-\frac{\Delta u}{kT}} \text{ 或 } \eta = A_1 e^{\frac{\Delta u}{kT}} \tag{4-2}$$

式中,A_1 为常数(与熔体组成有关);Δu 为质点运动活化能;k 为玻耳兹曼常数;T 为温度。

　　需注意的是,活化能不是常数。活化能不仅与熔体组成有关,还与熔体中聚合程度有关。低温时的活化能比高温时大,这是由于低温时负离子团聚合体的缔合程度较大,导致活化能改变。上式两边取对数,有

$$\log \eta = A + \frac{B}{T} \tag{4-3}$$

　　由黏度-温度关系曲线(见图4-5)可知:图中两端区域(高温、低温)近似直线;中间区域熔体的结构随温度的变化而变化,为此提出用特定黏度的温度来反映不同玻璃熔体的性质差异。应变点是指黏度相当于 4×10^{13} Pa·s 时的温度,在该温度下黏性流动事实上不存在,玻璃在该温度退火时不能除去应力。退火点是指黏度相当于 10^{12} Pa·s 的温度,也是消除玻璃中应力的上限温度,在此温度时应力在 15 min 内除去。软化点是指黏度相当于 4.5×10^{6} Pa·s 时的温度,它是用 0.55~0.75 mm 直径、长 23 cm 的纤维在特制炉中以 5 ℃/min 速率加热,在自重下达到每分钟伸长 1 mm 时的温度。流动点是指黏度相当于 10^{4} Pa·s 时的温度,也就是玻璃成型的温度。这些特性温度都是用标准方法测定的。

　　图4-6所示为不同熔体组成的黏度与温度的关系,可以看出总体趋势为:温度升高黏度降低,温度降低黏度升高,硅含量大黏度高。

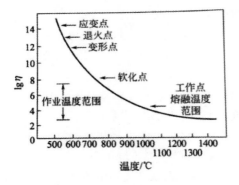

图 4-5　硅酸盐熔体的黏度-温度曲线

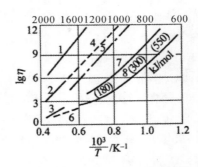

图 4-6　不同组成熔体的黏度与温度的关系
1—石英玻璃；2—90％SiO_2＋10％Al_2O_3；
3—50％SiO_2＋50％Al_2O_3；4—钾长石；5—钠长
石；6—钙长石；7—硬质瓷釉，8—钠钙玻璃

3. 黏度-组成关系

熔体的组成对黏度有很大影响，这与组成的价态和离子半径有关系。在简单碱金属硅酸盐熔体 R_2O-SiO_2 中，阳离子 R^+ 对黏度的影响与它本身的含量有关。当 R_2O 含量较低，即 O/Si 比值低时，对黏度起主要作用的是［SiO_4］四面体之间的键力，加入的一价阳离子的半径越小，夺取"桥氧"的能力越大，硅氧键越易断裂，因而降低熔体黏度的作用越大，熔体黏度按 Li_2O、Na_2O、K_2O 次序增加。当 R_2O 含量较高，即 O/Si 比高时，熔体中硅氧负离子团呈近岛状结构，四面体间主要依靠 R-O 键连接，键力最大的 Li^+ 具有最高的黏度，熔体黏度按 Li_2O、Na_2O、K_2O 次序递减。一价碱金属离子含量对 R_2O-SiO_2 熔体黏度的影响如图 4-7 所示。

二价金属离子 R^{2+} 除了与一价离子对黏度具有相同的影响外，离子间的相互极化对黏度同样影响显著。由于极化使离子变形，共价键成分增加，减弱了 Si-O 间的键力，因此含 18 电子层 Zn^{2+}、Cd^{2+}、Pd^{2+} 等的熔体比含 8 电子层碱土金属离子的熔体具有更低的黏度。一般 R^{2+} 对黏度降低次序为 Pb^{2+}＞Ba^{2+}＞Cd^{2+}＞Zn^{2+}＞Ca^{2+}＞Mg^{2+}。CaO 在低温时增加熔体的黏度；而在高温下，当含量＜10％～12％时，黏度降低；当含量＞10％～12％时，则黏度增大。

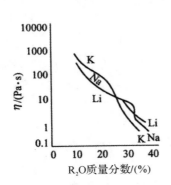

图 4-7　R_2O-SiO_2 在 1400 ℃时熔体的不同组成
与黏度的关系

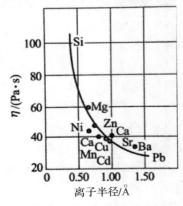

图 4-8　二价阳离子对硅酸盐熔体
的影响

B_2O_3含量不同,对熔体黏度的影响不同,这与硼离子的配位状态有关。当 B_2O_3 含量较少时,硼离子处于$[BO_4]$三度空间连接的状态,结构紧密,黏度随其含量的增加而升高;当 B_2O_3 含量较多时,部分$[BO_4]$会变成$[BO_3]$平面状三角形,使结构趋于疏松,致使黏度随含量的增加而下降。这称为"硼反常现象"。

Al_2O_3作用复杂,因为 Al^{3+} 的配位数可能是 4 或 6。一般在碱金属离子存在下,Al_2O_3 可以$[AlO_4]$配位形式与$[SiO_4]$联成较复杂的铝硅负离子团而使黏度增加。

加入 CaF_2能使熔体黏度急剧下降,原因是氟离子与氧离子的半径相近,易发生取代,原硅氧网络破坏,但氟离子与氧离子的价态不同,难以形成新网络,黏度降低。

总之,加入某一种氧化物所引起熔体黏度的改变,不仅取决于加入的氧化物的本性,而且也取决于熔体本身的组成。

二、表面张力和表面能

将表面增大一个单位面积所需要做的功称为表面能。将表面扩张一个单位长度所需要的力称为表面张力。表面张力的方向与表面相切。表面张力和表面能的单位分别是 N/m 和 J/m^2。

在液体中,原子或原子团易于移动,形成新表面或扩张新表面,表面结构均可保持不变。二者数值相同,概念也不予区分。

在固体中,形成新表面,原子距离可不变,而扩张新表面,原子间距离要改变,因此,固体中特别是各向异性的晶体中,表面能和表面张力在数值上不一定相同。

熔体的表面张力对于玻璃的熔制以及加工工序有重要的作用。在硅酸盐材料中熔体表面张力的大小会影响液、固表面润湿程度和影响陶瓷材料坯、釉结合程度。

1. 熔体表面张力随温度的变化

大多数硅酸盐熔体的表面张力随温度的升高而降低。一般规律是温度升高 100 ℃,表面张力减小 1%,几乎成线形关系。这是因为随着温度的升高,质点运动加剧,质点间距离增大,化学键松弛,相互作用力减小,内部质点能量与表面质点能量差减小。

2. 熔体表面张力与原子(离子或分子)化学键的关系

从键型角度:具有金属键的熔体表面张力>共价键>离子键>分子键。

硅酸盐熔体介于典型离子键与共价键之间,既有离子键,又有共价键,因此其表面张力介于典型共价键熔体与离子键熔体之间。

结构类型相同的离子晶体,其晶格能越大,则其熔体的表面张力也越大。单位晶胞边长越小,熔体表面张力越大。进一步可以说熔体内部质点之间的相互作用力越大,则表面张力也越大。

3. 熔体表面张力与熔体组成的关系

Al_2O_3、SiO_2、CaO、MgO、Na_2O、Li_2O 等氧化物能够提高表面张力。

B_2O_3、P_2O_5、PbO、V_2O_5、SO_3、Cr_2O_3、Sb_2O_3、K_2O 等氧化物加入量较大时能够显著减低熔体表面张力。

B_2O_3是陶瓷釉中降低表面张力的首选组分。B_2O_3熔体的表面张力很小,这是由于硼熔体中硼氧三角体平面可以按平行于表面的方向排列,这样熔体内部和表面之间能量差别就较小。而且平面$[BO_3]$团可以铺展在熔体表面,从而大幅度降低表面张力。PbO 也可以较大幅度地降低表面张力,主要是因为二价铅离子极化率较高。

4. 两熔体混合

当两种熔体混合时,一般不能单纯将其各自的表面张力值用加和法计算。由于表面张力小的熔体在混合后会聚集在表面上,它加入少量也可以显著降低混合熔体的表面张力。

硅酸盐熔体的表面张力值比一般液体高,随其组成而变化,一般波动在 220~380 mN/m之间。一些熔体的表面张力数值见表 4-1。

表 4-1 氧化物和硅酸盐熔体的表面张力

熔 体	温度/℃	表面张力/(mN/m)	熔体	温度/℃	表面张力/(mN/m)
硅酸钠	1 300	210	Al_2O_3	1 300	380
钠钙硅玻璃	1 000	320	B_2O_3	900	80
硼硅玻璃	1 000	260	P_2O_5	100	60
瓷釉	1 000	250~280	PbO	1 000	128
瓷中玻璃	1 000	320	Na_2O	1 300	450
石英	1 800	310	Li_2O	1 300	450
珐琅	900	230~270	CeO_2	1 150	250
水	0	70	NaCl	1 080	95
ZrO_2	1 300	350	FeO	1 400	585

第三节 玻璃的通性

玻璃是由熔体过冷而形成的一种无定形的非晶态固体,因此在结构上与熔体有相似之处。玻璃是无机非晶态固体中最重要的一族。

传统玻璃一般通过熔融法制备,即玻璃原料经加热、熔融、过冷来制取。随着近代科学技术的发展,现在也可由非熔融法,如:气相的化学和电沉积、液相的水解和沉积、真空蒸发和射频溅射、高能射线辐照、离子注入、冲击波等方法来获得以结构无序为主要特征的玻璃态(通常称为非晶态)。无论用何种方法得到的玻璃,其基本性质是相同的。

一般无机玻璃的外部特征是具有较高的硬度,较大的脆性,对可见光具有一定的透明度,并且在开裂时具有贝壳及蜡状断裂面。较严格说来,玻璃具有以下物理通性。

一、各向同性

无内应力存在的均质玻璃在各个方向的物理性质,如折射率、导电性、硬度、热膨胀系数、导热系数以及机械性能等都是相同的,这与非等轴晶系的晶体具有各向异性的特性不同,却与液体相似。玻璃的各向同性是其内部质点的随机分布而呈现统计均质结构的宏观表现。

但玻璃存在内应力时,结构均匀性就遭受破坏,显示出各向异性,例如出现明显的光程差。

二、介稳性

在一定的热力学条件下,系统虽未处于最低能量状态,却处于一种可以较长时间存在的状态,称为处于介稳状态。当熔体冷却成玻璃体时,其状态不是处于最低的能量状态。它能较长时间在低温下保留高温时的结构而不变化,因而为介稳状态或具有介稳的性质,含有过剩内能。图 4-9 所示为熔体冷却过程中物质内能与体积的变化。在结晶情况下,内能与体积随温度变化如折线 ABCD 所示,而过冷却形成玻璃时的情况如折线 ABKFE 所示。由图中可见,玻璃态内能大于晶态。从热力学观点看,玻璃态是一种高能量状态,它必然有向低能量状态转化的趋势,也即有析晶的可能。然而事实上,很多玻璃在常温下经数百年之久仍未结晶,这是由于在常温下,玻璃黏度非常大,使得玻璃态自发转变为晶态很困难,其速率是十分小的。因而从动力学观点看,它又是稳定的。

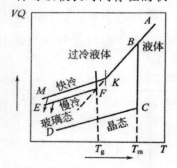

图 4-9　结晶态、玻璃态与过
冷液态之间的关系

三、由熔融态向玻璃态转化的过程是可逆的与渐变的

熔融体冷却时,若是析晶过程,则由于出现新相,在熔点 T_m 处内能、体积及一些性能都发生突变(内能、体积突然下降与黏度的剧烈上升),如图 4-9 中由 B 至 C 的变化,整个曲线在 T_m 处出现不连续。若熔体凝固形成玻璃,当熔体冷却到 T_m 时,体积、内能不发生异常变化,而是沿着 BK 变为过冷液体,当达到 F 点(对应温度 T_g)时,熔体开始固化,这时的温度称为玻璃形成温度或称脆性温度,对应黏度为 10^{12} Pa·s,继续冷却,曲线出现弯曲,FE 一段的斜率比以前小了一些,但整个曲线是连续变化的。通常把黏度为 10^9 Pa·s 对应的温度 T_f 称为玻璃软化温度,玻璃加热到此温度即软化,高于此温度玻璃就呈现液态的一般性质,$T_g \sim T_f$ 的温度范围称为玻璃转变范围或称反常间距,它是玻璃转变特有的过渡温度范围。显然向玻璃体转变过程是在较宽广范围内完成的,随着温度下降,熔体的黏度越来越大,最后形成固态的玻璃,其间没有新相出现。相反,由玻璃加热变为熔体的过程也是渐变的,因此具有可逆性。玻璃体没有固定的熔点,只有一个从软化温度到脆性温度的范围,在这个范围内玻璃由塑性变形转为弹性变形。值得提出的是,不同玻璃成分用同一冷却速率,T_g 一般会有差别,各种玻璃的转变温度随成分而变化。如石英玻璃在 1 150 ℃左右,而钠硅酸盐玻璃在 500~550 ℃;同一种玻璃,以不同冷却速率冷却得到的 T_g 也会不同。冷却越快,T_g 也越高。但不管转变温度 T_g 如何变化,对应的黏度值却是不变的,均为 $10^{12} \sim 10^{13}$ Pa·s 左右。

玻璃形成温度 T_g 是区分玻璃与其他非晶态固体(如硅胶、树脂、非熔融法制得新型玻璃)的重要特征。一些非传统玻璃往往不存在这种可逆性,它们不像传统玻璃那样析晶温度 T_m 高于转变温度 T_g,而是 $T_g > T_m$,例如气相沉积方法制备的 Si、Ge 等无定形薄膜或急速淬火形成的无定形金属膜,T_m 低于 T_g,即再次加热到液态前就会产生析晶的相变。虽然它们在结构上也属于玻璃态,但在宏观特性上与传统玻璃有一定差别,故而通常称这类物质为无定形物。

四、由熔融态向玻璃态转化时物理、化学性质随温度变化的连续性

玻璃体由熔融状态冷却转变为机械固态或者加热的相反转变过程,其物理和化学性质的

变化是连续的。图 4 - 10 所示为玻璃性质随温度变化的关系。由图可见,玻璃的性质随温度的变化可分为三类:第一类性质如玻璃的电导、比容、热函等按曲线 I 变化;第二类性质如热容、膨胀系数、密度、折射率等按曲线 II 变化;第三类性质如导热系数和一些机械性质(弹性常数等)如曲线 III 所示,它们在 $T_g \sim T_f$ 转变范围内有极大值的变化。

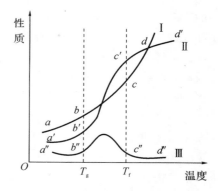

图 4 - 10　玻璃性质随温度的变化

在图 4 - 10 中,玻璃性质随温度逐渐变化的曲线上有两个特征温度,即 T_g 与 T_f。T_g 是玻璃的脆性温度,它是玻璃出现脆性的最高温度,相应的黏度为 10^{12} Pa·s,由于在该温度时,可以消除玻璃制品因不均匀冷却而产生的内应力,因而也称为退火温度上限(退火点)。T_f 是玻璃软化温度,为玻璃开始出现液体状态典型性质的温度,相应的玻璃黏度约为 10^9 dPa·s,T_f 也是玻璃可以拉制成丝的最低温度。

从图 4 - 10 中可看到,性质一温度曲线可划分为三部分。T_g 以下的低温段($ab,a'b',a''b''$)和 T_f 以上的高温段($cd,c'd',c''d''$),其变化几乎成直线关系,这是因为前者的玻璃为固体状态,而后者则为熔体状态,它们的结构随温度是逐渐变化的。而在中温部分($bc,b'c',b''c''$),$T_g \sim T_f$ 转变温度范围内是固态玻璃向玻璃熔体转变的区域,由于结构随温度急速的变化,因而性质变化虽然有连续性,但变化剧烈,并不呈直线关系。由此可见,$T_g \sim T_f$ 对于控制玻璃的物理性质有重要意义。

以上四个特性是玻璃态物质所特有的。因此,任何物质不论其化学组成如何,只要具有这四个特性,都可称为玻璃。

第四节　玻璃的结构

研究玻璃态物质的结构,不仅可以丰富物质结构理论,而且对于探索玻璃态物质的组成、结构、缺陷和性能之间的关系,进而指导工业生产及制备预计性能的玻璃都有重要的实际意义。

玻璃结构是指玻璃中质点在空间的几何配置、有序程度及它们彼此间的结合状态。由于玻璃结构具有远程无序的特点以及影响玻璃结构的因素众多,与晶体结构相比,玻璃结构理论发展缓慢,目前人们还不能直接观察到玻璃的微观结构,关于玻璃结构的信息是通过特定条件下某种性质的测量而间接获得的。往往用一种研究方法根据一种性质只能从一个方面得到玻璃结构的局部认识,而且很难把这些局部认识相互联系起来。一般对晶体结构研究十分有效的研究方法在玻璃结构研究中则显得力不从心。长期以来,人们对玻璃的结构提出了许多假说,如晶子学说、无规则网络学说、高分子学说、凝胶学说、核前群理论、离子配位学说等等。由于玻璃结构的复杂性,还没有一种学说能将玻璃的结构完整严密地解释清楚。到目前为止,在各种学说中最有影响的玻璃结构学说是晶子学说和无规则网络学说。

一、晶子学说

苏联学者列别捷夫 1921 年提出晶子学说。他曾对硅酸盐玻璃进行加热和冷却并分别测定出不同温度下玻璃的折射率,结果如图 4 - 11 所示。由图看出,无论是加热还是冷却,玻璃的折射率在 573 ℃ 左右都会发生急剧变化。而 573 ℃ 正是 α 石英与 β 石英的晶型转变温度。上述现象对不同玻璃都有一定的普遍性。因此,他认为玻璃结构中有高分散的石英微晶体(即晶子)。

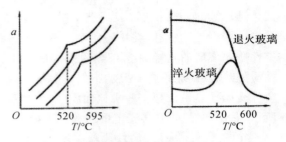

图 4-11　硅酸盐玻璃折射率随温度的变化

在较低温度范围内,测量玻璃折射率时也发生若干突变。将 SiO_2 含量高于 70% 的 Na_2O · SiO_2 与 K_2O · SiO_2 系统的玻璃,在 50~300 ℃ 范围内加热并测定折射率时,观察到 85~120 ℃,145~165 ℃ 和 180~210 ℃ 温度范围内折射率有明显的变化。这些温度恰巧与鳞石英及方石英的多晶转变温度符合,且折射率变化的幅度与玻璃中 SiO_2 含量有关。根据这些实验数据,进一步证明在玻璃中含有多种"晶子"。以后又有很多学者借助 X 射线衍射分析的方法和其他方法为晶子学说取得了新的实验数据。

瓦连可夫和波拉依—柯希茨研究了成分递变的钠硅双组分玻璃的 X 射线散射强度曲线。他们发现第一峰是石英玻璃衍射线的主峰与石英晶体的特征峰相符。第二峰是 Na_2O · SiO_2 玻璃的衍射线主峰与偏硅酸钠晶体的特征峰一致。在钠硅玻璃中上述两个峰均同时出现。随着钠硅玻璃中 SiO_2 含量增加,第一峰愈明显,而第二峰愈模糊。他们认为钠硅玻璃中同时存在方石英晶子和偏硅酸钠晶子,这是 X 射线强度曲线上有两个极大值的原因。他们又研究了升温到 400~800 ℃ 再淬火、退火和保温几小时的玻璃。结果表明玻璃 X 射线衍射图不仅与成分有关,而且与玻璃制备条件有关。提高温度,延长加热时间,主峰陡度增加,衍射图也愈清晰(见图 4-12)。他们认为这是晶子长大所造成的。由实验数据推论,普通石英玻璃中的方石英晶子尺寸平均为 1.0 nm。

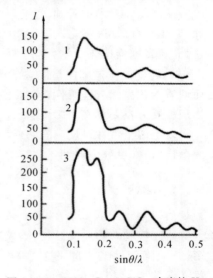

图 4-12　$27Na_2O$ · $73SiO_2$ 玻璃的 X 射线散射强度曲线

1—未加热;2—618 ℃ 保温 1 h;3—800 ℃ 保温

结晶物质和相应玻璃态物质虽然强度曲线极大值的位置大体相似,但不相一致的地方也是明显的。很多学者认为这是玻璃中晶子点阵有变形所致,并估计玻璃中方石英晶子的固定点阵比方石英晶体的固定点阵大 6.6%。

马托西等研究了结晶氧化硅和玻璃态氧化硅在 3~26 μm 的波长范围内的红外反射光谱。结果表明,玻璃态石英和晶态石英的反射光谱在 12.4 μm 处具有同样的最大值。这种现象可以解释为反射物质的结构相同。

弗洛林斯卡姬的工作表明,在许多情况下,观察到玻璃和析晶时以初晶析出的晶体的红外反射和吸收光谱极大值是一致的。这就是说,玻璃中有局部不均匀区,该区原子排列与相应晶体的原子排列大体一致。图 4-13 为 Na_2O—SiO_2 系统在原始玻璃态和析晶态的红外反射光谱的比较。由研究结果得出结论:结构的不均匀性和有序性是所有硅酸盐玻璃的共性。

根据很多的实验研究得出晶子学说的要点为:硅酸盐玻璃结构是一种不连续的原子集合体,即无数"晶子"分散在无定形介质中;"晶子"的化学性质和数量取决于玻璃的化学组成;"晶子"不同于一般微晶,而是带有晶格极度变形的微小有序区域,在"晶子"中心质点排列较有规律,愈远离中心则变形愈大;从"晶子"部分到无定形部分的过渡是逐步完成的,两者之间无明显界线。

二、无规则网络学说

1932 年德国学者查哈里阿森(Zachariasen)基于玻璃与同组成晶体的机械强度的相似性,应用晶体化学的成就,提出了无规则网络学说。以后逐渐发展成为玻璃结构理论的一种学派。

查哈里阿森认为:玻璃的结构与相应的晶体结构相似,同样形成连续的三维空间网络结构。但玻璃的网络与晶体的网络不同,玻璃的网络是不规则的、非周期性的,因此玻璃的内能比晶体的内能要大。由于玻璃的强度与晶体的强度属于同一个数量级,玻璃的内能与相应晶体的内能相差并不多,因此它们的结构单元(四面体或三角体)应是相同的,不同之处在于排列的周期性。

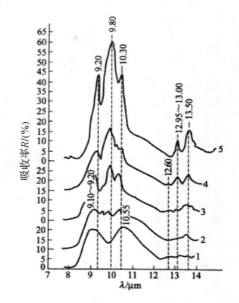

图 4-13 33.3Na$_2$O·66.7SiO$_2$ 玻璃的反射光谱

1—原始玻璃;2—玻璃表层部分,在 620 ℃保温 1 h;3—玻璃表层部分,有间断薄雾析晶,保温 3 h;4—玻璃表层部分,有连续薄雾析晶,保温 3 h;5—玻璃表层部分,析晶玻璃,保温 6 h

如石英玻璃和石英晶体的基本结构单元都是硅氧四面体[SiO$_4$],各硅氧四面体都通过顶点连接成为三维空间网络,但在石英晶体中硅氧四面体有着严格的规则排列,如图 4-14(a)所示;而在石英玻璃中,硅氧四面体的排列是无序的,缺乏对称性和周期性的重复,如图 4-14(b)所示。

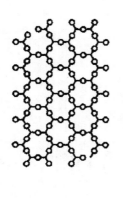 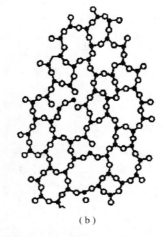

(a)   (b)

图 4-14 石英晶体和石英玻璃结构模型示意图
(a) 石英晶体结构模型; (b) 石英玻璃结构模型

查哈里阿森还提出氧化物(A$_m$O$_n$)形成玻璃时,应具备以下 4 个条件:
(1)网络中每个氧离于最多与两个 A 离子相联。

(2)氧多面体中,A 离于配位数必须是小的,即为 4 或 3。

(3)氧多面体只能共角而不能共棱或共面连接。

(4)每个氧多面体至少有 3 个顶角与相邻多面体共有以形成连续的无规则空间结构网络。

根据上述条件可将氧化物划分成三种类型:SiO_2,B_2O_3;P_2O_5,V_2O_5,As_2O_3,Sb_2O_3 等氧化物都能形成四面体配位,成为网络的基本结构单元,属于网络形成体;Na_2O、K_2O、CaO、MgO、BaO 等氧化物,不能满足上述条件,本身不能构成网络形成玻璃,只能作为网络改变体参加玻璃结构;Al_2O_3、TiO_2 等氧化物,配位数有 4 有 6,有时可在一定程度上满足以上条件形成网络,有时只能处于网络之外,成为网络中间体。

根据此学说,当石英玻璃中引入网络改变体氧化物 R_2O 或 RO 时,它们引入的氧离子,将使部分 $Si-O-Si$ 键断裂,致使原来某些与 2 个 Si^{4+} 键合的桥氧变为仅与 1 个 Si^{4+} 键合的非桥氧,而 R^+ 或 R^{2+} 均匀而无序地分布在四面体骨架的空隙中,以维持网络中局部的电中性。图 4-15 为钠硅酸盐玻璃结构模型示意图。显然,[SiO_4]四面体的结合程度甚至整个网络结合程度都取决于桥氧离子的百分数。

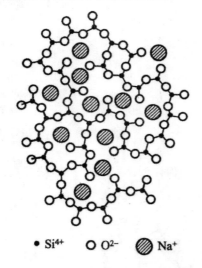

• Si^{4+}　○ O^{2-}　◿ Na^+

图 4-15　钠硅酸盐玻璃结构示意图

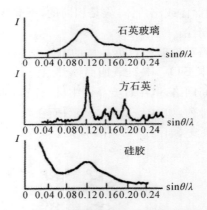

图 4-16　石英等物质的 X 射线衍射图

根据熔体不同组成(不同 O/Si,O/P,O/B 比值等),离子团的聚合程度也不等。而玻璃结构对熔体结构又有继承性,故玻璃中的无规则网络也随玻璃的不同组成和网络被切断的不同程度而异,可以是三维骨架,也可以是二维层状结构或一维链状结构,甚至是大小不等的环状结构,也可能多种不同结构共存。瓦伦对玻璃的 X 射线衍射光谱的一系列卓越的研究,使查哈里阿森的理论获得有力的实验证明。瓦伦的石英玻璃、方石英和硅酸盐的 X 射线图示于图 4-16。玻璃的衍射线与方石英的特征谱线重合,这使一些学者把石英玻璃联想为含有极小的方石英晶体,同时将漫射归结于晶体的微小尺寸。然而瓦伦认为这只能说明石英玻璃和方石英中原子间的距离大体上是一致的。他按强度—角度曲线半高处的宽度计算出石英玻璃内如有晶体,其大小也只有 0.77 nm。这与方石英单位晶胞尺寸 0.70 nm 相似。晶体必须是由晶胞在空间有规则地重复,因此"晶子"此名称在石英玻璃中失去意义。由图 4-16 还可看到,硅胶有显著的小角度散射而玻璃中没有。这是由于硅胶是由尺寸为 1.0~10.0 nm 不连续粒子组成。粒子间有间距和空隙,强烈的散射是由于物质具有不均匀性的缘故。但石英玻璃小角度没有散射,这说明玻璃是一种密实体,其中没有不连续的粒子或粒子之间没有很大空隙。这结果与晶子学说的微不均匀性又有矛盾。

瓦伦又用傅里叶分析法将实验获得的玻璃衍射强度曲线在傅里叶积分公式基础上换算成围绕某一原子的径向分布曲线,再利用该物质的晶体结构数据,即可以得到近距离内原子排列的大致图形。在原子径向分布曲线上第一个极大值是该原子与邻近原子间的距离,而极大值曲线下的面积是该原子的配位数。图 4-17 所示为 SiO_2 玻璃径向原子分布曲线。第一个极大值表示出 Si-O 距离为 0.162 nm,这与晶体硅酸盐中发现的 Si—O 平均间距(0.160 nm)非常符合。按第一个极大值曲线下的面积计算出配位数为 4.3,接近硅原子配位数 4。因此,X 射线分析的结果直接指出,在石英玻璃中的每一个硅原子,平均约为 4 个氧原子

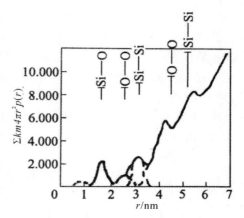

图 4-17　石英玻璃的径向分布函数

以大致 0.162 nm 的距离所围绕。利用傅里叶法,瓦伦研究了 Na_2O - SiO_2、K_2O - SiO_2、Na_2O - B_2O_3 等系统的玻璃结构。发现随着原子径向距离的增加,分布曲线中极大值逐渐模糊。从瓦伦数据得出,玻璃结构有序部分距离在 1.0~1.2 nm 附近,即接近晶胞大小。

综上所述,瓦伦的实验证明:玻璃物质的主要部分不可能以方石英晶体的形式存在,而每个原子的周围原子配位对玻璃和方石英来说都是一样的。

三、两大学说的比较与发展

晶子学说强调了玻璃结构的微不均匀性、不连续性及近程有序性等方面特征,成功地解释了玻璃折射率在加热过程中的突变现象。尤其是发现微观不均匀性是玻璃结构的普通现象后,晶子学说得到更为有力的支持。但是至今晶子学说尚有一系列重要的原则问题未得到解决。第一,对玻璃中"晶子"的大小与数量尚有异议。晶子大小根据许多学者估计波动在 0.7~2.0 nm 之间,含量只占 10%~20%。0.7~2.0 nm 只相当于 2~4 个多面体作规则排列,而且还有较大的变形,所以不能过分夸大晶子在玻璃中的作用和对性质的影响。第二,晶子的化学成分还没有得到合理的确定。

网络学说强调了玻璃中离子与多面体相互间排列的均匀性、连续性及无序性等方面结构特征。这可以说明玻璃的各向同性、内部性质的均匀性与随成分改变时玻璃性质变化的连续性等基本特性。如玻璃的各向同性可以看为是由于形成网络的多面体(如硅氧四面体)的取向不规则性导致的,而玻璃之所以没有固定的熔点是由于多面体的取向不同,结构中的键角大小不一,因此加热时弱键先断裂,然后强健才断裂,结构被连续破坏。宏观上表现出玻璃的逐渐软化,物理化学性质表现出渐变性。因此网络学说能解释一系列玻璃性质的变化,长期以来是玻璃结构的主要学派。

近年来,随着实验技术的进展和玻璃结构与性质的深入研究,积累了愈来愈多的关于玻璃内部不均匀的资料。例如首先在硼硅酸盐玻璃中发现分相与不均匀现象,以后又在光学玻璃和氮化物与磷酸盐玻璃中均发现有分相现象。用高倍电子显微镜观察玻璃时发现,在肉眼看

来似乎是均匀一致的玻璃,实际上都是由许多从 $0.01\sim0.1\ \mu m$ 的各不相同的微观区域构成的。所以现代玻璃结构理论必须能够反映出玻璃内部结构的另一方面即近程有序和化学组成上不均匀性。

随着研究的日趋深入,这两种假说都力图克服本身的局限,彼此都有进展。无规则网络学说认为,阳离子在玻璃结构网络中所处的位置不是任意的,而是有一定配位关系。多面体的排列也有一定的规律,并且在玻璃中可能不止存在一种网络(骨架)。因而承认了玻璃结构的近程有序和微不均匀性。同时,晶子学说代表者也适当地估计了晶子在玻璃中的大小、数量以及晶子与无序部分在玻璃中的作用,即认为玻璃是具有近程有序(晶子)区域的无定型物质。这表明,上述两种假说的观点正在逐步靠近,二者比较统一的看法是:玻璃是具有近程有序、远程无序结构特点的无定型物质。但双方对于无序与有序区大小、比例和结构等仍有分歧。

第五节　玻璃的形成条件

玻璃态是物质的一种聚集状态,研究和认识玻璃的形成规律,即形成玻璃的物质及方法、玻璃形成的条件和影响因素对于揭示玻璃的结构和合成更多具有特殊性能的新型非晶态固体材料具有重要的理论与实际意义。

一、形成玻璃的物质及方法

什么物质能形成玻璃? 只要冷却速率足够快,几乎任何物质都能形成玻璃,见表 4-2 和表 4-3。

目前形成玻璃的方法有很多种,总的说来分为熔融法和非熔融法。熔融法是形成玻璃的传统方法,即玻璃原料经加热、熔融和在常规条件下进行冷却而形成玻璃态物质,在玻璃工业生产中大量采用这种方法。此法的不足之处是冷却速率较慢,工业生产一般为 $40\sim60\ ^\circ\mathrm{C}/\mathrm{h}$,实验室样品急冷也仅为 $1\sim10\ ^\circ\mathrm{C}/\mathrm{s}$,这样的冷却速率不能使金属、合金或一些离子化合物形成玻璃态。如今除传统熔融法以外出现了许多非熔融法,且熔融法在冷却速率上也有很大的突破,例如溅射冷却或冷冻技术,冷却速率可达 $10^6\sim10^7\ ^\circ\mathrm{C}/\mathrm{s}$ 以上,这使得用传统熔融法不能得到玻璃态的物质,也可以转变成玻璃。

表 4-2　由熔融法形成玻璃的物质

种类	物质
元素	O,S,Se,P
氧化物	$P_2O_5,B_2O_3,As_2O_3,SiO_2,GeO_2,Sb_2O_3,In_2O_3,Te_2O_3,SnO_2,PbO,SeO$
硫化物	$B,Ga,In,Ti,Ge,Sn,N,P,As,Sb,Bi,O,Sc$ 的硫化物,As_2S_3,Sb_2S_3,CS_2 等
硒化物	$Ti,Si,Sn,Pb,P,As,Sb,Bi,O,S,Te$ 的硒化物
碲化物	$Ti,Sn,Pb,Sb,Bi,O,Se,As,Ge$ 的碲化物
卤化物	$BeF_2,AlF_3,ZnCl_2,Ag(Cl,Br,I),Pb(Cl_2,Br_2,I_2)$ 和多组分混合物
硝酸盐	$R^1NO_6-R^2(NO_3)_2$,其中 $R^1=$ 碱金属离子,$R^2=$ 碱土金属离子
碳酸盐	$K_2CO_6-MgCO_3$

续 表

种类	物 质
硫酸盐	Ti_2SO_4，$KHSO_4$等
硅酸盐 硼酸盐 磷酸盐	各种硅酸盐、硼酸盐、磷酸盐
有机 化合物	非聚合物：甲苯、乙醚、甲醇、乙醇、甘油、葡萄糖等 聚合物：聚乙烯等，种类很多
水溶液	酸、碱、氧化物、硝酸盐、硅酸盐等，种类很多
金属	Au_4Si，Pd_4Si，$Te_x-Cu_{2.5}-Au_5$及其他用特殊急冷法获得

表 4 - 3　由非熔融法形成玻璃的物质

原始物质	形成原因	获得方法	实 例
固体(结晶)	剪切应力	冲击波	石英、长石等晶体，通过爆炸的冲击波使其非晶化
		磨碎	晶体通过磨碎，粒子表面层逐渐非晶化
	放射线照射	高速中子线	石英晶体经高速中子线照射后转变为非晶体石英
液体	形成络合物	金属醇盐水解	Si，B，P，Al，Na，K等醇盐酒精溶液加水分解得到胶体，加热形成单组分或多组分氧化物玻璃
气体	升华	真空蒸发沉积	在低温基板上用蒸发沉积形成非晶质薄膜，如Bi、Si、Ge、B、MgO、Al_2O_3，TiO_2，SiC等化合物
		阴极飞溅和氧化反应	在低压氧化气氛中，把金属或合金做成阴极，飞溅在基极上形成非晶态氧化物薄膜，有SiO_2，$PbO-TeO_2$，$Pb-SiO_2$系统薄膜等
	气相反应	气相反应	$SiCl_4$水解或SiH_4氧化形成SiO_2玻璃。在真空中加热$B(OC_2H_3)_3$到700℃～900℃形成B_2O_3玻璃
		辉光放电	利用辉光放电形成原子态氧和低压中金属有机化合物分解，在基极上形成非晶态氧化物薄膜
	电解	阴极法	利用电解质熔液的电解反应，在阴极上析出非晶质氧化物

二、玻璃形成的热力学观点

熔体是物质在熔融温度以上存在的一种高能量状态。随着温度降低，熔体释放能量大小不同，可以有三种冷却途径：

(1)结晶化，即有序度不断增加，直到释放全部多余能量而使整个熔体晶化为止。

(2)玻璃化，即过冷熔体在转变温度T_g硬化为固态玻璃的过程。

(3)分相，即质点迁移使熔体内某些组成偏聚，从而形成互不混熔、组成不同的两个玻璃相。

玻璃化和分相过程均没有释放出全部多余的能量,因此与结晶化相比这两个状态都处于能量的介稳状态。大部分玻璃熔体在过冷时,这三种过程总是程度不等地发生。

从热力学观点分析,玻璃态物质总有降低内能向晶态转变的趋势,在一定条件下通过析晶或分相放出能量使其处于低能量稳定状态。如果玻璃与晶体内能差别大,则在不稳定过冷下,晶化倾向大,形成玻璃的倾向小。表 4-4 列出了几种硅酸盐晶体和相应组成玻璃体内能的比较。由表 4-4 可见玻璃体和晶体两种状态的内能差值不大,故析晶的推动力较小,因此玻璃这种能量的亚稳态在实际上能够长时间稳定存在。从表 4-4 中的数据可见这些热力学参数对玻璃的形成并没有直接关系,以此来判断玻璃形成能力是困难的。所以形成玻璃的条件除了热力学条件外还有其他更直接的条件。

表 4-4 几种硅酸盐晶体与玻璃体的生成焓

组　成	状　态	$-\Delta H_{298.16}$(kJ/mol)
Pb₂SiO₄	晶态	1 309
	玻璃态	1 294
SiO₂	β-石英	860
	β-鳞石英	854
	β-方石英	858
	玻璃态	848
Na₂SiO₃	晶态	1 528
	玻璃态	1 507

三、玻璃形成的动力学手段

从动力学的角度讲,析晶过程必须克服一定的势垒,包括形成晶核所需建立新界面的界面能以及晶核长大成晶体所需的质点扩散的活化能等。如果这些势垒较大,尤其当熔体冷却速率很快时,黏度增加甚大,质点来不及进行有规则排列,晶核形成和晶体长大均难以实现,从而有利于玻璃的形成。

近代研究证实,如果冷却速率足够快时,即使金属亦有可能保持其高温的无定形状态;反之,如在低于熔点范围内保温足够长的时间,则任何玻璃形成体都能结晶。因此从动力学的观点看,形成玻璃的关键是熔体的冷却速率。在玻璃形成动力学讨论中,探讨熔体冷却以避免产生可以探测到的晶体所需的临界冷却速率(最小冷却速率)对研究玻璃形成规律和制定玻璃形成工艺是非常重要的。

塔曼(Tamman)首先系统地研究了熔体的冷却析晶行为,提出析晶分为晶核生成与晶体长大两过程。如果是熔体内部自发成核,称为均态核化;如果是由表面、界面效应,杂质或引入晶核剂等各种因素支配的成核过程,称为非均态核化。熔体冷却是形成玻璃或是析晶,由两个过程的速率决定,即晶核生成速率(成核速率 I_v)和晶体生长速率(u)。晶核生成速率是指单位时间内单位体积熔体中所生成的晶核数目(个/cm³·s);晶体生长速率是指单位时间内晶体的线增长速率(cm/s)。I_v 与 u 均与过冷度($\Delta T = T_m - T$)有关(T_m 为熔点)。图 4-18 示出晶核生成速率 I_v 与晶体生长速率 u 随过冷度变化曲线,称为物质的析晶特征曲线。由图可见，I_v 与 u 曲线上都存在极大值。

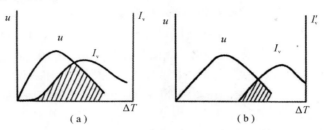

图 4-18　成核速率和生长速率与过冷度的关系

　　塔曼认为，玻璃的形成，是由于过冷熔体中晶核生成的最大速率对应的温度低于晶体生长最大速率对应的温度所致。因为熔体冷却时，当温度降到晶体生长最大速率时，晶核生成速率很小，只有少量的晶核长大；当熔体继续冷却到晶核生成最大速率时，晶体生长速率则较小，晶核不可能充分长大，最终不能结晶而形成玻璃。因此，晶核生成速率与晶体生长速率的极大值所处的温度相差越小（见图 4-18(a)）熔体越易析晶而不易形成玻璃。反之，熔体就越不易析晶而易形成玻璃（见图 4-18(b)）。通常将两曲线重叠的区域（见图 4-18 中阴影的区域）称为析晶区域或玻璃不易形成区域。如果熔体在玻璃形成温度（T_g）附近黏度很大，这时晶核产生和晶体生长阻力均很大，这时熔体易形成过冷液体而不易析晶。因此，熔体是析晶还是形成玻璃与过冷度、黏度、成核速率、晶体生长速率均有关。

　　乌尔曼（Uhlmann）在 1969 年将冶金工业中使用的 3T 图即 T-T-T 图（Time-Temperature-Transformation）方法应用于玻璃转变并取得很大成功，目前已成为玻璃形成动力学理论中的重要方法之一。

　　乌尔曼认为判断一种物质能否形成玻璃，首先必须确定玻璃中可以检测到的晶体的最小体积，然后再考虑熔体究竟需要多快的冷却速率才能防止这一结晶量的产生从而获得检测上合格的玻璃。实验证明：当晶体混乱地分布于熔体中时，晶体的体积分数（晶体体积/玻璃总体积，V_β/V）为 10^6 时，刚好为仪器可探测出来的浓度。根据相变动力学理论，通过下式估计防止一定的体积分数的晶体析出所必需的冷却速率，有

$$\frac{V_\beta}{V} \approx \frac{\pi}{3} I_v u^3 t^4 \qquad (4-4)$$

式中，V_β 为析出晶体体积；V 为熔体体积；I_v 为成核速率（单位时间、单位体积内所形成的晶核数）；u 为晶体生长速率（界面的单位表面积上固、液界面的扩展速率）；t 为时间。

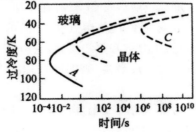

图 4-19　结晶体积分数为 10^{-6} 时具有不同熔点的物质的 3T 曲线
$A-T_m = 365.6$ K；$B-T_m = 316.6$ K；$C-T_m = 276.6$ K

如果只考虑均匀成核，为避免得到 10^{-6} 体积分数的晶体，可从式(4-4)通过绘制 3T 曲线来估算必须采用的冷却速率。绘制这种曲线首先选择一个特定的结晶分数，在一系列温度下，计算出成核速率 I_v 及晶体生长速率 u；把计算得到的 I_v、u 代入式(4-4)求出对应的时间 t。用过冷度($\Delta T = T_m - T$)为纵坐标，冷却时间 t 为横坐标作出 3T 图。图 4-19 所示为这类图的实例。由于结晶驱动力(过冷度)随温度降低而增加，原子迁移率随温度降低而降低，因而造成 3T 曲线弯曲而出现头部突出点。在图中 3T 曲线凸面部分为该熔点的物质在一定过冷度下形成晶体的区域，而 3T 曲线凸面部分外围是一定过冷度下形成玻璃体的区域。3T 曲线头部的顶点对应了析出晶体体积分数为 10^{-6} 时的最短时间。

为避免形成给定的晶体分数，所需要的冷却速率(即临界冷却速率)可由下式粗略地计算出来。

$$\frac{\mathrm{d}T}{\mathrm{d}t} \approx \frac{\Delta T_n}{\tau_n} \tag{4-5}$$

式中，ΔT_n 为 3T 曲线头部之点的过冷度；τ_n 为 3T 曲线头部之点的时间。

由式(4-4)可以看出，3T 曲线上任何温度下的时间仅仅随 (V_β/V) 的 1/4 次方变化。因此形成玻璃的临界冷却速率对析晶晶体的体积分数是不甚敏感的。这样有了某熔体 3T 图，对该熔体求冷却速率才有普遍意义。

形成玻璃的临界冷却速率是随熔体组成而变化的。几种化合物的临界冷却速率和熔融温度时的黏度见表 4-5。

表 4-5　几种化合物生成玻璃的性质

性　能	化合物									
	SiO_2	GeO_2	B_2O_3	Al_2O_3	As_2O_3	BeF_2	$ZnCl_2$	$LiCl$	Ni	Se
$T_m/$ ℃	1710	1115	450	2050	280	540	320	613	1380	225
$\eta(T_m)$ /Pa·s	10^6	10^5	10^4	0.6	10^4	10^5	3	0.002	0.001	10^2
T_g/T_m	0.74	0.67	0.72	～0.5	0.75	0.67	0.58	0.3	0.3	0.65
$\mathrm{d}T/\mathrm{d}t$ / (℃/s)	10^{-6}	10^{-2}	10^{-6}	10^3	10^{-5}	10^{-6}	10^{-1}	10^8	10^7	10^{-3}

由表 4-5 可以看出，凡是熔体在熔点时具有高的黏度，并且黏度随温度降低而剧烈地增高，这就使析晶势垒升高，这类熔体易形成玻璃。而一些在熔点附近黏度很小的熔体，如 LiCl、金属 Ni 等则易析晶而不易形成玻璃。$ZnCl_2$ 只有在快速冷却条件下才生成玻璃。

从表 4-5 还可以看出，玻璃转变温度 T_g 与熔点 T_m 之间的相关性(T_g/T_m)也是判别能否形成玻璃的标志。转变温度 T_g 是和动力学有关的参数，它由冷却速率和结构调整速率的相对大小确定的，对于同一种物质，其转变温度越高，表明冷却速率越快，越有利于生成玻璃，对于不同物质，则应考虑 T_g/T_m 值。

图 4-20 所示为一些化合物的熔点与转变温度的关系。图中直线为 $T_g/T_m = 2/3$。由图可知，易生成玻璃的氧化物位于直线的上方，而较难生成玻璃的非氧化物，特别是金属合金位于直线的下方。当 $T_g/T_m \approx 0.5$ 时，形成玻璃的临界冷却速率约为 10 K/s。

黏度和熔点是生成玻璃的重要标志，冷却速率是形成玻璃的重要条件，但这些毕竟是反映物质内部结构的外部属性。因此从物质内部的化学键特性、质点的排列状况等去探求才能得到根本的解释。

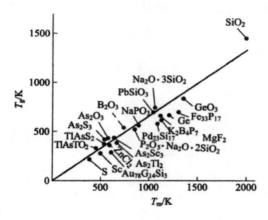

图 4-20 一些化合物的熔点(T_m)和转变温度(T_g)的关系

四、玻璃形成的结晶化学条件

1. 聚合物离子团大小与排列方式

不难设想,从硅酸盐、硼酸盐、磷酸盐等无机熔体转变为玻璃时,熔体的结构含有多种负离子集团(例如硅酸盐熔体中的$[SiO_4]^{4-}$,$[Si_2O_7]^{6-}$,$[Si_6O_{18}]^{12-}$,$[SiO_3]_n^{2n-}$,$[Si_4O_{10}]_n^{4n-}$等),这些集团可能时分时合。随着温度下降,聚合过程渐占优势,而后形成大型负离子集团。这种大型负离子集团可以看作由不等数目的$[SiO_4]^{4-}$以不同的连接方式歪扭地聚合而成,宛如歪扭的链状或网络结构。

在熔体结构中不同 O/Si 比值对应着一定的聚集负离子团结构,如当 O/Si 比值为 2 时,熔体中含有大小不等的歪扭的$[SiO_2]_n$聚集团(即石英玻璃熔体);随着 O/Si 比值的增加,硅氧离子集团不断变小,当 O/Si 比值增至 4 时,硅氧负离子集团全部拆散成为分立状的$[SiO_4]^{4-}$,这就很难形成玻璃。因此形成玻璃的倾向大小和熔体中负离子团的聚合程度有关。聚合程度越低,越不易形成玻璃;聚合程度越高,特别当具有三维网络或歪扭链状结构时,越容易形成玻璃。因为这时网络或链错杂交织,质点作空间位置的调整以析出对称性良好、远程有序的晶体就比较困难。

硼酸盐、锗酸盐、磷酸盐等无机熔体中,也可采用类似硅酸盐的方法,根据 O/B,O/Ge,O/P 比值来粗略估计负离子集团的大小。根据实验,形成玻璃的 O/B,O/Si,O/Ge,O/P 比值有最高限值,见表 4-6。这个限值表明熔体中负离子集团只有以高聚合的歪扭链状或环状方式存在时,方能形成玻璃。

表 4-6 形成硼酸盐、硅酸盐等玻璃的 O/B、O/Si 等比值的最高限值

与不同系统配合加入的氧化物	硼酸盐系统 O/B	硅酸盐系统 O/Si	锗酸盐系统 O/Ge	磷酸盐系统 O/P
Li_2O	1.9	2.55	2.30	3.25

续 表

与不同系统配合加入的氧化物	硼酸盐系统 O/B	硅酸盐系统 O/Si	锗酸盐系统 O/Ge	磷酸盐系统 O/P
Na$_2$O	1.8	3.40	2.60	3.25
K$_2$O	1.8	3.20	3.50	2.90
MgO	1.95	2.70	—	3.25
CaO	1.90	2.30	2.55	3.10
SrO	1.90	2.70	2.65	3.10
BaO	1.85	2.70	2.40	3.20

2. 键强

孙光汉于 1947 年提出氧化物的键强是决定其能否形成玻璃的重要条件,他认为可以用元素与氧结合的单键强度大小来判断氧化物能否生成玻璃。在无机氧化物熔体中,[SiO$_4$]$^{4-}$,[BO$_3$]$^{3-}$ 等这些配位多面体之所以能以负离子集团存在而不分解为相应的个别离子,显然和 B—O,Si—O 间的键强有关。而熔体在结晶化过程中,原子或离子要进行重排,熔体结构中原子或离子间原有的化学键会连续破坏,并重新组合形成新键。从不规则的熔体变成周期排列的有序晶格是结晶的重要过程。这些键越强,结晶的倾向越小,越容易形成玻璃。通过测定各种化合物(MO$_x$)的离解能(MO$_x$ 离解为气态原子时所需的总能量),将这个能量除以该种化合物正离子 M 的氧配位数,可得出 M—O 单键强度(单位是 kJ/mol)。各种氧化物的单键强度数值见表 4-7。

表 4-7　一些氧化物的单键强度与形成玻璃的关系

M$_n$O$_m$ 中的 M	原子价	配位数	M—O 单键强度/(kJ/mol)	在结构中的作用
B	3	3	498	
	3	4	373	
Si	4	4	444	
Ge	4	4	445	
P	5	4	465～389	网络形成体
V	5	4	469～377	
As	5	4	364～293	
Sb	5	4	356～360	
Zr	4	6	339	
Zn	2	2	302	
Pb	2	2	306	
Al	3	6	250	网络中间体
Be	2	4	264	

续　表

M_nO_m 中的 M	原子价	配位数	M—O 单键强度/(kJ/mol)	在结构中的作用
Na	1	6	84	
K	1	9	54	
Ca	2	8	134	
Mg	2	6	155	
Ba	2	8	136	网络变性体
Li	1	4	151	
Pb	2	4	151	
Rh	1	10	48	
Cs	1	12	40	

根据单健能的大小,可将不同氧化物分为以下三类:

(1)玻璃网络形成体(其中正离子为网络形成离子),其单键强度大于 335 kJ/mol。这类氧化物能单独形成玻璃。

(2)网络变性体(其中正离子称为网络变性离子),其单键强度小于 250 kJ/mol。这类氧化物不能形成玻璃,但能改变网络结构,从而使玻璃性质改变。

(3)网络中间体(其中正离子称为网络中间离子),其单键强度介于 250～335 kJ/mol。这类氧化物的作用介于玻璃形成体和网络变性体两者之间。

由表 4－7 可以看出,网络形成体的键强比网络变性体高得多,在一定温度和组成时,键强愈高,熔体中负离子集团也愈牢固。因此键的破坏和重新组合也愈困难,成核势垒也愈高,故不易析晶而形成玻璃。

劳森进一步发展了此理论,认为玻璃形成能力不仅与单键强度有关,还与破坏原有键使之析晶需要的热能有关。提出用单键强度除以各种氧化物的熔点的比值来衡量玻璃形成能力比只用单键强度更能说明玻璃形成的倾向。这样,单键强度越高,熔点越低的氧化物越易于形成玻璃。凡氧化物的单键能/熔点＞0.42 kJ/mol・K 称为网络形成体;单键能/熔点＜0.125 kJ/mol・K 称为网络变性体;数值介于两者之间称为网络中间体。此判据把物质的结构与其性质结合起来考虑,有其独特之处。同时也使网络形成体与网络变性体之间的差别更为悬殊地反映出来。劳森用此判据解释 B_2O_3 易形成稳定的玻璃而难以析晶的原因是 B_2O_3 的单键能/熔点比值在所有氧化物中最大。劳森的判据有助于我们理解在二元或多元系统中组成落在低共熔点或共熔界线附近时,易形成玻璃的原因。

3. 键型

熔体中质点间化学键的性质对玻璃的形成也有重要的作用。一般地说具有极性共价键和半金属共价键的离子才能生成玻璃。

离子键化合物形成的熔体其结构质点是正、负离子。如 $NaCl$、CaF_2 等,在熔融状态以单独离子存在,流动性很大,在凝固温度靠静电引力迅速组成晶格。离子键作用范围大,又无方向性,并且一般离子键化合物具有较高的配位数(6、8),离子相遇组成晶格的几率也较高。所以一般离子键化合物析晶活化能小,在凝固点黏度很低,很难形成玻璃。

金属键物质如单质金属或合金,在熔融时失去联系较弱的电子后,以正离子状态存在。金属键无方向性和饱和性并在金属晶格内出现晶体的最高配位数(12),原子相遇组成晶格的几率最大,因此最不易形成玻璃。

纯粹共价键化合物大都为分子结构,在分子内部,原子间由共价键连接,而作用于分子间的是范德华力。由于范氏键无方向性,一般在冷却过程中质点易进入点阵而构成分子晶格。因此以上三种单纯键型都不易形成玻璃。

当离子键和金属键向共价键过渡时,通过强烈的极化作用,化学键具有方向性和饱和性趋势,在能量上有利于形成一种低配位数(3,4)或一种非等轴式构造。离子键向共价键过渡的混合键称为极性共价键,它主要在于有 s－p 电子形成杂化轨道,并构成 σ 键和 π 键。这种混合键既具有共价键的方向性和饱和性,不易改变键长和键角的倾向,促进生成具有固定结构的配位多面体,构成玻璃的近程有序;又具有离子键易改变键角、易形成无对称变形的趋势,促进配位多面体不按一定方向连接的不对称变形,构成玻璃远程无序的网络结构。因此极性共价键的物质比较易形成玻璃态。如 SiO_2,B_2O_3 等网络形成体就具有部分共价键和部分离子键,SiO_2 中 Si－O 键的共价键分数和离子键分数各占 50％,Si 的 sp^3 电子云和 4 个 O 结合的 O－Si－O 键角理论值是 109.4°,而当四面体共顶角时,Si－O－Si 键角可以在 131°～180° 范围内变化,这种变化可解释为氧原子从纯 p^2(键角 90°)到 sp(键角 180°)杂化轨道的连续变化。这里基本的配位多面体[SiO_4]表现为共价特性,而 Si－O－Si 键角能在较大范围内无方向性地连结起来,表现了离子键的特性,氧化物玻璃中其他网络生成体 B_2O_3,GeO_2,P_2O_5 等也是主要靠 s－p 电子形成杂化轨道。

同样,金属键向共价键过渡的混合键称为金属共价键。在金属中加入半径小、电荷高的半金属离子(Si^{4+},P^{5+},B^{3+} 等)或加入场强大的过渡元素,它们能对金属原子产生强烈的极化作用,从而形成 spd 或 spdf 杂化轨道,形成金属和加入元素组成的原子团,这种原子团类似于[SiO_4]四面体,也可形成金属玻璃的近程有序,但金属键的无方向性和无饱和性则使这些原子团之间可以自由连接,形成无对称变形的趋势从而产生金属玻璃的远程无序。如负离子为 S,Se,Te 等的半导体玻璃中正离子 As^{3+},Sb^{3+},Si^{4+},Ge^{4+} 等极化能力很强,形成金属共价键化合物,能以结构键[－S－S－S－]$_n$,[－Se－Se－Se－]$_n$,[－S－As－S－]$_n$ 的状态存在,它们互相连成层状、链状或架状,因而在熔融时黏度很大。冷却时分子集团开始聚集,容易形成无规则的网络结构。用特殊方法(溅射、电沉积等)形成的玻璃,如 Pd－Si,Co－P,Fe－P－C,V－Cu,Ti－Ni 等金属玻璃,有 spd 和 spdf 杂化轨道形成强的极化效应,其中共价键成分依然起主要作用。

综上所述,形成玻璃必须具有离子键或金属键向共价键过渡的混合键型。一般地说阴、阳离子的电负性差 ΔX 约在 1.5～2.5 之间,其中阳离子具有较强的极化本领,单键强度(M－O)＞335 kJ/mol,成键时出现 s－p 电子形成杂化轨道。这样的键型在能量上有利于形成一种低配位数的负离子团构造如[SiO_4]$^{4-}$,[BO_3]$^{3-}$ 或结构键[Se－Se－Se],[S－As－S],它们互成层状、链状和架状,在熔融时黏度很大,冷却时分子团聚集易形成无规则的网络,因而形成玻璃倾向很大。

第六节　常见玻璃类型

通过氧桥形成网络结构的玻璃称为氧化物玻璃。这类玻璃在实际运用和理论研究上均很重要,本节简述无机材料中最广泛应用和研究的硅酸盐玻璃和硼酸盐玻璃。

一、硅酸盐玻璃

1. 石英玻璃结构

石英玻璃是由硅氧四面体[SiO_4]以顶角相连而组成的三维无规则架状网络。这些网络没有像石英晶体那样远程有序。石英玻璃是其他二元、三元、多元硅酸盐玻璃结构的基础。

熔融石英玻璃与晶体石英在两个硅氧四面体之间键角的差别如图 4 - 21 所示。石英玻璃中 $Si-O$ 键角分布在 $120°\sim180°$ 的范围内,中心在 $144°$。与石英晶体相比,石英玻璃 $Si-O-Si$ 键角范围比晶体中宽。而 $Si-O$ 和 $O-O$ 距离在玻璃中的均匀性几乎同在相应的晶体中一样。由于 $Si-O-Si$ 键角变动范围大,使石英玻璃中的[SiO_4]四面体排列成无规则网络结构而不像方石英晶体中四面体有良好的对称性。这样的一个无规则网络不一定是均匀一致的,在密度和结构上会有局部起状。

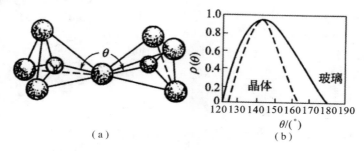

图 4 - 21 (a)相邻[SiO_4]四面体间 $Si-O-Si$ 键角(θ),小球为 Si,大球为 O;
(b)石英玻璃和方石英晶体中 $Si-O-Si$ 键角(θ)分布图

2. 硅酸盐玻璃

硅酸盐玻璃由于资源广泛、价格低廉、对常见试剂和气体介质化学稳定性好、硬度高和生产方法简单等优点而成为实用价值最大的一类玻璃。

二氧化硅是硅酸盐玻璃中的主体氧化物,它在玻璃中的结构状态对硅酸盐玻璃的性质起决定性的影响。若在 SiO_2 玻璃中加入碱金属氧化物或碱土金属氧化物,那么硅氧四面体组成的网络就会部分断裂。这种硅酸盐玻璃的黏度比较石英玻璃要低得多,可由网络断裂来解释。现在我们以加入 Na_2O 为例来说明加入碱金属氧化物或碱土金属氧化物后对结构的影响。

原来玻璃结构中的硅氧四面体是靠氧离子连接起来的,即$\equiv Si-O-Si\equiv$。加入 Na_2O 后发生了以下变化:

$$\equiv Si-O-Si\equiv \ +\ Na-O-Na\ \equiv\longrightarrow\ \equiv Si-O \ +\ O-Si\equiv$$

可以看出原来在纯的 SiO_2 玻璃中,每个 O^{2-} 离子都与两个 Si^{4+} 离子结合。氧离子是两个相邻硅离子之间的桥梁,因此又称它为"桥氧"离子。加入 Na_2O 后完整的结构受到了破坏,部分氧离子只和一个 Si^{4+} 离子相结合,两个相邻的[SiO_4]四面体之间出现了缺口。这时的 O^{2-} 离子称为"非桥氧"离子。这类会改变网络结构的离子称为网络变性离子(它们的氧化物称为网络变性体,也有称为网络修饰体),碱金属及碱土金属离子多属于这一类。

只要 R_2O 及 RO(R 指网络变性离子)的加入量使氧硅比 O/Si 仍然小于 2.5,那么 $Si-O$

网络仍然是可以保持的,因为所有[SiO₄]四面体至少有三个顶角还是与其他四面体相连的。当加入量超过这个值而达到O/Si＝2.5～3.0,即组分在R₂O·2SiO₂(或RO·2SiO₂)到R₂O·SiO₂(或RO·SiO₂)之间时,在网络中将出现链状或环状结构。下面我们将用网络参数对这个问题作进一步讨论。

值得指出的是碱金属离子或碱土金属离子及其他网络变性离子在玻璃中的分布并不是十分均匀的。某些玻璃在一定组成范围内存在着相分离,即使有些不存在相分离的玻璃,分布也是不均匀的。例如有人发现在含Tl₂O摩尔分数为29.4%的Tl₂O-SiO₂玻璃中有平均直径达2 nm左右的铊原子团。

有一些阳离子在玻璃中究竟起什么作用,还和玻璃的整个化学成分有关,它有时可以进入网络结构起到网络形成离子的作用,甚至可以把断裂的网络重新连接起来,有时它可以起到网络变性离子的作用,Al³⁺离子就是这种阳离子的代表,故称为网络中间离子。Al³⁺和O²⁻可以形成配位数为4的四面体,也可以形成配位数为6的八面体。在含钠的硅酸盐玻璃中,Al³⁺是以配位数4进入网络结构中的,为了使化合价平衡,每个铝离子必须配一个Na⁺离子在其附近(处于网络空隙中),这样网络的缺口就不再存在(见图4-22)。有人通过对折光率数据的研究指出,这种作用只是$\frac{Al_2O_3}{Na_2O} \leq 1$时才能出现,这个比值如果大于1,多余的Al³⁺就以配位数6而成为网络变性离子了。

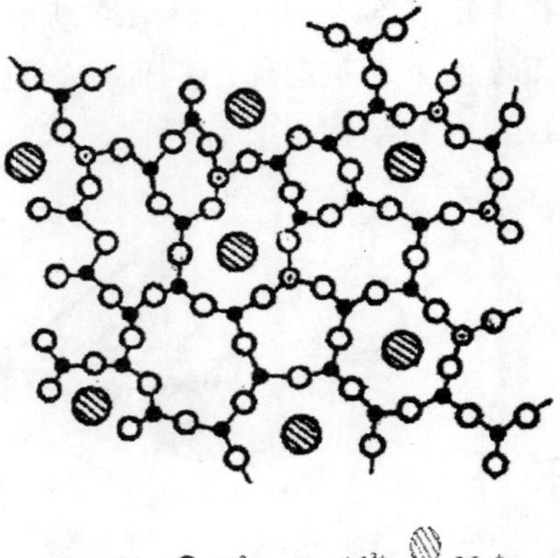

● Si⁴⁺　○ O²⁻　◉ Al³⁺　▨ Na⁺

图4-22　钠硅玻璃中含Al₂O₃后的结构示意图

为了表示硅酸盐网络结构特征和便于比较玻璃的物理性质,引入玻璃的4个基本结构参数。

R:每个网络形成离子(在硅酸盐玻璃中就是硅,在别的玻璃系统中如磷酸盐玻璃中则是磷)所占有的氧离子的平均数,例如对于SiO₂来说R＝2;对于含摩尔分数为12%Na₂O、10%CaO和78%SiO₂的钠钙硅酸盐玻璃来说R＝(12+10+78×2)/78＝2.28。

Z:每个网络形成离子的多面体中配位的氧离子平均总数,例如对于SiO₂来说,Z＝4。

X:每个网络形成离子的配位多面体中的"非桥氧"离子平均数。

Y:每个网络形成离子的配位多面体中的"桥氧"离子平均数。

则R,Z,X和Y有以下关系:

$$Z=X+Y \tag{4-6}$$

$$R=X+\frac{1}{2}Y \tag{4-7}$$

对于硅酸盐玻璃来说,Z＝4,则有

$$X+Y=4 \tag{4-8}$$

解式(4-7)及式(4-8),可得

$$\left.\begin{array}{l} X=2R-4 \\ Y=8-2R \end{array}\right\} \tag{4-9}$$

如上所述,在硅酸盐玻璃中,若碱金属及碱土金属氧化物含量比Al₂O₃更多,Al³⁺被认为是占据[AlO_4]四面体中心位置的。因此在这种情况下，附加 Al_2O_3 所引进的氧离子与网络形成离子之比只有 1.5，即 R 值会减小，按式(4-8) X 下降 Y 值就增加，即结构中"非桥氧"离子就可以转变为"桥氧"离子。这就起到了把断裂的网络重新连接起来的作用。不同玻璃组成的 X,Y,R 值见表 4-8。

表 4-8　一些典型玻璃的网络参数 X、Y 和 R 值

组　成	R	X	Y
SiO_2	2	0	4
$Na_2O \cdot 2SiO_2$	2.5	1	3
$Na_2O \cdot 1/2Al_2O_3 \cdot 2SiO_2$	2.2	0.4	3.6
$Na_2O \cdot Al_2O_3 \cdot 2SiO_2$	2	0	4
$Na_2O \cdot SiO_2$	3	2	2
P_2O_5	2.5	1	3

因为 Y 代表每个四面体及其邻近四面体之间的"桥氧"离子的平均数。因此当 Y 值小于或等于 2 时，对硅酸盐来说就构不成三维网络了，此时四面体之间最多只能连接成不同长度的四面体链。用网络参数来说明 R_2O 及 RO 的含量对网络结构的影响就更清楚了。

结构参数 Y 对玻璃性质有重要意义。比较上述的 SiO_2 玻璃和 $Na_2O \cdot SiO_2$ 玻璃，Y 越大，网络连接越紧密，强度越大；反之，Y 愈小，网络空间上的聚集也愈小、结构也变得较松，并随之出现较大的间隙，结果使网络改变离子的运动，不论在本身位置振动或从一个位置通过网络的间隙跃迁到另一个位置都比较容易。因此随 Y 值递减，出现热膨胀系数增大、电导增加和黏度减小等变化。对硅酸盐玻璃来说，$Y<2$ 时不可能构成三维网络，因为四面体间的桥氧数少于 2 时，结构多半是不同长度的四面体链。由表 4-9 可以看出 Y 对玻璃一些性质的影响。表中每一对玻璃的两种化学组成完全不同，但它们都具有相同的 Y 值，因而具有几乎相同的物理性质。

当玻璃中含有较大比例的过渡离子，如加 PbO 可加到 80 mol%，它和正常玻璃相反，$Y<2$ 时，结构的连贯性并没有降低，反面在一定程度上加固了玻璃的结构。这是因为 Pb^{2+} 不仅只是通常认为的网络变性离子，由于其可极化性很大，在高铅玻璃中，Pb^{2+} 还可能让 SiO_2 以分立的[SiO_4]聚合离子团沉浸在它的电子云中间，通过非桥氧与 Pb^{2+} 间的静电引力在三维空间无限连接而形成玻璃，这种玻璃称为"逆性玻璃"或"反向玻璃"。"逆性玻璃"的提出，使连续网络结构理论得到了补充和发展。

表 4-9　Y 对玻璃性质的影响

组　成	Y	熔融温度/℃	膨胀系数 $\alpha / \times 10^{-7} k^{-1}$
$Na_2O \cdot 2SiO_2$	3	1523	146
P_2O_5	3	1573	140
$Na_2O \cdot SiO_2$	2	1323	220
$Na_2O \cdot P_2O_5$	2	1373	220

在多种釉和搪瓷中氧和网络形成体之比一般在 2.25～2.75。通常钠钙硅玻璃中 Y 值约为 2.4。硅酸盐玻璃与硅酸盐晶体随 O/Si 比值由 2 增加到 4,从结构上均由三维网络骨架变为孤岛状四面体。无论是结晶态还是玻璃态,四面体中的 Si^{4+} 都可以被半径相近的离子置换而不破坏骨架。除 Si^{4+} 和 O^{2-} 以外的其他离子相互位置也有一定的配位原则。

可将结构参数和上述硅酸盐晶体中不同 O/Si 比值的结构关系相对照,晶体中的结构形式也可能存在于相应组成的玻璃中。当玻璃组成居于两种 O/Si 比率之间时,也可能兼有这两种相应的结构,但应该注意成分复杂的硅酸盐玻璃在结构上与相应的硅酸盐晶体还是有显著的区别。首先,在晶体中,硅氧骨架按一定的对称规律排列;在玻璃中则是无序的。其次,在晶体中,骨架外的 M^+ 或 M^{2+} 金属阳离子占据了点阵的固定位置;在玻璃中,它们统计均匀地分布在骨架的空腔内,并起着平衡氧负电荷的作用。第三,在晶体中,只有当骨架外阳离子半径相近时,才能发生同晶置换;在玻璃中则不论半径如何,只要遵守静电价规则,骨架外阳离子均能发生互相置换。第四,在晶体中(除固溶体外),氧化物之间有固定的化学计量;在玻璃中氧化物可以非化学计量的任意比例混合。

二、硼酸盐玻璃

硼酸盐玻璃具有某些优异的特性而使它成为不可取代的一种玻璃材料,已愈来愈引起人们的重视。例如硼酐是唯一能用以创造有效吸收慢中子的氧化物玻璃。硼酸盐玻璃对 X 射线透过率高,电绝缘性能比硅酸盐玻璃优越。

B_2O_3 是典型的玻璃形成体,和 SiO_2 一样,B_2O_3 也能单独形成氧化硼玻璃。以[BO_3]三角体作为基本结构单元,$Z=3$,$R=1.5$,其他两个结构参数 $X=2R-3=3-3=0$,$Y=2Z-2R=6-3=3$。因此在 B_2O_3 玻璃中,[BO_3]三角体的顶角也是共有的。按无规则网络学说,纯氧化硼玻璃的结构可以看成是由硼氧三角体无序地相互连接而组成的向两维空间发展的网络,虽然硼氧键能略大于硅氧键能,但因为 B_2O_3 玻璃的层状(或链状)结构的特性,即其同一层内 B–O 键很强,而层与层之间却由分子引力相连,这是一种弱键,所以 B_2O_3 玻璃的一些性能比 SiO_2 玻璃要差。例如 B_2O_3 玻璃软化温度低(约 450℃)、化学稳定性差(易在空气中潮解)、热膨胀系数高,因而纯 B_2O_3 玻璃实用价值小。它只有与 R_2O、RO 等氧化物组合才能制成稳定的有实用价值的硼酸盐玻璃,如图 4–23 所示。

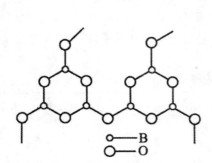

图 4–23 [BO_3]的连接方式

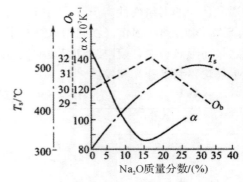

图 4–24 Na_2O–B_2O_3 二元玻璃中平均桥氧数 Y、热膨胀系数 α、软化温度 T_s 随 Na_2O 摩尔分数的变化

　　瓦伦研究了 $Na_2O-B_2O_3$ 玻璃的径向分布曲线,发现当 Na_2O 摩尔分数由 10.3% 增至 30.8% 时,B-O 间距由 0.137 nm 增至 0.148 nm。B 原子配位数随 Na_2O 摩尔分数增加而由 3 配位数转变为 4 配位数。瓦伦这个观点又得到红外光谱和核磁共振数据的证实。

　　硼反常现象:硼酸盐玻璃随 Na_2O 摩尔分数的增加,桥氧数增大,热膨胀系数逐渐下降。当 Na_2O 摩尔分数达到 $15\%\sim16\%$ 时,桥氧又开始减少,热膨胀系数重新上升,这种反常过程称为硼反常现象。

　　硼反常现象原因:实验证明,当数量不多的碱金属氧化物同 B_2O_3 一起熔融时,碱金属所提供的氧不像熔融 SiO_2 玻璃中作为非桥氧出现在结构中,而是使硼氧三角体转变为由桥氧组成的硼氧四面体,致使 B_2O_3 玻璃从原来两维空间的层状结构部分转变为三维空间的架状结构,从而加强了网络结构,并使玻璃的各种物理性能变好。这与相同条件下的硅酸盐玻璃相比,其性能随碱金属或碱土金属加入量的变化规律相反,所以称之为硼反常。

　　图 4-24 所示为 $Na_2O-B_2O_3$ 的二元玻璃中平均桥氧数 Y、热膨胀系数 α 随 Na_2O 摩尔分数的变化。由图可见,随 Na_2O 摩尔分数的增加,Na_2O 引入的"游离"氧使一部分硼变成 $[BO_4]$,Y 逐渐增大,热膨胀系数 α 逐渐下降。当 Na_2O 摩尔分数达到 $15\%\sim16\%$ 时,Y 又开始减小,热膨胀系数 α 重新上升,这说明 Na_2O 摩尔分数为 $15\%\sim16\%$ 时结构发生变化。这是由于硼氧四面体 $[BO_4]$ 带有负电,四面体间不能直接相连,必须通过不带电的三角体 $[BO_3]$ 连接,方能使结构稳定。当全部 B 的 1/5 成为四面体配位,4/5 的 B 保留于三角体配位时就达饱和,这时膨胀系数 α 最小,$Y=1/5\times4+4/5\times3=3.2$ 为最大。再加 Na_2O 时,不能增加 $[BO_4]$ 数,反而将破坏桥氧,打开网络,形成非桥氧,从而使结构网络连接减弱,导致性能变坏,因此热膨胀系数重新增加。其他性质的转折变化也与它类似。实验数据证明,由于硼氧四面体之间本身带有负电荷不能直接相连,而通常是由硼氧三角体或另一种同时存在的电中性多面体(如硼硅酸盐玻璃中的 $[SiO_4]$)来相隔,因此,四配位硼原子的数目不能超过由玻璃组成所决定的某一限度。

　　硼反常现象也可以出现在硼硅酸盐玻璃中,连续增加氧化硼加入量时,往往在性质变化曲线上出现极大值和极小值。这是由于硼加入量超过一定限度时,硼氧四面体与硼氧三角体相对含量变化而导致结构和性质发生逆转现象。

　　在熔制硼酸盐玻璃时常发生分相现象,这往往是由于硼氧三角体的相对数量很大,并进一步富集成一定区域而造成的。一般是分成互不相溶的富硅氧相和富碱硼酸盐相。B_2O_3 含量愈高,分相倾向愈大。通过一定的热处理可使分相加剧,甚至可使玻璃发生乳浊。典型的例子是硼硅酸盐玻璃($75SiO_2 \cdot 20B_2O_3 \cdot 5Na_2O$,%(质量分数)),在 $500\sim600$ ℃ 热处理后,明显地分成两相。一相富含 SiO_2,另一相富含 Na_2O 和 B_2O_3。如将它在适当温度下用酸浸取,结果留下蜂窝般的富含 SiO_2(96%)的骨架,其内分布着无数 $4\sim15$ nm 的相互贯穿孔道,形成网络。再加热到 $900\sim1\,000$ ℃ 进行烧结,即得类似熔融 SiO_2 的透明玻璃,即高硅氧玻璃。

　　氧化硼玻璃的转变温度约 300 ℃,比 SiO_2 玻璃(1200 ℃)低得多,利用这一特点,硼酸盐玻璃广泛用作焊接玻璃、易熔玻璃和涂层物质的防潮和抗氧化,硼对中子射线的灵敏度高,硼酸盐玻璃作为原子反应堆的窗口对材料起到屏蔽中子射线的作用。

课 后 习 题

4-1 有两种不同配比的玻璃其组成如下：

序号	Na$_2$O/%（质量分数）	Al$_2$O$_3$/%（质量分数）	SiO$_2$/%（质量分数）
1	8	12	80
2	12	8	80

试用玻璃结构参数说明两种玻璃高温下黏度的大小？

4-2 玻璃的组成是 13%Na$_2$O(质量分数)，13%CaO(质量分数)，74%SiO$_2$(质量分数)，计算桥氧数。

4-3 SiO$_2$熔体的黏度在 1 000 ℃时为 10^{15} dPa·s，在 1 400 ℃时为 10^8 dPa·s，玻璃的粘滞活化能是多少？上述数据为恒压下取得，若在恒容下获得，你认为活化能会改变吗？为什么？

4-4 在 SiO$_2$中应加入多少 Na$_2$O，使玻璃的 O/Si＝2.5，此时析晶能力是增强还是削弱？

4-5 有一种平板玻璃组成为 14%Na$_2$O—13%CaO—73%SiO$_2$(质量分数)，其密度为 2.5 g/cm^3，计算该玻璃的原子堆积系数（AFP）为多少？计算该玻璃的结构参数值。

4-6 网络变性体（如 Na$_2$O）加到石英玻璃中，使 O/Si 比增加。实验观察到当 O/Si＝2.5～3 时，即达到形成玻璃的极限。根据结构解释，为什么 2＜O/Si＜2.5 的碱-硅石混合物可以形成玻璃，而 O/Si＝3 的的碱-硅石混合物结晶而不形成玻璃？

4-7 在硅酸盐熔体析晶的成核速率、生长速率随 T 变化的关系图中（见图 4-25），标出哪一条曲线代表成核速率，哪一条曲线代表生长速率？为什么？

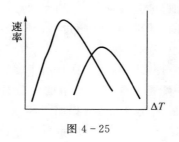

图 4-25

4-8 已知瓷釉与玻璃具有类似的结构，试用无规则网络学说说明 $\left.\begin{array}{l}0.4 \quad \text{Na}_2\text{O}\\0.6 \quad \text{CaO}\end{array}\right\}$·0.3Al$_2O_3$·10SiO$_2$瓷釉结构中各离子所处的位置。

4-9 在硅酸盐玻璃和硼酸盐玻璃中，随着 R$_2$O 的引入（摩尔分数＜25%），玻璃熔体的黏度怎样变化？试用聚合物理论解释。

4-10 解释 B$_2$O$_3$10%（摩尔分数）、SiO$_2$90%（摩尔分数）的熔体，在冷却过程中各自形成两个互不相溶的分层玻璃，而加入适量 Na$_2$O 后，能得到均匀的玻璃。

第五章 相 平 衡

　　物质在温度、压力、组成变化时，其状态可以发生改变。相图就是表示物质的状态和温度、压力、组成之间关系的简明图解，即相图是研究一个多组分(或单组分)多相体系的平衡状态随温度、压力、组分浓度等的变化而改变的规律。利用相图，我们可以知道在热力学平衡条件下，不同组成的系统在指定温度、压力下存在的相的数目、每一相的组成、相的相对数量。因为相图表示的是物质在热力学平衡条件下的情况，所以又被称为平衡相图。由于我们涉及到的材料一般都是凝聚态的，压力的影响极小，所以通常的相图分析的是在恒压下(一个大气压)系统的状态与温度、组成之间的关系图。

　　材料的性质除了与化学组成有关外，还与其显微结构密切相关，即材料中所包含的每一相(晶相、玻璃相及气孔)的组成、数量和分布。研究材料显微结构的形成，需要综合考虑热力学和动力学这二方面的因素。相图为我们从热力学平衡角度判断系统在一定的热力学条件下所趋向的最终状态提供了十分有用的工具，所以对材料的研究与生产来说，相图可以帮助我们正确选择配料方案及工艺制度，合理分析生产过程中的问题以及帮助我们进行新材料的研制。

第一节　相图的基本知识

　　1876 年吉布斯以严谨的热力学为工具，推导了多相平衡体系的普遍规律－相律。经过长期实践的检验，相律被证明是自然界最普遍的规律之一，材料系统的相图当然也不会例外。但由于绝大多数材料为固体材料，其相图与以气、液相为主的一般化工生产中所涉及的平衡体系相比，具有自己的特殊性。了解材料相图这一特性，有助于我们今后正确理解、分析和实际应用材料相图。

一、热力学平衡态和非平衡态

　　相图又称平衡状态图。顾名思义，相图上所表示的体系所处的状态是一种热力学平衡态，即一个不再随时间而发生变化的状态。体系在一定热力学条件下从原先的非平衡态变化到该条件下的平衡态，需要通过相与相之间的物质传递，因而需要一定的时间。但这个时间可长可短，依系统的性质而定。0 ℃的水结晶成冰，显然比从高温 SiO_2 熔体中析出方石英要快得多。这是由相变过程的动力学因素所决定的。然而，这种动力学因素在相图中完全不能反映，相图仅指出在一定条件下体系所处的平衡状态(即其中所包含的相数，各相的形态、组成和数量)，而无法表述达到这个平衡状态所需要的时间，这是相图的热力学属性。

　　无机非金属材料体系的高温物理化学过程要达到一定条件下的热力学平衡状态，所需要的时间往往比较长,如硅酸盐材料。硅酸盐材料是一种固体材料,与气体、液体相比,固体中的化学质点由于受近邻粒子的强烈束缚,其活动能力要小得多。即使处于高温熔融状态,由于硅酸盐熔体的黏度很大,其扩散能力仍然是有限的。为此,由于动力学原因,热力学非平衡态,即介稳态,经常出现于无机非金属材料系统中。而工业生产要考虑经济核算,保证一定的生产率,其生产周期是受到限制的。因此,生产上实际进行的过程不一定达到相图上所指示的平衡状态。至于距平衡状态的远近,则要视系统的动力学性质及过程所经历的时间这两方面因素综合判断。在这里,我们必须坚持对具体事物作具体分析,而不能用教条主义的态度看待相图。另一方面,也不能因此而低估相图的普遍意义。由于相图所指示的平衡状态表示了在一定条件下系统所进行的物理化学变化的本质、方向和限度,因而它对于我们从事科学研究以及解决实际问题仍然具有重要的指导意义。

介稳态经常出现于硅酸盐系统中。如方石英从高温冷却时,只要冷却速度不是足够慢,由于晶型转变的困难,往往不是转变为低温下稳定的 α-鳞石英,α-石英和 β-石英,而是转变为介稳态的 β-方石英。α-鳞石英也有类似现象,冷却时往往直接转变为介稳态的 β-鳞石英和 γ-鳞石英。而不是热力学稳定态的 α-石英和 β-石英。鉴于相图的绘制是以热力学平衡态为依据的,介稳态的频繁出现,是我们利用硅酸盐相图分析实际问题时,必须加以充分注意的。需要说明的是,介稳态的出现不一定都是不利的。由于某些介稳态具有我们所需要的性质,人们有时还创造条件(快速冷却,掺加杂质等)有意把它保存下来。如水泥中的 β-C_2S,陶瓷中介稳的四方氧化锆、耐火材料硅砖中的鳞石英以及所有的玻璃材料,都是我们创造动力条件有意保存下来的介稳态。这些介稳态在热力学上是不稳定的,处于较高的能量状态,始终存在着向室温下的稳定态变化的趋势,但由于其转变速度极其缓慢,因而使它们实际上可以长期存在下去。

二、系统中的组分、相及相率

现在讨论相图中的组分、相及相律,根据吉布斯相律,有

$$F = C - P + 2$$

式中,F 为自由度数,即在温度、压力、组分浓度等可能影响系统平衡状态的变量中,可以在一定范围内任意改变而不会引起旧相消失或新相产生的独立变量的数目;C 为独立组分数,即构成平衡物系所有各相组成所需要的最少组分数;P 为相数;2 为指温度和压力这二个影响系统平衡的外界因素。

在学习具体系统之前,有必要根据材料物系的特点,先对材料系统中的组分、相及相律的运用分别加以具体讨论,以便建立比较明确的概念。

1. 组分及独立组分

系统中每一个能单独分离出来并能独立存在的化学纯物质称为组分,组分的数目称组分数。独立组分是指足以表示形成系统中各相组成所需要的最少数目的物质。它的数目称为独立组分数,以符号 C 表示。通常把具有 n 个独立组分的系统称为 n 元系统。按照独立组分数的不同,可将系统分为单元系统($C=1$)、二元系统($C=2$)、三元系统($C=3$)等。

在系统中各组分之间如果不发生化学反应,则

独立组分数=组分数

系统中若存在化学反应,则

独立组分数＝组分数－独立化学平衡关系式数

例如 $CaCO_3$ 加热分解,存在下述反应:

$$CaCO_3(s) \rightleftharpoons CaO(s) + CO_2(g)\uparrow$$

此时系统虽有三个组分,但独立组分数只有两个,因为在系统中的三个组分之间存在一个化学反应,当达到平衡时,只要系统中有任何两个组分的数量已知,那么,第三种组分的数量将由反应式确定,不能任意变动。

2. 相

按照相的定义,相是指系统中具有相同物理性质和化学性质的均匀部分。需要注意的是这个"均匀"的要求是严格的,非一般意义上的均匀,而是一种微观尺度上的均匀。按照上述定义,我们分别讨论在材料系统相图中经常会遇到的各种情况。

(1)形成机械混合物。几种物质形成的机械混合物,不管其粉磨得多细,都不可能达到相所要求的微观均匀性,因而都不能视为单相。有几种物质就有几个相。在材料系统中,低共熔温度下从具有低共熔组成的液相中析出的低共熔混合物是几种晶体的混合物。因而,从液相中析出几种晶体,即产生几种新相。

(2)生成化合物。组分间每生成一个新的化合物,即形成一种新相。当然,根据独立组分的定义,新化合物的生成,不会增加系统的独立组分数。

(3)形成固熔体。由于在固熔体晶格上各组分的化学质点是随机均匀分布的,其物理性质和化学性质符合相的均匀性要求,因而几个组分间形成的固熔体算一个相。

(4)同质多晶现象。在无机非金属材料系统中,这是极为普遍的现象。同一物质的不同晶型(变体)虽具有相同的化学组成,但由于其晶体结构和物理性质不同,因而分别各自成相。有几种变体,即有几个相。

(5)硅酸盐高温熔体。组分在高温下熔融所形成的熔体,即材料系统中的液相,一般表现为单相。如发生液相分层,则在熔体中有二个相。

(6)介稳变体。介稳变体是一种热力学非平衡态,一般不出现于相图中。鉴于在材料系统中,介稳变体实际上经常产生,为了实用上的方便,在某些一元二元系统中,也可能将介稳变体及由此而产生的介稳平衡的界线标示于相图上。这种界线一般不用实线,而用虚线表示,以与热力学平衡态相区别。

一个系统中所含相的数目叫相数,用符号 P 表示。按照相数的不同,系统可分为单相系统、二相系统及三相系统等。含有两相以上的系统称为多相系统。

3. 无机非金属材料系统中的相律

不含气相或气相可以忽略的系统称为凝聚系统。在温度和压力这二个影响系统平衡的外界因素中,压力对不包含气相的固液相之间的平衡影响不大,变化不大的压力实际上不影响凝聚系统的平衡状态。大多数材料(硅酸盐物质)属难熔化合物,挥发性很小,因而材料系统一般均属于凝聚系统。由于对凝聚系统而言,压力这一平衡因素可以忽略(如同电场、磁场对一般热力学体系相图的影响可以忽略一样),而且通常我们是在常压下研究体系和应用相图的,因而相律在凝聚系统中具有如下形式:

$$F = C - P + 1$$

本章在讨论二元以上的系统时均采用上述相律表达式,此时虽然相图上没有特别标明,应理解为是在外压为 10^5 Pa 下的等压相图,并且即使外压变化,只要变化不是太大,对系统的平衡不会有多大影响,此相图仍然适用。对于一元凝聚系统,为了能充分反映纯物质的各种聚集状态(包括超低压的气相和超高压可能出现的新的晶型),我们并不把压力恒定,而是仍取为变量,这是需要引起注意的。

<h1 style="text-align:center">第二节　单元系统相图</h1>

单元系统中只有一种组分,不存在浓度问题,影响系统的平衡因素只有温度和压力,因此单元系统相图是用温度和压力二个坐标表示的。

单元系统中 $C=1$,根据相律,有

$$F=C-P+2=3-P$$

系统中的相数不可能少于一个,因此单元系统的最大自由度为2,这二个自由度即为温度和压力;自由度最少为零,所以系统中平衡共存的相数最多为三个,不可能出现四相平衡或五相平衡的状态。

在单元系统中,系统的平衡状态取决于温度和压力,只要这二个参变量确定,则系统中平衡共存的相数及各相的形态,便可根据其相图确定。因此相图上的任意一点都表示了系统的一定平衡状态,我们称之为"状态点"。

一、水的相图

水的一元相图对我们理解其他一元相图如何通过不同的几何要素(点、线、面)来表达系统的不同平衡状态是有帮助的。在水的一元相图上(见图5-1),整个图面被三条曲线划分为三个相区 aob、coa 及 boc,分别代表汽,水,冰的单相区。在这三个单相区内,显然温度和压力都可以在相区范围内独立改变而不会造成旧相消失或新相产生,因而自由度为2。我们称这时的系统是双变量系统,或说系统是双变量的。把三个单相区划分开来的三条界线代表了系统中的二相平衡状态:oa 代表水汽二相平衡共存,因而 oa 线实际上是水的饱和蒸汽压曲线(蒸发曲线);ob 代表冰汽二相的平衡共存,因而 ob 线实际上是冰的饱和蒸汽压曲线(升华曲线);oc 线则代表冰水二相平衡共存,因而 oc 线是冰的熔融曲线。在这

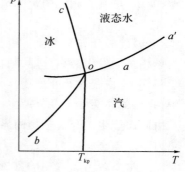

图5-1　水的相图

三条界线上,显然在温度和压力中只有一个是独立变量,当一个参数独立变化时,另一参量必须沿着曲线指示的数值变化,而不能任意改变,这样才能维持原有的二相平衡,否则必然造成某一相的消失,因而此时系统的自由度为1,是单变量系统。三个单相区,三条界线会聚于 o 点,o 点是一个三相点,反映了系统中的冰、水、汽三相平衡共存的状态。三相点的温度和压力是严格恒定的。要想保持系统的这种三相平衡状态,系统的温度和压力都不能有任何改变,否则系统的状态点必然要离开三相点,进入单相区或界线,从三相平衡状态变为单相或二相平衡状态,即从系统中消失一个或二个旧相。因此,此时系统的自由度为零,处于无变量状态。

水的相图是一个生动的例子,说明相图如何用几何语言把一个系统所处的平衡状态直观而形象地表示出来。只要知道了系统的温度、压力,即只要确定了系统的状态点在相图上的位置,我们便可以立即根据相图判断出此时系统所处的平衡状态:有几个相平衡共存,是哪几

个相。

　　值得一提的是在水的相图上冰的熔点曲线 oc 向左倾斜,斜率为负值。这意味着压力增大,冰的熔点下降。这是由于冰熔化成水时体积收缩而造成的。oc 的斜率可以根据克劳修斯-克拉贝隆方程计算:$\dfrac{\mathrm{d}P}{\mathrm{d}T}=\dfrac{\Delta H}{T\Delta V}$。冰熔化成水时吸热 $\Delta H>0$,而体积收缩 $\Delta V<0$,因而造成 $\dfrac{\mathrm{d}P}{\mathrm{d}T}<0$。像冰这样熔融时体积收缩的物质统称为水型物质,但这些物质并不多,铋、镓、锗、三氯化铁等少数物质属于水型物质。印刷用的铅字用铅铋合金浇铸,就是利用其凝固时的体积膨胀以充填铸模。对于大多数物质来说,熔融时体积膨胀,相图上的熔点曲线向右倾斜。压力增加,熔点升高。这类物质统称之为硫型物质。

二、具有同质多晶转变的单元系统相图

　　图 5-2 所示为具有同质多晶转变的单元系统相图的一般形式。图中实线把相图划分为四个单相区,ABF 是低温稳定的晶型 Ⅰ 的单相区;$FBCE$ 是高温稳定的晶型 Ⅱ 的单相区;ECD 是液相(熔体)区;低压部分的 $ABCD$ 是气相区。把二个单相区划分开来的曲线代表了系统中的二相图状态;AB,BC 分别是晶型 Ⅰ 和晶型 Ⅱ 的升华曲线;CD 是熔体的蒸气压曲线;BF 是晶型 Ⅰ 和晶型 Ⅱ 之间的晶型转变线;CE 是晶型 Ⅱ 的熔融曲线。代表系统中三相平衡状态的三相点有二个:B 点代表晶型 Ⅰ、晶型 Ⅱ 和气相的三相平衡;C 点表示晶型 Ⅱ、熔体和气相的三相平衡。图上的虚线表示出系统中可能出现的各种介稳平衡状态(在一个具体的单元系统中,是否出现介稳状态,出现何种形式的介稳状态,依组分的性质而定)。$FBGH$ 是过热晶型 Ⅰ 的介稳单相区,$HGCE$ 是过冷熔体的介稳单相区,BGC 和 ABK 是过冷蒸气的介稳单相区,KBF 是过冷晶型 Ⅱ 的介稳单相区。把二个介稳单相区划分开的用虚线表示的曲线,代表了相应的介稳二相图状态;BG 和 GH 分别是过热晶型 Ⅰ 的升华曲线和熔融曲线;GC 是过冷熔体的蒸气压曲线;KB 是过冷晶型 Ⅱ 的蒸气压曲线。三个介稳单相区会聚的 G 点代表过热晶型 Ⅰ、过冷熔体和气相之间的三相介稳平衡状态,是一个介稳三相点。

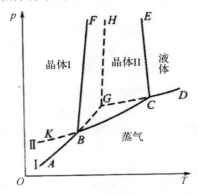

图 5-2　具有同质多晶转变的单元系统相图

　　图 5-3 所示为具有可逆和不可逆多晶转变的单元相图。图 5-3(a)为可逆转变形式,其特点是晶型转变温度低于二个晶相的熔点,而且晶型转变温度点处在稳定相区之内。由该图可以看出,当系统温度低于晶型转变温度时,Ⅰ 相是稳定的;当系统温度高于晶型转变温度时,

Ⅱ相是稳定的。即在一定的温度范围内都存在一个稳定的晶相,在晶型转变温度时二相可以互相转变,故称为可逆转变。这种转变关系可表示为

晶型Ⅰ ⇌ 晶型Ⅱ ⇌ 熔体

图 5-3(b)为不可逆转变形式,其特点是晶型转变温度高于二个晶相的熔点,并且晶型转变温度点处在稳定相区之内。由该图可以看出,当系统温度低于晶型转变温度时,Ⅱ相总有转变为Ⅰ相的自发趋势,Ⅱ相是不稳定的。当熔体慢慢冷却时,不能析出Ⅱ相,而是析出Ⅰ相;只有当熔体快速冷却时,方能得到介稳的Ⅱ相。所以在一般情况下,Ⅱ相可以转变为Ⅰ相,但Ⅰ相不能直接转变为Ⅱ相,即是不可逆转变过程。

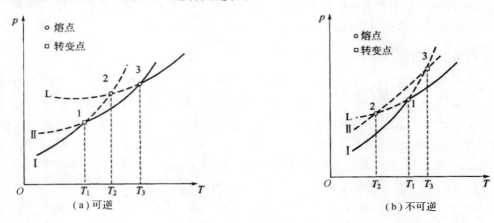

图 5-3　多晶转变的单元相图

第三节　单元系统相图应用

一、SiO₂ 系统相图

SiO₂是自然界分布极广的物质。它的存在形态很多,以原生态存在的有水晶、脉石英、玛瑙,以次生态存在的则有砂岩、蛋白石、玉髓及燧石等,此外尚有变质作用的产物如石英岩等。SiO₂在工业上应用极为广泛,透明水晶可用来制造紫外光谱仪棱镜、补色器、压电元件等,而石英砂则是玻璃、陶瓷、耐火材料工业的基本原料,特别是在熔制玻璃和生产硅质耐火材料中用量更大。

SiO₂的一个最重要的性质就是其多晶性。实验证明,在常压和有矿化剂(或杂质)存在时,SiO₂能以七种晶相、一种液相和一种气相存在。近年来,随着高压实验技术的进步又相继发现了新的SiO₂变体。它们之间在一定的温度和压力下可以互相转变。因此,SiO₂系统是具有复杂多晶转变的单元系统。SiO₂变体之间的转变为

	870℃		1470℃		1723℃	
α-石英	⇌	α-鳞石英	⇌	α-方石英	⇌	熔体

$$\alpha\text{-石英} \underset{573℃}{\Updownarrow} \quad \alpha\text{-鳞石英} \underset{160℃}{\Updownarrow} \quad \alpha\text{-方石英} \underset{268℃}{\Updownarrow}$$

β-石英　　　　β-鳞石英　　　　β-方石英

‖117℃

γ-鳞石英

根据转变时的速度和晶体结构发生变化的不同,可将变体之间的转变分为两类。

一级转变(重建型转变)。如石英、鳞石英与方石英之间的转变。此类转变由于变体之间结构差异大,转变时要打开原有化学键,重新形成新结构,所以转变速度很慢。通常这种转变由晶体的表面开始逐渐向内部进行。因此,必须在转变温度下保持相当长的时间才能实现这种转变。要使转变加快,必须加入矿化剂。由于这种原因,高温型的 SiO_2 变体经常以介稳状态在常温下存在,而不发生转变。

二级转变(位移型转变或高低温型转变)。如同系列中 α, β, γ 形态之间的转变。各变体间结构差别不大,转变时不需打开原有化学键,只是原子发生位移或 Si - O - Si 键角稍有变化,转变速度迅速而且是可逆转变,转变在一个确定的温度下在全部晶体内部发生。

SiO_2 发生晶形转变时,必然伴随体积的变化,表 5-1 列出了多晶转变体积变化的理论值。

表 5-1　SiO_2 多晶转变时体积的变化

一级变体间的转变	计算采取的温度/℃	在该温度下转变时体积效应/(%)	二级变体间的转变	计算采取的温度/℃	在该温度下转变时体积效应/(%)
α-石英→α-鳞石英	1 000	+16.0	β-石英→α-石英	573	+0.82
α-石英→α-方石英	1 000	+15.4	γ-鳞石英→β-鳞石英	117	+0.2
α-石英→石英玻璃	1 000	+15.5	β-鳞石英→α-鳞石英	163	+0.2
石英玻璃→α-方石英	1 000	-0.9	β-方石英→α-方石英	150	+2.8

注:(+)指标膨胀,(-)表示收缩。

从表 5-1 中可以看出,一级变体之间的转变以 α-石英与 α-鳞石英之间的体积变化最大,二级变体之间的转变以方石英的体积变化最大,鳞石英的体积变化最小。必须指出,一级转变虽然体积变化大,但由于转变速度慢、时间长,体积效应的矛盾不突出,对工业生产影响不大;而位移型转变虽然体积变化小,但由于转变速度快,对工业生产影响很大。

图 5-4 所示为 SiO_2 系统相图,图中给出了各种变体的稳定范围以及它们之间的晶型转化关系。SiO_2 各变体及熔体的饱和蒸气压极小(温度为 2 000 K 时,仅 10^{-7} MPa),相图上的纵坐标是故意放大的,以便于表示各界线上的压力随温度的变化趋势。

此相图的实线部分把全图划分成 6 个单相区,分别代表了 β-石英,α-石英,α-鳞石英,α-方石英,SiO_2 高温熔体及 SiO_2 蒸气 6 个热力学稳定态存在的相区。每二个相区之间的界线代表了系统中的二相平衡状态。如 LM 代表了 β-石英与 SiO_2 蒸气之间的二相平衡,因而实际上是 β-石英的饱和蒸气压曲线。OC 代表了 SiO_2 熔体与 SiO_2 蒸气之间的二相平衡,因而实际上是 SiO_2 高温熔体的饱和蒸气压曲线。MR, NS, DT 是晶型转变线,反映了相应的两种变体之间的平衡共存。如 MR 线表示出了 β-石英和 α-石英之间相互转变的温度随压力的变化。OU 线则是 α-方石英的熔点曲线,表示了 α-方石英与 SiO_2 熔体之间的二相平衡。每三个相区会聚的一点都是三相点。图中有 4 个三相点。如 M 点是代表 β-石英、α-石英与 SiO_2 蒸气三相平衡共存的三相点,O 点则是 α-方石英、SiO_2 熔体与 SiO_2 蒸气三相平衡共存的三相点。

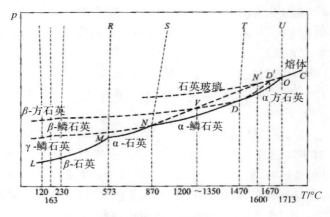

图 5-4 SiO₂ 系统相图

如前所述,α-石英、α-鳞石英与α-方石英之间的晶型转变困难,而石英、鳞石英与方石英的高低温型,即α,β,γ型之间的转变速度很快。只要加热或冷却不是非常缓慢的平衡加热或冷却,则往往会产生一系列介稳状态。这些可能发生的介稳态都用虚线表示在相图上。如α-石英加热到870℃时应转变为α-鳞石英,但如果加热速度不是足够慢,则可能成为α-石英的过热晶体,这种处于介稳态的α-石英可能一直保持到1 600℃(N'点)直接熔融为过冷的SiO₂熔体。因此NN'实际上是过热α-石英的饱和蒸气压曲线,反映了过热α-石英与SiO₂蒸气二相之间的介稳平衡状态。DD'则是过热α-鳞石英的饱和蒸气压曲线,这种过热的α-鳞石英可以保持到1 670℃(D'点)直接熔融为SiO₂过冷熔体。在不平衡冷却中,高温SiO₂熔体可能不在1 713℃结晶出α-方石英,而成为过冷熔体。虚线ON'在CO的延长线上,是过冷SiO₂熔体的饱和蒸气压曲线,反映了过冷SiO₂熔体与SiO₂蒸气二相之间的介稳平衡。α-方石英冷却到1 470℃时应转变为α-鳞石英,实际上却往往过冷到230℃转变成与α-方石英结构相近的β-方石英。α-鳞石英则往往不在870℃转变成α-石英,而是过冷到163℃转变为β-鳞石英,β-鳞石英在120℃下又转变成γ-鳞石英。β-方石英、β-鳞石英与γ-鳞石英虽然都是低温下的热力学不稳定态,但由于它们转变为热力学稳定态的速度极慢,实际上可以长期保持自己的状态。α-石英与β-石英在573℃下的相互转变,由于彼此间结构相近,转变速度很快,一般不会出现过热过冷现象。由于各种介稳状态的出现,相图上不但出现了这些介稳态的饱和蒸气压曲线及介稳晶型转变线,而且出现了相应的介稳单相区以及介稳三相点(如N',D'),从而使相图呈现出复杂的形态。

对SiO₂相图稍加分析,不难发现:SiO₂所有处于介稳状态的变体(或熔体)的饱和蒸气压都比在相同温度范围内处于热力学稳定态的变体的饱和蒸气压高。在一元系统中,这是一条普遍规律。这表明,介稳态处于一种较高的能量状态,它有自发转变为热力学稳定态的趋势,而处于较低能量状态的热力学稳定态则不可能自发转变为介稳态。理论和实践都证明:在给定温度范围内,具有最小蒸气压的相一定是最稳定的相,而二个相如果处于平衡状态,其蒸气压必定相等。

石英是材料工业上应用十分广泛的一种原料。因而,SiO₂相图在生产和科学研究中有重要价值。现举耐火材料硅砖的生产和使用作为一个例子。硅砖系用天然石英(β-石英)作原料经高温锻烧而成。如上所述,由于介稳状态的出现,石英在高温煅烧冷却过程中实际发生的晶型转变是很复杂的。β-石英加热至573℃很快转变为α-石英,而α-石英当加热到870℃

时并不是按相图指示的那样转变为鳞石英,在生产的条件下,它往往过热到 1 200～1 350 ℃(过热 α-石英饱和蒸气压曲线与过冷 α-方石英饱和蒸气压曲线的交点 V,此点表示了这二个介稳相之间的介稳平衡状态)时直接转变为介稳的 α-方石英。这种实际转变过程并不是我们所希望的。我们希望硅砖制品中鳞石英含量越多越好,而方石英含量越少越好。这是因为在石英、鳞石英、方石英三种变体的高低温型转变中(即 α、β、γ 二级变体之间的转变),方石英体积变化最大(2.8%),石英次之(0.82%),而鳞石英最小(0.2%)(见表 5-1)。如果制品中方石英含量高,则在冷却到低温时由于 α-方石英转变成 β-方石英伴随着较大的体积收缩而难以获得致密的硅砖制品。那末,如何可以促使介稳的 α-方石英转变为稳定态的 α-鳞石英呢?生产上一般是加入少量氧化铁和氧化钙作为矿化剂。这些氧化物在 1 000 ℃ 左右可以产生一定量的液相,α-石英和 α-方石英在此液相中的熔解度大,而 α-鳞石英在其中的熔解度小,因而,α-石英和 α-方石英不断熔入液相,而 α-鳞石英则不断从液相中析出。生成一定量的液相还可以缓解由于 α-石英转化为介稳态的 α-方石英时巨大的体积膨胀在坯体内所产生的应力。虽然在硅砖生产中加入矿化剂,创造了有利的动力学条件,促成大部分介稳的 α-方石英转变成 α-鳞石英,但事实上最后必定还会有一部分未转变的方石英残留于制品中。因此,在硅砖使用时,必须根据 SiO_2 相图制订合理的升温制度,防止残留的方石英发生多晶转变时将窑炉砌砖炸裂。

二、ZrO_2 系统相图

ZrO_2 相图(见图 5-5)比 SiO_2 相图要简单得多。这是由于 ZrO_2 系统中出现的多晶现象和介稳状态不象 SiO_2 系统那样复杂。ZrO_2 有三种晶型:单斜 ZrO_2、四方 ZrO_2 和立方 ZrO_2。

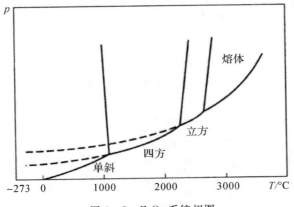

图 5-5 ZrO_2 系统相图

单斜 ZrO_2 加热到 1 200 ℃ 时转变为四方 ZrO_2,这个转变速度很快,并伴随 7%～9% 的体积收缩。但在冷却过程中,四方 ZrO_2 往往不在 1 200 ℃ 转变成单斜 ZrO_2,而在 1 000 ℃ 左右转变,即从差热分析图上虚线表示的四方 ZrO_2 转变成稳定的单斜 ZrO_2(见图 5-6)。这种滞后现象在多晶转变中是经常可以观察到的。

ZrO_2 是特种陶瓷的重要原料,其膨胀曲线如图 5-7 所示。由于其单斜型与四方型之间的晶型转变伴随有显著的体积变化,造成 ZrO_2 制品在烧成过程中容易开裂,生产上需采取稳定措施。通常是加入适量的 CaO 或 Y_2O_3。在 1 500 ℃ 以上四方 ZrO_2 可以与这些稳定剂形成立方晶型的固熔体。在冷却过程中,这种固熔体不会发生晶型转变,没有体积效应,因而可以避

免 ZrO_2 制品的开裂。这种经稳定处理的 ZrO_2 称为稳定化立方 ZrO_2。

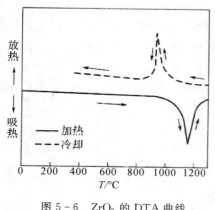

图 5-6 ZrO_2 的 DTA 曲线

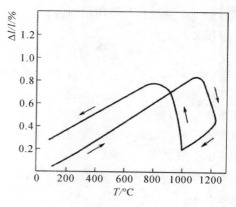

图 5-7 ZrO_2 的膨胀曲线

ZrO_2 的熔点很高(2 680 ℃),是一种优良的耐火材料。氧化锆又是一种高温固体电解质,利用其导氧、导电性能,可以制备氧敏传感器元件。此外,利用 ZrO_2 发生晶型转变时的体积变化,可以对陶瓷材料进行相变增韧。

第四节 二元系统相图

二元系统中存在二种独立组分,由于这二个组分之间可能存在着各种不同的物理作用和化学作用,因而二元系统相图的类型比一元相图要多得多。阅读任何一张二元相图,重要的是必须弄清这张相图所表示的系统中所发生的物理化学过程的性质以及相图如何通过不同的几何要素(点、线、面)来表示系统的不同平衡状态。在本节中,我们仅把讨论范围局限于无机非金属材料和金属材料体系所属的只涉及固液相图的凝聚系统。对于二元凝聚系统:

$$F=C-P+1=3-P$$

当 $F=0$ 时,$P=3$,即二元凝聚系统中可能存在的平衡共存的相数最多为三个。当 $P=1$ 时,$F=2$,即系统的最大自由度数为2。由于凝聚系统不考虑压力的影响,这二个自由度显然是指温度和浓度。二元凝聚系统相图是以温度为纵坐标,系统中任一组分的浓度为横坐标来绘制的。

依系统中二个组分之间的相互作用不同,二元相图可以分成若干基本类型(见图 5-8)。熟悉了这些基本类型的相图,阅读具体系统的相图就不会感到困难了。

一、具有一个低共熔点的简单二元相图

这类体系的特点是:二个组分在液态时能以任何比例互熔,形成单相熔液;但在固态时则完全不互熔,二个组分各自从液相中分别结晶。组分间无化学作用,不生成新的化合物。虽然这类相图具有最简单的形式,但却是学习其它类型二元相图的重要基础。因此,对这类相图需稍加详尽地予以讨论。

如图 5-8(a)所示,图中的 a 点是组分 A 的熔点,b 点是组分 B 的熔点,E 点是组分 A 和组分 B 的二元低共熔点。液相线 aE、bE 和固相线 GH 把整个相图划分成四个相区。液相线 aE、bE 以上的 L 相区是高温熔体的单相区。固相线 GH 以下的 A+B 相区是由晶体 A 和晶

体 B 组成的二相区。液相线与固相线之间有二个相区,aEG 代表液相与组分 A 的晶体平衡共存的二相区(L+A),bEH 则代表液相与组分 B 的晶体平衡共存的二相区(L+B)。相区中各点、线、面含义见表 5-2。

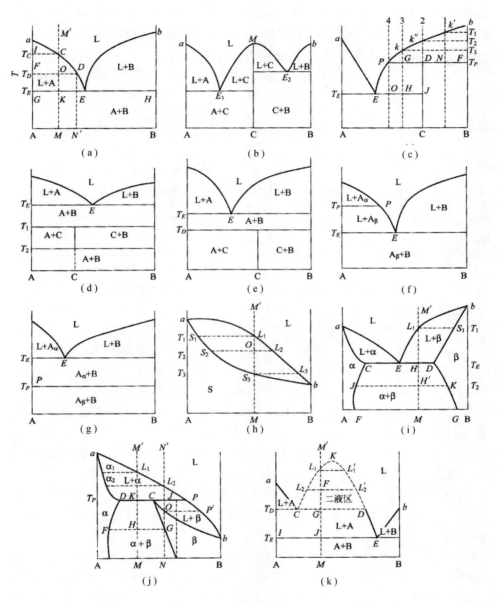

续图 5-8 二元相图类型

(a)具有一个低共熔点的简单二元相图;(b)生成一个一致熔化合物的二元相图;
个不一致熔化合物的二元相图;(d)化合物的固相分解发生在二个温度之间的二元相图;
一个在固相分解的化合物的二元相图;(f)在低共熔温度以上发生多晶转变的二元相图;
g)在低共熔温度以下发生多晶转变的二元相图;(h)形成连续固熔体的二元相图;
(i)(j)形成有限固熔体的二元相图;(k)具有液相分层的二元相图

掌握此相图的关键是理解 aE,bE 二条液相线及低共熔点 E 的性质。液相线 aE 实质上是一条饱和曲线(或称熔度曲线,类似含水二元系统的熔解度曲线),任何富 A 高温熔体冷却到 aE 线上的温度,即开始对组分 A 饱和而析出 A 的晶体;同样,液相线 bE 则是组分 B 的饱和曲线,任何富 B 高温熔体冷却到 bE 线上的温度,即开始对组分 B 饱和而析出 B 的晶体。E 点处于这二条饱和曲线的交点,意味着 E 点液相同时对组分 A 和组分 B 饱和。因而,从 E 点液相中将同时析出 A 晶体和 B 晶体,此时系统中三相平衡,$F=0$,即系统处于无变量的平衡状态,因而低共熔点 E 是此二元系统中的一个无变量点。E 点组成称为低共熔组成,E 点温度则称为低共熔温度。

表 5－2　相图 5－8(a)中各相区点、线、面的含义

点、线、面	性　质	相平衡	点、线、面	性　质	相平衡
aEb	液相区,$P=1,F=2$	L	aE	液相线,$P=2,F=1$	L⇌A
aT_EE	固液共存,$P=2,F=1$	L+A	bE	液相线,$P=2,F=1$	L⇌B
EbH	固液共存,$P=2,F=1$	L+B	E	低共熔点,$P=3,F=0$	L⇌A+B
$AGHB$	固相区,$P=2,F=1$	A+B			

现以组成为 M 的配料加热到高温完全熔融,然后平衡冷却析晶的过程来说明系统的平衡状态如何随温度而变化。将 M 配料加热到高温的 M' 点,因 M' 处于 L 相区,表明系统中只有单相的高温熔体(液相)存在。将此高温熔体冷却到 T_C 温度,液相开始对组分 A 饱和,从液相中析出第一粒 A 晶体,系统从单相图状态进入二相图状态。根据相律:$F=1$,即为了保持这种二相平衡状态,在温度和液相组成二者之间只有一个是独立变量。事实上,A 晶体的析出,意味着液相必定是 A 的饱和熔液,温度继续下降时,液相组成必定沿着 A 的饱和曲线 aE 从 C 点向 E 点变化,而不能任意改变。系统冷却到低共熔温度 T_E,液相组成到达低共熔点 E,从液相中将同时析出 A 晶体和 B 晶体,系统从二相平衡状态进入三相平衡状态。按照相律,此时系统的 $F=0$,系统是无变量的,即只要系统中维持着这种三相平衡关系,系统的温度就只能保持在低共熔温度 T_E 不变,液相组成也只能保持在 E 点的低共熔组成不变。此时,从 E 点液相中不断按 E 点组成中的 A 和 B 的比例析出晶体 A 和晶体 B。当最后一滴低共熔组成的液相析出 A 晶体和 B 晶体后,液相消失,系统从三相平衡状态回到二相平衡状态,因而系统的温度又可继续下降。

利用杠杆规则,我们还可以对析晶过程的相变化进一步作定量分析。在运用杠杆规则时,需要分清系统组成点、液相点、固相点的概念。系统组成点(简称系统点)取决于系统的总组成,是由原始配料组成决定的。在加热或冷却过程中,尽管组分 A 和组分 B 在固相与液相之间不断转移,但仍在系统内,不会逸出系统以外,因而系统的总组成是不会改变的。对于 M 配料而言,系统点必定在 MM' 线上变化。系统中的液相组成和固相组成是随温度不断变化的,因而液相点、固相点的位置也随温度而不断变化。把 M 配料加热到高温的 M' 点,配料中的组分 A 和组分 B 全部进入高温熔体,因而液相点与系统点的位置是重合的。冷却到 T_C 温度,从 C 点液相中析出第一粒 A 晶体,系统中出现了固相,固相点处于表示纯 A 晶体和 T_C 温度的 I 点。进一步冷却到 T_D 温度,液相点沿液相线从 C 点运动到 D 点,从液相中不断析出 A 晶体,因而 A 晶体的量不断增加,但组成仍为纯 A,所以固相组成并无变化。随着温度下降,固相点从 I 点变化到 F 点。系统点则沿 MM' 从 C 点变化到 O 点。因为固液二相处于平衡状态,温度必定相同,因而任何时刻系统点、液相点、固相点三点一定处在同一条等温的水平线上(FD 线称为结线,它把系统中平衡共存的二个相的相点连接起来),又因为固液二相系从高温单相熔体 M' 分解而来,这二相的相点在任何时刻必定都分布在系统组成点的二侧,以系统组成点为杠杆支点,运用杠杆规则可以方便地计算在任一温度处于平衡的固液二相的数量。如在 T_D 温度下的固相量和液相量,根据杠杆规则,有

$$\frac{固相量}{液相量}=\frac{OD}{OF}$$

$$\frac{固相量}{固相总量(原始配料量)}=\frac{OD}{FD}$$

$$\frac{液相量}{固相总量(原始配料量)}=\frac{OF}{FD}$$

当系统温度从 T_D 继续下降到 T_E 时,液相点从 D 点沿液相线到达 E 点,从液相中同时析出 A 晶体和 B 晶体,液相点停在 E 点不动,但其数量则随共析晶过程的进行而不断减少。固相中则除了 A 晶体(原先析出的加 T_E 温度下析出的),又增加了 B 晶体,而且此时系统温度不能变化,固相点位置必离开表示纯 A 的 G 点沿等温线 GK 向 K 点运动。当最后一滴 E 点液相消失,液相中的 A、B 组分全部结晶为晶体时,固相组成必然回到原始配料组成,即固相点到达系统点 K。析晶过程结束以后,系统温度又可继续下降,固相点与系统点一起从 K 向 M 点移动。

上述析晶过程中固液相点的变化,即析晶路程用文字叙述比较繁琐,常用下列简便的表达式表示,即

$$M'(熔体)\xrightarrow[P=1,F=2]{L}C[I,(A)]\xrightarrow[P=2,F=1]{L\to A}E(到达)[G,A+B]\xrightarrow[P=3,F=0]{L\to A+B}$$
$$E(消失)[K,A+B]$$

平衡加热熔融过程恰是上述平衡冷却析晶过程的逆过程。若将组分 A 和组分 B 的配料 M 加热,则该晶体混合物在 T_E 温度下低共熔形成 E 组成的液相,由于三相平衡,系统温度保持不变,随着低共熔过程的进行,A、B 晶相量不断减少,E 点液相量不断增加。当固相点从 K 点到达 G 点,意味着 B 晶相已全部熔完,系统进入二相平衡状态,温度又可继续上升,随着 A 晶体继续熔入液相,液相点沿着液相线 aE 从 E 点向 C 点变化。加热到 T_C 温度,液相点到达 C 点,与系统点重合,意味着最后一粒 A 晶体在 I 点消失,A 晶体和 B 晶体全部从固相转入液相,因而液相组成回到原始配料组成。

二、生成一个一致熔融化合物的二元相图

所谓一致熔融化合物是一种稳定的化合物。它与正常的纯物质一样具有固定的熔点,熔化时,所产生的液相与化合物组成相同,故称一致熔融。这类系统的典型相图示于图 5-8(b)。组分 A 与组分 B 生成一个一致熔融化合物 C,M 点是该化合物的熔点。曲线 aE_1 是组分 A 的液相线,bE_2 是组分 B 的液相线,E_1ME_2 则是化合物 C 的液相线。一致熔融化合物在相图上的特点,是化合物组成点位于其液相线的组成范围内,即表示化合物晶相的 C-M 线直接与其液相线相交,交点 M(化合物熔点)是液相线上的温度最高点。因此,C-M 线将此相图划分成二个简单

分二元系统。E_1 是 A–C 分二元的低共熔点,E_2 是 C–B 分二元的低共熔点。讨论任一配料的析晶路程与上述讨论简单二元系统的析晶路程完全相同。原始配料如落在 A–C 范围,最终析晶产物为 A 和 C 二个晶相。原始配料位于 C–B 区间,则最终析晶产物为 C 和 B 二个晶相。

三、生成一个不一致熔融化合物的二元相图

所谓不一致熔融化合物是一种不稳定的化合物。加热这种化合物到某一温度便发生分解,分解产物是一种液相和一种晶相,二者组成与化合物组成皆不相同,故称不一致熔融。图 5–8(c) 是此类二元系统的典型相图。加热化合物 C 到分解温度 T_P,化合物 C 分解为 P 点组成的液相和组分 B 的晶体。在分解过程中,系统处于三相图的无变量状态($F=0$),因而 P 点也是一个无变量点,称为转熔点(又称为回吸点,反应点)。相区中各点、线、面含义见表 5–3。

表 5–3　相图 5–8(c) 中各相区点、线、面的含义

点、线、面	性　质	相平衡	点、线、面	性　质	相平衡
aEb	液相面,$P=1$,$F=2$	L	aE	共熔线,$P=2$,$F=1$	L⇌A
aT_EE	固液共存,$P=2$,$F=1$	L+A	EP	共熔线,$P=2$,$F=1$	L⇌C
$EPDJ$	固液共存,$P=2$,$F=1$	L+C	bP	共熔线,$P=2$,$F=1$	L⇌B
bPT_P	固液共存,$P=2$,$F=1$	L+B	E	低共熔点,$P=3$,$F=0$	L⇌A+C
DT_PBC	两固相共存,$P=2$,$F=1$	C+B	P	转熔点,$P=3$,$F=0$	L+B⇌C
AT_EJC	两固相共存,$P=2$,$F=1$	A+C			

曲线 aE 是与晶相 A 平衡的液相线,EP 是与晶相 C 平衡的液相线,bP 是与晶相 B 平衡的液相线。无变量点 E 是低共熔点,在 E 点发生如下的相变化:$L_E\rightarrow A+C$。另一个无变量点 P 是转熔点,在 P 点发生的相变化是:$L_P+B\rightarrow C$。需要注意的是转熔点 P 位于与 P 点液相平衡的两个晶相 C 和 B 的组成点 D、F 的同一侧,这是与低共熔点 E 的情况不同的。运用杠杆规则不难理解这种差别。不一致熔融化合物在相图上的特点是化合物 C 的组成点位于其液相线 PE 的组成范围以外,即 CD 线偏在 PE 的一边,而不与其直接相交。因此,表示化合物的 CD 线不能将整个相图划分为二个分二元系统。

现以熔体 3 为例分析析晶路程。将熔体 3 冷却到 T_k 温度,从液相中析出第一粒 B 晶体,液相点随后沿液相线 kP 向 P 点变化,从液相中不断析出 B 晶体,固相点则从 M 点向 F 点变化。达到转熔温度 T_P,发生 $L_P+B\rightarrow C$ 的转熔过程,即原先析出的 B 晶体此时重又熔入 L_P 液相(或者说被液相回吸,本质是与液相起反应)而结晶出化合物 C。在转熔过程中,系统温度保持不变,液相组成保持在 P 点不变,但液相量和 B 晶相量不断减少,C 晶相量不断增加,因而固相点离开 F 点向 D 点移动。当固相点到达 D 点,意味着 B 晶体已耗尽,转熔过程结束。系统中残留的二相是 L_P 液相和化合物 C,其数量可根据液相点 P,系统点 G 及固相点 D 的相对位置用杠杆规则确定。在 B 晶体耗尽以后,系统从三相平衡状态回复到二相平衡状态,温度又可继续下降,液相点将离开 P 点沿与 C 晶体平衡的液相线 PE 向 E 点变化,从液相中不断析出 C 晶体,固相点则从 D 点向 J 点变化。到达低共熔温度 T_E,从 E 点液相中将同时析出 A 晶体和 C 晶体。当最后一滴 L_E 液相消失,固相点必从 J 点到达 H 点,与系统点重合。此时全部析晶过程结束,所获得的析晶产物是 A 晶相与 C 晶相,两相的量可由 I,H,J 三点的相对位

置计算。上述所讨论的熔体 3 的析晶路程可以用以下表达式表示：

$$3(熔体) \xrightarrow[P=1,F=2]{L} k[T_3,(B)] \xrightarrow[P=2,F=1]{L\to B} P(到达)[T_P,开始回吸 B+(C)] \xrightarrow[P=3,F=0]{L+B\to C}$$

$$P(离开)[D,晶体 B 消失 + C] \xrightarrow[p=2,F=1]{L\to C}$$

$$E(到达)[J,C+(A)] \xrightarrow[P=3,F=0]{L\to A+C} E(消失)[H,A+C]$$

熔体 1 与熔体 3 不同，由于在转熔过程中 P 点液相先耗尽，其结晶终点不在 E 点，而在 P 点。

熔体 1 的析晶路线：

$$1(熔体) \xrightarrow[P=1,F=2]{L} k'[T_1,(B)] \xrightarrow[P=2,F=1]{L\to B}$$

$$P(到达)[T_P,开始回吸 B+(C)] \xrightarrow[P=3,F=0]{L+B\to C}$$

$$P(消失)[N,B+C]$$

熔体 2 的析晶路线：

$$2(熔体) \xrightarrow[P=1,F=2]{L} k''[T_2,(B)] \xrightarrow[P=2,F=1]{L\to B}$$

$$P(到达)[T_P,开始回吸 B+(C)] \xrightarrow[P=3,F=0]{L+B\to C} P(消失)[D,C(液相与晶体 B 同时消失)]$$

熔体 4 的析晶路线：

$$4(熔体) \xrightarrow[P=1,F=2]{L} P(不停留)[D,(C)] \xrightarrow[P=2,F=1]{L\to C}$$

$$E(到达)[J,C+(A)] \xrightarrow[P=3,F=0]{L\to A+C}$$

$$E(消失)[O,A+C]$$

以上 4 个熔体析晶路线具有一定的规律性，其总结见表 5-4。

表 5-4 不同组成熔体的析晶规律

组　成	在 P 点的反应	析晶终点	析晶终相
组成在 PD 之间	L+B⇌C,B 先消失	E	A+C
组成在 DF 之间	L+B⇌C,L_P 先消失	P	B+C
组成在 D 点	L+B⇌C,B 和 L_P 同时消失	P	C
组成在 P 点	在 P 点不停留	E	A+B

四、生成一个在固相分解的化合物的二元相图

化合物 C 加热到低共熔温度 T_E 以下的 T_D 温度即分解为组分 A 和组分 B 的晶体，并且这时没有液相生成，如图 5-8(d) 所示。相图上没有与化合物 C 平衡的液相线，表明从液相中不可能直接析出 C。C 只能通过 A 晶体和 B 晶体之间的固相反应生成。由于固态物质之间的反应速度很小（尤其在低温下），因而达到平衡状态需要的时间将是很长的。将晶体 A 和晶体 B 配料，按照相图，即使在低温下也应获得 A+C 或 C+B，但事实上，如果没有加热到足够高的温度并保温足够长的时间，上述平衡状态是很难达到的，系统往往处于 A、C、B 三种晶体同

时存在的非平衡状态。若化合物 C 只在某一温度区间内存在,即在低温下也要分解,则其相图形式如图 5-8(e)所示。

五、具有多晶转变的二元相图

同质多晶现象在材料系统中是十分普遍的。图 5-8(f)中组分 A 在晶型转变点 P 发生 A_α 与 A_β 的晶型转变,显然在 A—B 二元系统中的纯 A 晶体在 T_P 温度下都会发生这一转变,因此 P 点发展为一条晶型转变等温线。在此线以上的相区,A 晶体以 α 形态存在,在此线以下的相区,则以 β 形态存在。

如晶型转变温度 T_P 高于系统开始出现液相的低共熔温度 T_E,则 A_α 与 A_β 之间的晶型转变在系统带有 P 组成液相的条件下发生,因为此时系统中三相平衡共存,所以 P 点也是一个无变量点,如图 5-8(g)所示。

六、形成连续固熔体的二元相图

这类系统的相图形式如图 5-8(h)所示。液相线 aL_2b 以上的相区是高温熔体单相区,固相线 aS_3b 以下的相区是固熔体单相区,处于液相线与固相线之间的相区则是液态熔液与固态熔液(固熔体)平衡的固液二相区。固液二相区内的结线 L_1S_1,L_2S_2,L_3S_3 分别表示不同温度下互相平衡共存的固液二相的组成。此相图的最大特点是没有一般二元相图上常常出现的二元无变量点,因为此系统内只存在液态熔液和固态熔液二个相,不可能出现三相平衡状态。

M' 高温熔体冷却到 T_1 温度时开始析出组成为 S_1 的固熔体,这时液相组成为 L_1;随后液相组成沿液相线向 L_3 变化,固相组成则沿固相线向 S_3 变化。冷却到 T_2 温度,液相点到达 L_2,固相点到达 S_2,系统点则在 O 点。根据杠杆规则,此时液相量:固相量=OS_2:OL_2。冷却到 T_3 温度,固相点 S_3 与系统点重合,意味着最后一滴液相在 L_3 消失,结晶过程结束。原始配料中的 A、B 组分从高温熔体全部转入低温的单相固熔体中。

在液相从 L_1 到 L_3 的析晶过程中,固熔体组成需从原先析出的 S_1 相应地变化到最终与 L_3 平衡的 S_3,即在析晶过程中固熔体需时时调整组成以与液相保持平衡。固熔体是晶体,原子的扩散迁移速度很慢,不象液态熔液那样容易调节组成,可以想像,只要冷却过程不是足够缓慢,不平衡析晶是很容易发生的。

$$M'(\text{熔体}) \xrightarrow[P=1,F=2]{L} L_1[S_1,(S_1)] \xrightarrow[P=2,F=1]{L\to S} L_2[S_2,S_2] \xrightarrow[P=2,F=1]{L\to S} L_3(\text{消失})[S_3,S_3]$$

七、形成有限固熔体的二元相图

组分 A,B 间可以形成固熔体,但熔解度是有限的,不能以任意比例互熔。图 5-8(i)(j)上的 α 表示 B 组分熔解在 A 晶体中所形成的固熔体,β 表示 A 组分熔解在 B 晶体中所形成的固熔体,aE 是与 α 固熔体平衡的液相线,bE 是与 β 固熔体平衡的液相线。从液相线上的液相中析出的固熔体组成可以通过等温结线在相应的固相线 aC 和 bD 上找到,例如结线 L_1S_1 表示从 L_1 液相中析出的 β 固熔体组成是 S_1。E 点是低共熔点,从 E 点液相中将同时析出组成为 C 的 α 和组成为 D 的 β 固熔体。C 点表示了组分 B 在组分 A 中的最大固熔度,D 点则表示了组分 A 在组分 B 中的最大固熔度。CF 是固熔体 α 的熔解度曲线,DG 则是固熔体 β 的熔解度曲线。根据这二条熔解度曲线的走向,A、B 二个组分在固态互熔的熔解度是随温度下降而下降的。相图上六个相区的平衡各相已在图上标注。

图 5-8(i)中，将 M' 高温熔体冷却到 T_1 温度，从 L_1 液相中将析出组成为 S_1 的 β 固熔体，随后液相点沿液相线向 E 点变化，固相点从 S_1 沿固相线向 D 点变化。到达低共熔温度 T_E，从 E 点液相中同时析出组成为 C 的 α 和组成为 D 的 β，系统进入三相平衡状态，$f=0$，系统温度保持不变，平衡各相组成也保持不变，但液相量不断减少，α 和 β 的量不断增加，固相总组成点从 D 点向 H 点移动，当固相点与系统点 H 重合，最后一滴液相在 E 点消失。结晶产物为 α 和 β 二种固熔体。温度继续下降时，α 的组成沿 CF 线变化，β 的组成则沿 DG 线变化，如在 T_2 温度，具有 J 组成的 α 与具有 K 组成的 β 二相平衡共存。M' 熔体的析晶路程表示如下：

$$M'(熔体)\xrightarrow[P=1,F=2]{L}L_1[S_1,\beta]\xrightarrow[P=2,F=1]{L\to\beta}E(到达)[D,\beta+(\alpha)]\xrightarrow[P=3,F=0]{L\to\alpha+\beta}$$
$$E(消失)[H,\alpha+\beta]$$

图 5-8(j)是形成转熔型的不连续固熔体的二元相图。α 和 β 之间没有低共熔点，而有一个转熔点 P。冷却时，当温度降到 T_p 时，液相组成变化到 P 点，将发生转熔过程：$L_p+D(\alpha)\rightleftharpoons C(\beta)$。各相区的含义已在图中标明。现分析 M' 熔体和 N' 熔体的析晶路程。

M' 熔体的析晶路程：

$$M'(熔体)\xrightarrow[P=1,F=2]{L}L_1[\alpha_1,(\alpha)]\xrightarrow[P=2,F=1]{L\to\alpha}P(到达)[D,\alpha+(\beta)]\xrightarrow[P=3,F=0]{L+\alpha\to\beta}$$
$$P(消失)[K,\alpha+\beta]$$

N' 熔体的析晶路程：

$$N'(熔体)\xrightarrow[P=1,F=2]{L}L_2[\alpha_2,(\alpha)]\xrightarrow[P=2,F=1]{L\to\alpha}P(到达)[D,\alpha+(\beta)]\xrightarrow[P=3,F=0]{L+\alpha\to\beta}$$
$$P(消失)[C,\beta(\alpha\ 消失)]\xrightarrow[P=2,F=1]{L\to\beta}P'(消失)[O,\beta]\xrightarrow[P=1,F=2]{固相冷却}$$
$$[G,\alpha+(\beta)]\xrightarrow[P=2,F=1]{固相冷却}[N,\alpha+\beta]$$

值得注意的是，N' 熔体的析晶在液相线 bP 上的 P' 点结束。现将此类相图上不同组成点的析晶规律总结见表 5-5。

表 5-5　不同组成熔体的析晶规律

组成	在 P 点的反应	析晶终点	析晶终相
组成在 DC 之间	$L+\alpha\rightleftharpoons\beta$，$L_P$ 先消失	P	$\alpha+\beta$
组成在 CJ 之间	$L+\alpha\rightleftharpoons\beta$，$\alpha$ 先消失	BP 线上	$\alpha+\beta$
组成在 JP 之间	$L+\alpha\rightleftharpoons\beta$，$\alpha$ 先消失	BP 线上	β
组成在 C 点	$L+\alpha\rightleftharpoons\beta$，$\alpha$ 和 L_P 同时消失	P	$\alpha+\beta$
组成在 P 点	$L+\alpha\rightleftharpoons\beta$，在 P 点不停留	BP 线上	β

八、具有液相分层的二元相图

前面所讨论的各类二元系统中二个组分在液相时都是完全互熔的。但在某些实际系统中，二个组分在液态并不完全互熔，只能有限互熔。这时，液相分为二层，一层可视为组分 B 在组分

A 中的饱和熔液(L_1),另一层则可视为组分 A 在组分 B 中的饱和熔液(L_2)。图 5-17 中的 CKD 帽形区即是一个液相分层区。等温结线 $L_1'L_2'$,$L_1''L_2''$ 表示不同温度下互相平衡的二个液相的组成。温度升高,二层液相的熔解度都增大,因而其组成越来越接近,到达帽形区最高点 K,二层液相的组成已完全一致,分层现象消失,故 K 点是一个临界点,K 点温度叫临界温度。在 CKD 帽形区以外的其它液相区域,均不发生分层现象,为单相区。曲线 aC,DE 均为与 A 晶相图的液相线,bE 是与 B 晶相图的液相线。除低共熔点 E,系统中还有另一个无变量点 D。在 D 点发生的相变化为:$L_C \rightarrow L_D + A$,即冷却时从 C 组成液相中析出晶体 A,而 L_C 液相同时转变为含 A 低的 L_D 液相。

把 M' 高温熔体冷却到 L_1' 温度,液相开始分层,第一滴具有 L_2' 组成的 L_2 液相出现,随后 L_1 液相沿 KC 线向 C 点变化,L_2 液相沿 KD 线向 D 点变化。冷却到 T_D 温度,L_C 液相不断分解为 L_D 液相和 A 晶体,直到 L_C 耗尽。L_C 消失以后,系统温度又可继续下降,液相组成从 D 点沿液相线 DE 到达 E 点,并在 E 点结束结晶过程,结晶产物是晶相 A 和晶相 B。

M' 熔体的析晶路程:

$$M'(熔体)\xrightarrow[P=1,F=2]{L}L_1+(L_1')\xrightarrow[P=2,F=1]{液相分离}L_2+L_2'\xrightarrow[P=2,F=1]{液相分离}$$

$$G(L_C+L_D)\xrightarrow[P=3,F=0]{L_C\rightarrow L_D+A}D(L_C\ 消失)[T_D,(A)]\xrightarrow[P=2,F=1]{L\rightarrow A}$$

$$E(到达)[I,A+(B)]\xrightarrow[P=3,F=0]{L\rightarrow A+B}E(消失)[J,A+B]$$

第五节 二元系统相图应用

一、CaO - SiO$_2$ 系统二元相图

分析 CaO - SiO$_2$ 系统相图(见图 5-9)这样比较复杂的二元相图时,首先看系统中生成几个化合物以及各个化合物的性质,根据一致熔化合物的个数可把系统划分成若干分二元系统,然后再对这些分二元系统逐一加以分析。

根据相图上的竖线可知 CaO - SiO$_2$ 二元中共生成四个化合物:CS(CaO·SiO$_2$,硅灰石)和 C$_2$S(2CaO·SiO$_2$,硅酸二钙)是一致熔化合物,C$_3$S$_2$(3CaO·2SiO$_2$,硅钙石)和 C3S(3CaO·SiO$_2$,硅酸三钙)是不一致熔化合物,因此,CaO - SiO$_2$ 系统可以划分成 SiO$_2$ - CS,CS - C$_2$S,C2S - CaO 三个分二元系统。然后,对这三个分二元系统逐一分析各液相线、相区,特别是无变点的性质,判明各无变点所代表的具体相平衡关系。相图上每一条横线都是一根三相平衡等温线,当系统的状态点到达这些线上时,系统都处于三相平衡的无变量状态。其中有低共熔线、转熔线、化合物分解或液相分层线以及多晶转变线等。多晶转变线上所发生的具体晶型转变,需要根据和此线紧邻的上下二个相区所标示的平衡相加以判断。如 1 125 ℃ 的多晶转变线,线上相区的平衡相为 α -鳞石英和 α - CS,而线下相区则为 α -鳞石英和 β - CS,此线必为 α - CS 和 β - CS 的多晶转变线。

我们先讨论相图左侧的 SiO$_2$ - CS 分二元系统。在此分二元的富硅液相部分有一个分液区,C 点是此分二元的低共熔点,C 点温度 1 436 ℃,组成是含 37% 的 CaO。由于在与方石英平衡的液相线上插入了 2L 分液区,使 C 点位置偏向 CS 一侧,而距 SiO$_2$ 较远,液相线 CB 也因

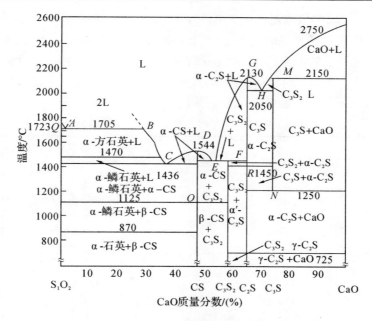

图 5-9　CaO-SiO$_2$ 系统二元相图

此而变得较为陡峭。这一相图上的特点常被用来解释为何在硅砖生产中可以采用 CaO 作矿化剂，而不会严重影响其耐火度。用杠杆规则计算，如向 SiO$_2$ 中加入 1%CaO，在低共熔温度 1 436 ℃下所产生的液相量为 1：37＝2.7%。这个液相量是不大的，并且由于液相线 CB 较陡峭，温度继续升高时，液相量的增加也不会很多，这就保证了硅砖的高耐火度。

　　在 CS-C$_2$S 这个分二元系统中，有一个不一致熔化合物 C$_3$S$_2$，其分解温度是 1 464 ℃。E 点是 CS 与 C$_3$S$_2$ 的低共熔点。F 点是转熔点，在 F 点发生 $L_F+\alpha-C_2S \rightarrow C_3S_2$ 的相变化。C$_3$S$_2$ 常出现于高炉矿渣中，也存在于自然界中。

　　最右侧的 C$_2$S-CaO 分二元系统，含有硅酸盐水泥的重要矿物 C$_2$S 和 C$_3$S。C$_3$S 是一个不一致熔化合物，仅能稳定存在于 1 250 ℃～2 150 ℃的温度区间，在 1 250 ℃分解为 $\alpha'-C_2S$ 和 CaO，在 2 150 ℃则分解为 M 组成的液相和 CaO。C$_2$S 有 α，α'、β、γ 之间的复杂晶型转变（见图 5-10）。在冷却过程中 $\alpha'-C_2S$ 往往不是平衡地转变为 $\gamma-C_2S$，而是过冷到 670℃左右转变为介稳态的 $\beta-C_2S$，$\beta-C_2S$ 则在 525℃再转变为稳定态 $\gamma-C_2S$。$\beta-C_2S$ 向 $\gamma-C_2S$ 的晶型转变伴随有 9%的体积膨胀，可以造成水泥熟料的粉化。C$_3$S 和 $\beta-C_2S$ 是硅酸盐水泥中含量

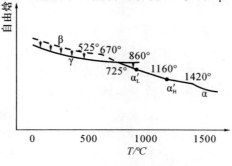

图 5-10　C$_2$S 的晶型转变

最高的二种水硬性矿物,但当水泥熟料缓慢冷却时,C_3S 将会分解,$\beta - C_2S$ 将转变为无水硬活性的 $\gamma - C_2S$,为了避免这种情况的发生,生产上采取急冷措施,将 C_3S 和 $\beta - C_2S$ 迅速越过分解温度或晶型转变温度,在低温下以介稳态保存下来。介稳态是一种高能量状态,有较强的反应能力,这或许就是 C_3S 和 $\beta - C_2S$ 具有较高水硬活性的热力学原因。

$CaO - SiO_2$ 系统中的无变量点的性质见表 5-6。

表 5-6 $CaO - SiO_2$ 系统中的无变量点

无量变点	相平衡	平衡性质	组成/(%)		温度/℃
			CaO	SiO₂	
P	$CaO \rightleftharpoons L$	熔化	100	0	2 570
Q	$SiO_2 \rightleftharpoons L$	熔化	0	100	1 723
A	α-方石英$+L_B \rightleftharpoons L_A$	分解	0.6	99.4	1 705
B	α-方石英$+L_B \rightleftharpoons L_A$	分解	28	72	1 705
C	$\alpha - CS + \alpha$-鳞石英$\rightleftharpoons L$	低共熔	37	63	1 436
D	$\alpha - CS \rightleftharpoons L$	熔化	48.2	51.8	1 544
E	$\alpha - CS + C_3S_2 \rightleftharpoons L$	低共熔	54.5	45.5	1 460
F	$C_3S_2 \rightleftharpoons \alpha - C_2S + L$	转熔	55.5	44.5	1 464
G	$\alpha - C_2S \rightleftharpoons L$	熔化	65	35	2 130
H	$\alpha - C_2S + C_3S \rightleftharpoons L$	低共熔	67.5	22.5	2 050
M	$C_3S \rightleftharpoons CaO + L$	转熔	73.6	26.4	2 150
N	$\alpha' - C_2S + CaO \rightleftharpoons C_3S$	固相反应	73.6	26.4	1 250
O	$\beta - CS \rightleftharpoons \alpha - CS$	多晶转变	51.8	48.2	1 125
R	$\alpha' - C_2S \rightleftharpoons \alpha - C_2S$	多晶转变	65	35	1 450
T	$\gamma - C_2S \rightleftharpoons \alpha' - C_2S$	多晶转变	65	35	725

二、$Al_2O_3 - SiO_2$ 系统二元相图

图 5-11 所示为 $Al_2O_3 - SiO_2$ 二元系统相图。在该二元系统中,只生成一个一致熔化合物 A_3S_2($3 Al_2O_3 \cdot 2SiO_2$,莫来石)。A_3S_2 中可以固溶少量 Al_2O_3,固溶体中 Al_2O_3 含量在 60 mol% 到 63 mol% 之间。莫来石是普通陶瓷及粘土质耐火材料中的重要矿物。

粘土是无机材料工业的重要原料。粘土加热脱水后分解为 Al_2O_3 和 SiO_2,因此 $Al_2O_3 - SiO_2$ 系统相图早就引起了广泛的兴趣,先后发表了许多不同形式的相图。这些相图的主要分歧是莫来石的性质,最初认为是不一致熔化合物,后来认为是一致熔化合物,到 20 世纪 70 年代又有人提出是不一致熔化合物。这种情况在硅酸盐体系相图研究中是屡见不鲜的,因为硅酸盐物质熔点高,液相黏度大,高温物理化学过程速度缓慢,容易形成介稳态,这就给相图的制

作造成了实验上的很大困难。

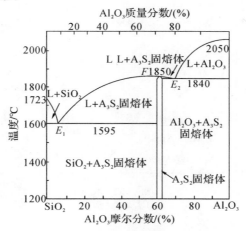

图 5-11 $Al_2O_3-SiO_2$ 系统二元相图

以 A_3S_2 为界,可以将 $Al_2O_3-SiO_2$ 系统划分成二个分二元系统。在 $A_3S_2-SiO_2$ 这个分二元系统中,有一个低共熔点 E_1,加热时 SiO_2 和 A_3S_2 在低共熔温度 1 595 ℃下生成含 Al_2O_3 质量分数为 5.5%的 E_1 点液相,与 $CaO-SiO_2$ 系统中 SiO_2-CS 分二元的低共熔点 C 不同,E_1 点距 SiO_2 一侧很近。如果在 SiO_2 中加入质量分数为 1% Al_2O_3,根据杠杆规则,在 1 595 ℃下就会产生 1:5.5=18.2%的液相量,这样就会使硅砖的耐火度大大下降。此外,由于与 SiO_2 平衡的液相线从 SiO_2 熔点 1 723 ℃向 E_1 点迅速下降,Al_2O_3 的加入必然造成硅砖熔化温度的急剧下降。因此,对硅砖来说,Al_2O_3 是非常有害的杂质,其他氧化物都没象 Al_2O_3 这样大的影响。在硅砖的制造和使用过程中,要严防 Al_2O_3 混入。

系统中液相量随温度的变化取决于液相线的形状。在 $A_3S_2-SiO_2$ 分二元系统中莫来石的液相线 E_1F,在 1 595~1 700 ℃的温度区间内比较陡峭,而在 1 700~1 850 ℃的温度区间则比较平坦。根据杠杆规则,这意味着一个处于 E_1F 组成范围内的配料加热到 1 700 ℃前系统中的液相量随温度升高增加并不多,但在 1 700 ℃以后,液相量将随温度的升高而迅速增加。这一点,是使用化学组成处于这一范围,以莫来石和石英为主要晶相的粘土质和高铝质耐火材料时,需要引起注意的。

在 $A_3S_2-Al_2O_3$ 分二元系统中,A_3S_2 熔点(1 850 ℃),Al_2O_3 熔点(2 050 ℃)以及低共熔点(1 840 ℃)都很高。因此,莫来石质及刚玉质耐火砖都是性能优良的耐火材料。

三、$MgO-SiO_2$ 系统二元相图

图 5-12 所示为 $MgO-SiO_2$ 系统相图。本系统中有一个一致熔化合物 M_2S(Mg_2SiO_4,镁橄榄石)和一个不一致熔化合物 MS($MgSiO_3$,顽火辉石)。M_2S 的熔点很高,达 1 890 ℃。MS 则在 1 557 ℃分解为 M_2S 和 D 组成的的液相。表 5-7 列出了 $MgO-SiO_2$ 系统相图中无变量点的性质。

在 $MgO-Mg_2SiO_4$ 这个分二元系统中,有一个熔有少量 SiO_2 的 MgO 有限固熔体单相区,以及此固熔体与 Mg_2SiO_4 形成的低共熔点 C,低共熔温度是 1 850 ℃。

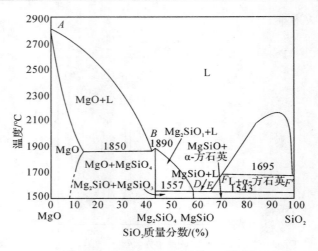

图 5-12 MgO-SiO₂ 系统二元相图

在 Mg_2SiO_4-SiO_2 分二元系统中,有一个低共熔点 E 和一个转熔点 D,在富硅的液相部分出现液相分层。这种在富硅液相区发生分层的现象,不但在 MgO-SiO_2、CaO-SiO_2 系统,而且在其它碱金属和碱土金属氧化物与 SiO_2 形成的二元系统中也是普遍存在的。MS 在低温下的稳定晶型是顽火辉石,1 260 ℃ 转变为高温稳定的原顽火辉石。但在冷却时,原顽火辉石不易转变为顽火辉石,而以介稳态保持下来,或在 700 ℃ 以下转变为另一介稳态斜顽火辉石,并伴随有 2.6% 的体积收缩。原顽火辉石是滑石瓷中的主要晶相,如果制品中发生向斜顽火辉石的晶型转变,将会导致制品的气孔率增加,机械强度下降,因而在生产上要采取稳定措施予以防止。

可以看出,在 MgO-Mg_2SiO_4 这个分二元系统中的液相线温度很高(在低共熔温度 1 850 ℃ 以上),而在 Mg_2SiO_4-SiO_2 分二元系统中液相线温度要低得多,因此,镁质耐火材料配料中 MgO 含量应大于 Mg_2SiO_4 中的 MgO 含量,否则配料点落入 Mg_2SiO_4-SiO_2 分二元系统,开始出现液相的温度及全熔温度急剧下降,造成耐火度大大下降。

表 5-7 MgO-SiO₂ 系统中的无变量点

无量变点	相平衡	平衡性质	温度/℃	组成/(%)	
				MgO	SiO₂
A	液体⇌MgO	熔化	2 800	100	0
B	液体⇌Mg₂SiO₄	熔化	1 890	57.2	42.8
C	液体⇌MgO+ Mg₂SiO₄	低共熔	1 850	约 57.7	约 42.3
D	Mg₂SiO₄+液体⇌MgSiO₃	转熔	1 557	约 38.5	约 61.5
E	液体⇌MgSiO₃+α-方石英	低共熔	1 543	约 35.5	约 64.5
F	液体 F'⇌液体 F+α-方石英	分解	1 659	约 30	约 70
F'	液体 F'⇌液体 F+α-方石英	分解	1 659	约 0.8	约 99.2

四、Na_2O-SiO_2系统二元相图

Na_2O-SiO_2系统相图如图5-13所示。由于在碱含量高时熔融碱的挥发，以及熔融物的腐蚀性很强，所以，在实验中Na_2O的摩尔分数只取0%～67%。在Na_2O-SiO_2系统中存在4种化合物：正硅酸钠（$2Na_2O \cdot SiO_2$）、偏硅酸钠（$Na_2O \cdot SiO_2$）、二硅酸钠（（$Na_2O \cdot 2SiO_2$））和$3Na_2O \cdot 8SiO_2$。$2Na_2O \cdot SiO_2$在1 118 ℃时不一致熔融，960 ℃发生多晶转变，因为在实用上关系不大，所以图中未予表示。$Na_2O \cdot SiO_2$为一致熔融化合物，熔点为1 089 ℃。$Na_2O \cdot 2SiO_2$也为一致熔融化合物，熔点为874 ℃，它有两种变体，分别为α型和β型，转化温度为710 ℃。$3Na_2O \cdot 8SiO_2$在808 ℃时不一致熔融，分解为石英和熔液，在700 ℃时分解为β-$Na_2O \cdot 2SiO_2$和石英。

在该相图富含SiO_2（80%～90%）的地方有一个介稳的二液区，以虚线表示。组成在这个范围的透明玻璃重新加热到580～750 ℃时，玻璃就会分相，变得乳浊。这个系统的熔融物，经过冷却、粉碎倒入水中，加热搅拌，就得水玻璃。水玻璃的组分常有变动，通常是三个SiO_2分子与一个Na_2O分子结合在一起。Na_2O-SiO_2系统相图中各无量变点的性质见表5-8。

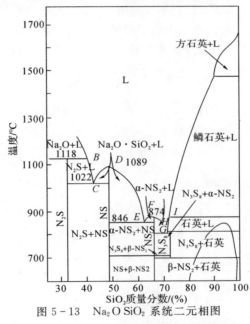

图5-13　Na_2O SiO_2系统二元相图

表5-8　Na_2O-SiO_2系统中的无变量点

无量变点	相平衡	平衡性质	温度/℃	组成/(%)	
				MgO	SiO_2
B	Na_2O+液体$\rightleftharpoons 2Na_2O$ SiO_2	转熔	1 118	58	42
C	液体$\rightleftharpoons 2Na_2O$ SiO_2+Na_2O SiO_2	低共熔点	1 022	56	44
D	液体$\rightleftharpoons Na_2O$ SiO_2	熔化	1 089	50.8	49.2
E	液体$\rightleftharpoons Na_2O$ SiO_2+ α-Na_2O $2SiO_2$	低共熔点	846	37.9	62.1

续　表

无量变点	相平衡	平衡性质	温度/℃	组成/(%)	
				MgO	SiO$_2$
F	液体 $\rightleftharpoons \alpha$ - Na$_2$O·SiO$_2$	熔化	874	34.0	66.0
G	液体 $\rightleftharpoons \alpha$ - Na$_2$O·SiO$_2$ + 3Na$_2$O·8SiO$_2$	低共熔点	799	约28.6	约71.4
H	SiO$_2$ + 液体 $\rightleftharpoons$ 3Na$_2$O·8SiO$_2$	转熔	808	28.1	71.9
I	α - 鳞石英 $\rightleftharpoons \alpha$ - 石英（液体参与）	多晶转变	870	27.2	72.8
J	α - 方石英 $\rightleftharpoons \alpha$ - 鳞石英（液体参与）	多晶转变	1470	约11	约89

第六节　三元相图的基本知识

在学习了二元系统相图以后,我们不难理解,二元相图的图形是由系统内二种组分之间相互作用的性质所决定的。三元系统相图内三种组分之间的相互作用,从本质上说,与二元系统相图内组分间的各种作用没有区别,但由于增加了一个组分,情况变得更为复杂,因而其相图图形也要比二元系统复杂得多。

对于三元凝聚系统 $F = C - P + 1 = 4 - P$,当 $F = 0$,$P = 4$,即三元凝聚系统中可能存在的平衡共存的相数最多为四个。当 $P = 1$,$F = 3$,即系统的最大自由度数为3。这三个自由度指温度和三个组分中的任意二个的浓度。由于要描述三元系统的状态,需要三个独立变量,其完整的状态图应是一个三坐标的立体图,但这样的立体图不便于应用,我们实际使用的是它的平面投影图。

一、三元相图的组成表示方法

三元相图的组成与二元系统一样,可以用质量百分数,也可以用摩尔百分数。由于增加了一个组分,其组成已不能用直线表示。通常是使用一个每条边被均分为一百等分的等边三角形(浓度三角形)来表示三元系统的组成。图 5-14 是一个浓度三角形。浓度三角形的三个顶点表示三个纯组分 A,B,C 的一元系统;三条边表示三个二元系统 $A-B$,$B-C$,$C-A$ 的组成,其组成表示方法与二元系统相同;而在三角形内的任意一点都表示一个含有 A,B,C 三个组分的三元系统的组成。

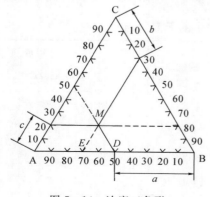

图 5-14　浓度三角形

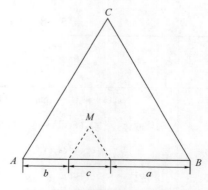

图 5-15　双线法确定三元组成

设一个三元系统的组成在 M 点,该系统中三个组分的含量可以用下面的方法求得:过 M 点作 BC 边的平行线,在 AB、AC 边上得到截距 $a=A\%=50\%$;过 M 点作 AC 边的平行线,在 BC、AB 边上得到截距 $b=B\%=30\%$;过 M 点作 AB 边的平行线,在 AC、BC 边上得到截距 $c=C\%=20\%$。根据等边三角形的几何性质,不难证明:

事实上,M 点的组成可以用双线法,即过 M 点引三角形二条边的平行线,根据它们在第三条边上的交点来确定,如图 5-15 所示。反之,若一个三元系统的组成已知,也可用双线法确定其组成点在浓度三角形内的位置。

根据浓度三角形的这种表示组成的方法,不难看出,一个三元组成点愈靠近某一角顶,该角顶所代表的组分含量必定愈高。

在浓度三角形内,下面的规则对我们分析实际问题是有帮助的。

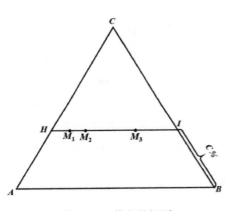

图 5-16 等含量规则

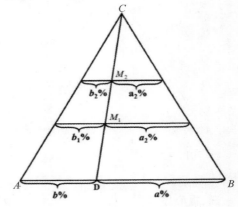

图 5-17 定比例规则

1. 等含量规则

平行于浓度三角形某一边的直线上的各点,其第三组分的含量不变。图 5-16 中 $HI \parallel AB$,则 HI 线上任一点的 C 含量相等,变化的只是 A,B 的含量。

2. 定比例规则

从浓度三角形某角顶引出之射线上的各点,其组成中另外二个组分含量的比例不变。图5-17 中 CD 线上各点 A,B,C 三组分的含量皆不同,但 A 与 B 含量的比值是不变的,都等于 BD:AD。

上述两规则对不等边浓度三角形也是适用的。不等边浓度三角形表示三元组成的方法与等边三角形相同,只是各边须按本身边长均分为一百等份。

3. 背向规则

如果原始物系 M(如熔体)中只有纯组分 C 析晶时,则组成点 M 将沿 CM 的延长线并背离顶点 C 的方向移动,即从 M 移动到 M',如图 5-18 所示。这个规则可以看成是定比例规则的一个自然推理。

二、杠杆规则

这是讨论三元相图十分重要的一条规则,它包括二层含义:① 在三元系统内,由二个相(或混合物)合成一个新相时(或新的混合物),新相的组成点必在原来二相组成点的连线上;② 新相组成点与原来二相组成点的距离和二相的量成反比。

设 mkg 的 M 组成的相与 nkg 的 N 组成的相合成为一个 $(m+n)kg$ 的新相(见图 5-19),按杠杆规则,新相的组成点 P 必在 MN 连线上,并且 $MP/PN = n/m$。

上述关系可以证明如下:过 M 点作 AB 边的平行线 MR,过 M,P,N 点作 BC 边的平行线,在 AB 边上所得截距 a_1、x、a_2 分别表示 M,P,N 各相中 A 的百分含量。两相混合前与混合后的 A 量应该相等,即 $a_1 m + a_2 n = x(m+n)$,因而:

根据上述杠杆规则可以推论,由一相分解为二相时,这二相的组成点必分布于原来的相点的二侧,且三点成一直线。

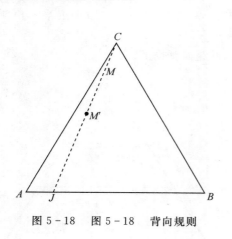

图 5-18　图 5-18　背向规则

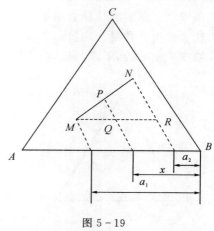

图 5-19

三、重心原理

三元系统中的最大平衡相数是四个。处理四相图问题时,重心规则十分有用。

处于平衡的四组成设为 M,N,P,Q。这 4 个相点的相对位置可能存在下列三种配置方式(见图 5-20)。

(1) P 点处在 $\triangle MNQ$ 内部。根据杠杆规则,M 与 N 可以合成 S 相,而 S 相与 Q 相可以合成 P 相,即 $M+N = S, S+Q = P$,因而

$$M+N+Q = P$$

表明 P 相可以通过 M、N、Q 三相合成而成,或反之,从 P 相中可以分解出 M、N、P 三相。P 点所处的这种位置,叫做重心位。

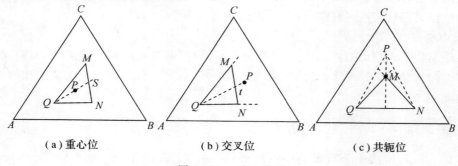

（a）重心位　　　　　　（b）交叉位　　　　　　（c）共轭位

图 5-20　重心原理

（2）P 点处于 $\triangle MNQ$ 某条边（如 MN）的外侧，且在另二条边（QM,QN）的延长线范围内。根据杠杆规则，$P+Q=t,M+N=t$，因而

$$P+Q=M+N$$

即从 P 和 Q 二相可以合成 M 和 N 二相，或反之，从 M,N 相可以合成 P,Q 相。P 点所处的这种位置，叫做交叉位。

（3）P 点处于 $\triangle MNQ$ 某一角顶（如 M）的外侧，且在形成此角顶的二条边（QM,NM）的延长线范围内。

此时，运用二次杠杆规则，可得

$$P+Q+N=M$$

即从 P,N,Q 三相可以合成 M 相，按一定比例同时消耗 P,Q,N 三相可以得到 M 相。P 点所处的这种位置，叫做共轭位。

四、三元立体相图与平面投影图

图 $5-21$(a) 所示为一个最简单三元系统的立体相图。它是一个以浓度三角形为底，以垂直于浓度三角形平面的纵坐标表示温度的三方棱柱体。三条棱边 AA',BB',CC' 分别表示 A,B,C 三个一元系统，A',B',C' 是三个组分的熔点，即一元系统中的无变量点；三个侧面分别表示三个简单的二元系统 $A-B,B-C,C-A$ 的状态图，E_1,E_2,E_3 为相应的二元低共熔点。

二元系统中的液相线，在三元立体相图中发展为液相面，如 $A'E_1E'E_3$ 液相面即是从 A 组分在 $A-B$ 二元中的液相线 $A'E_1$ 和在 $A-C$ 二元中的液相线 $A'E_3$ 发展而来。因而，$A'E_1E'E_3$ 液相面本质上是一个饱和曲面，任何富 A 的三元高温熔体冷却到该液相面上的温度，即开始对 A 饱和，析出 A 的晶体。所以液相面代表了一种二相平衡状态。$B'E_2E'E_1,C'E_3E'E_2$ 分别是 B,C 二组分的液相面。在三个液相面的上部空间则是熔体的单相区。

三个液相面彼此相交得到三条空间曲线 E_1E',E_2E' 及 E_3E'，称为界线。在界线上的液相同时饱和着二种晶相，如 E_1E' 上任一点的液相对 A 和 B 同时饱和，冷却时同时析出 A 晶体和 B 晶体，因此界线代表了系统的三相平衡状态，$F=4-P=1$。三个液相面，三条界线相交于 E' 点，E' 点的液相同时对三个组分饱和，冷却时将同时析出 A 晶体、B 晶体和 C 晶体。因此，E' 点是系统的三元低共熔点。在 E' 点，系统处于四相平衡状态，自由度 $F=0$，因而是一个三元无变量点。

三元系统的立体状态图不便于实际应用，解决的方法是把立体图向浓度三角形底面投影成平面图，如图 $5-21$(b) 所示。在平面投影图上，立体图上的空间曲面（液相面）投影为初晶区 A,B,C，空间界线投影为平面界线 e_1E,e_2E,e_3E。e_1,e_2,e_3 分别为三个二元低共熔点 E_1,E_2,E_3 在平面上的投影，E 是三元低共熔点 E' 的投影。

为了能在平面投影图上表示温度，采取了截取等温线的方法（类似于地图上的等高线）。在立体图上每隔一定温度间隔作平行于浓度三角形底面的等温截面，这些等温截面与液相面相交即得到许多等温线，然后将其投影到底面并在投影线上标上相应的温度值。图 $5-21$(a) 底面上的 a_1c_1 即空间等温线 $a_1'c_1'$ 的投影，其温度为 t_1，a_2c_3 即 $a_2'c_3'$ 的投影，其温度为 t_2。显然，所有组成落在 a_1c_1 上的高温熔体冷却到 t_1 温度时即开始析出 C 晶体，而组成落在 a_2c_3 上的高温熔体则要冷却到比 t_1 温度低的 t_2 温度才开始析出 C 晶体。除了等温线，三元相图上的各个一元、二元、三元无变量点温度也往往直接在图上无变量点附近注明（或另列表）。二元液相线和

三元界线的温度下降方向则用箭头在线上标示。由于等温线使相图图面变得复杂,有些三元相图上是不画的。界线的温度下降方向则往往需要我们运用后面将要学习的连线规则加以判断。

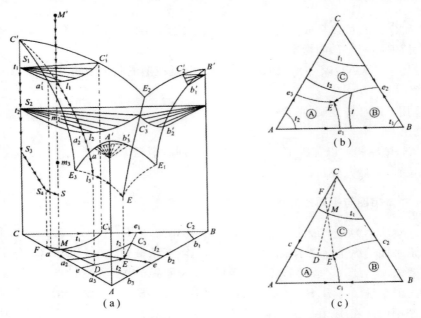

图 5-21　具有一个低共熔点的简单三元相图
(a)立体图；(b)平面投影图；(c)析晶路程

第七节　三元系统相图

一、具有一个低共熔点的简单三元相图

在这一系统内,三个组分各自从液相分别析晶,不形成固熔体,不生成化合物,液相无分层现象,因而是一个最简单的三元系统。

现在我们用图 5-21(a)(c)来讨论简单三元系统相图的析晶路程。将组成为 M 的 M' 高温熔体冷却,由于系统中此时只有一个液相,液相点与系统点重合,二者同时沿 $M'M$ 线向下移动。到达与 C 晶体平衡的液相面 $C'E_2E'E_3$ 上的 l_1 点(l_1 点温度为 t_1,因其位于 $a_1'c_1'$ 等温线上),液相开始对 C 饱和,析出 C 的第一粒晶体,因为固相中只有 C 晶体,固相点的位置处于 CC' 上的 S_1 点。液相点随后将随温度下降沿着此液相面变化,但液面上的温度下降方向有许多路线,液相点究竟沿哪条路线走呢?此时需要运用定比例规则(或杠杆规则)来加以判断。当液相在 C 的液相面上析晶时,从液相中只析出 C 晶体,因而留在液相中的 A,B 二组分的含量的比例是不会改变的,根据定比例规则,液相组成必沿着平面投影图上(图 5-20(c)) CM 连线的延长线的方向变化(或根据杠杆规则,析出的晶相 C,系统总组成与液相组成必在一条直线上)。在空间图上,就是沿着 CM 与 CC' 形成的平面与液相面的交线 l_1l_3 变化。当系统冷却到 t_2 温度时,系统点到达 m_2,液相点到达 l_2,固相点则到达 S_2。根据系统组成点、液相点、固相点三点相对位置的变化,运用杠杆规则不难看出,系统中的固相量随温度下降是不断增加的(虽然组成未变,仍为纯 C)。当冷却过程中系统点到达 m_3 时,液相点到达 E_3E' 界线上的 l_3 点(投影图上的 D 点),由于此界线是组分 A 和 C 的液相面的交线,液相同时对 A、C 饱和,因此,从 l_3 液相中将同时析出 C 晶体和 A 晶体,而液相组成在进一步冷却时必沿着与 A、C 晶体平衡的 E_3E' 界线,向三元低共熔点 E' 的方向变化(在投影图上沿平面界线 e_3E 向温度下降的 E 点变化)。在此析晶过程中,由于固相中已不是纯 C 晶相,而是含有了不断增加的 A 晶体,因而固相点将离开 CC' 轴上的 S_3 沿着 $C'CAA'$ 二元侧面向 S_4 点移动(在投影图上离开 C 点向 F 点移动)。当系统冷却到低共熔温度 T_E 时,系统点到达 S 点,液相点到达 E' 点,固相点到达 S_4 点(投影图上的 F 点)。按杠杆规则,这三点必在同一条等温的直线上。此时,从液相中开始同时析出 C、A、B 三种晶体,系统进入四相图状态,自由度为零,因而系统温度保持不变(系统点停留在 S 点不动),液相点保持在 E' 点(投影图上的 E 点)不变。在这个等温析晶过程中,固相中除了 C、A 晶体又增加了 B 晶体,固相点必离开 S_4 点向三棱柱内部运动。由于此时系统点 S 及液相点 E' 都停留在原地不动,按照杠杆规则,固相点必定沿着 $E'SS_4$ 直接向 S 点推进(投影图上离开 F 点沿 FE 线向三角形内的 M 点运动)。当固相点回到系统点 S(投影图上固相点回到原始配料组成点 M),意味着最后一滴液相在 E' 点结束结晶。此时系统重新获得一个自由度,系统温度又可继续下降。最后获得的结晶产物为晶相 A、B、C。

上述讨论的 M' 熔体的析晶路程用文字表达是很冗繁的,我们常用析晶过程中在平面投影图上固、液相点位置的变化简明地加以表述。M' 熔体的析晶路程可以表示为

$$M'(熔体) \xrightarrow[P=2,F=2]{L \to C} D[C, C+(A)] \xrightarrow[P=3,F=1]{L \to A+C}$$

$$E(到达)[F, A+C(B)] \xrightarrow[P=4,F=0]{L \to A+B+C}$$

$$E(消失)[M, A+B+C]$$

从上述析晶路程的讨论可以看出,直线规则在三元相图的应用中极为重要。尽管系统在冷却析晶过程中,不断发生液、固相之间的相变化,液相组成和固相组成不断改变,但系统的总组成(原始配料组成)是不变的,按照直线规则,这三点在任何时刻必须处于一条直线上。这就使我们能够在析晶的不同阶段,根据液相组成点或固相组成点的位置反推另一相组成点的位置。同时利用杠杆规则,还可以计算某一温度下系统中的液相量和固相量,如液相组成到达 D 点时(见图 5-21(c)),有

$$\frac{液相量}{固相量} = \frac{CM}{MD}$$

$$\frac{液相量}{液固相总量(配料量)} = \frac{\overline{CM}}{\overline{CD}}$$

$$\frac{固相量}{液固相总量(配料量)} = \frac{\overline{MD}}{\overline{CD}}$$

二、生成一个一致熔二元化合物的三元相图

在三元系统中某二个组分间生成的化合物叫二元化合物,因此二元化合物的组成点必处于浓度三角形的某一条边上。设在 A、B 二组分间生成一个一致熔化合物 S(见图 5-22),其熔点为 S',C 与 A 的低共熔点 e_1',C 与 B 的低共熔点 e_2',图 5-22 下部用虚线表示的就是在立体

状态图上 $A-B$ 二元侧面上的二元相图。在 $A-B$ 二元侧面上的 $e_1'S'e_2'$ 是化合物 S 的液相线，这条液相线在三元立体状态图上必然会发展出一个 S 的液相面，其在底面上的投影即 S 初晶区。这个液相面与 A、B、C 的液相面在空间相交，共得五条界线，二个三元低共熔点 E_1 和 E_2。在平面图上 E_1 位于 A,S,C 三个初晶区的交汇点，与 E_1 点液相平衡的晶相是 A,S,C。E_2 位于 S,B,C 三个初晶区的交汇点，与 E_2 点液相平衡的是 S,B,C 晶相。

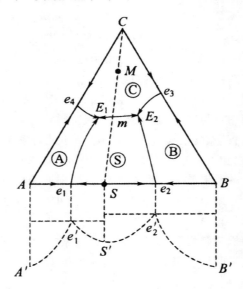

图 5-22　生成一个一致熔融二元化合物的三元系统相图

一致熔化合物 S 的组成点位于其初晶区 S 内，这是所有一致熔二元或一致熔三元化合物在相图上的共同特点。由于 S 是一个稳定化合物，它可以与组分 C 形成新的二元系统，从而将 $A-B-C$ 三元划分为二个分三元系统 $A-S-C$ 和 $B-S-C$。这二个分三元系统的相图形式与简单三元完全相同，显然，如果原始配料点落在 $\triangle ASC$ 内，液相必在 E_1 点结束析晶，析晶产物为 A,S,C 晶体；如落在 $\triangle SBC$ 内，则液相在 E_2 点结束析晶，析晶产物为 S,B,C 晶体。

如同 e_4 是 $A-C$ 二元低共熔点一样，连线 CS 上的 m 点必定是 $C-S$ 二元系统中的低共熔点。而在分三元 $A-S-C$ 的界线 mE_1 上，m 点必定是温度的最高点（低共熔点温度随 A 的加入继续下降）。同理，在 mE_2 界线上，m 点也是温度最高点。因此，m 点是整条 E_1E_2 界线上的温度最高点。

三、生成一个不一致熔融二元化合物的三元相图

1. 相图的一般介绍

图 5-23 所示为生成一个不一致熔融二元化合物的三元系统相图。A、B 组分间生成一个不一致熔化合物 S。在 $A-B$ 二元相图中，$e_1'p'$ 是与 S 平衡的液相线，而化合物 S 的组成点不在 $e_1'p'$ 的组成范围内。液相线 $e_1'p'$ 在三元立体状态图中发展为液相面，其在平面图中的投影即 S 初晶区。显然，在三元相图中不一致熔二元化合物 S 的组成点仍然不在其初晶区范围内。这是所有不一致熔二元或三元化合物在相图上的特点。

由于 S 是一个高温分解的不稳定化合物，在 $A-B$ 二元系统中，它不能和组分 A、组分 B 形成分二元系统，在 $A-B-C$ 三元系统中，它自然也不能和组分 C 构成二元系统。因此，连线 CS

与图 5-22 中的连线 CS 不同,它不代表一个真正的二元系统。但它在三元系统中也能把 A-B-C 三元划分成二个分三元系统。

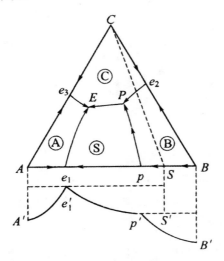

图 5-23　生成一个不一致熔融二元化合物的三元系统相图

划分初晶区 A、S 的界线 e_1E 系从二元低共熔点 e_1(立体图上 e_1' 在底面的投影)发展而来, 冷却时在此界线上的液相将同时析出 A 和 S 晶相,是一条共熔线。划分初晶区 S、B 的界线 pP 系从二元转熔点 p(立体图上 p' 在底面上的投影)发展而来,冷却时此界线上的液相将回吸 B 晶体而析出 S 晶体,是一条转熔线。因此,如同二元系统中有共熔点和转熔点二种不同的无变量点一样,三元系统中的界线也有共熔和转熔两种不同性质的界线。

无变量点 E 位于三个初晶区 A、S、C 的交汇点,与 E 点液相图共存的晶相是 A、S、C。E 点位于这三个晶相组成点所连成的三角形 △ASC 的重心位,根据重心原理,$L_E \rightarrow A+S+C$,即从 E 点液相中将同时析出 A、S、C 三种晶相,E 点是一个低共熔点。无变量点 P 位于初晶区 S、B、C 的交汇点,与 P 点液相图共存的晶相是 S、B、C。P 点处于 △SBC 的交叉位,根据重心原理,在 P 点发生的相变化应为 $L_P+B \rightarrow C+S$,即 B 晶体被回吸,析出 C 和 S 晶体。因此,P 点与 E 点不同,是一个转熔点(因只有一种晶相被转熔,称为单转熔点。另有一种转熔点,两个晶相被回吸,析出第三种晶相,称为双转熔点)。所以,三元系统中的无变量点也有共熔与转熔之分。

2.判读三元相图的几条重要规律

在分析本三元系统的析晶路程以前,我们首先学习几条对于正确判读三元系统相图十分重要的规则。一个复杂的三元相图上往往有许多界线和无变量点,只有首先判明这些界线和无变量点的性质,才有可能讨论系统中任一配料在加热和冷却过程中所发生的相变化。

(1)连线规则。连线规则是用来判断界线的温度走向的。将一条界线(或其延长线)与相应的连线(或其延长线)相交,其交点是该界线上的温度最高点。所谓相应的连线是指与对应界线上的液相图的二个晶相组成点的连接直线。在三元系统相图中应用连线规则时,有可能出现三种情况,如图 5-24 所示。SC 为连线,E_1E_2 为相应界线。

所谓相应的连线指与界线上液相平衡的两晶相组成点的连接直线。如图 5-24 中界线 e_2P 界线与其组成点连线 BC 交于 e_2 点,则 e_2 是界线上的温度最高点,表示温度下降方向的箭头应指向 P 点。界线 EP 与其相应连线 CS 不直接相交,此时需延长界线使其相交,交点在 P 点右侧,因此,温降箭头应从 P 点指向 E 点。

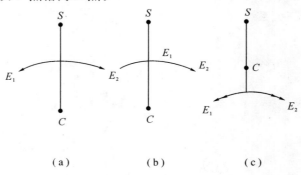

（a） （b） （c）

图 5-24 连线规则

(a) 连线与界线 E_1E_2 相交,交点是界线 E_1E_2 上的温度最高点;
(b) 连线与界线 E_1E_2 延长线相交,交点是界线 E_1E_2 上的温度最高点;
(c) 连线的延长线与界线 E_1E_2 相交,交点是界线 E_1E_2 上的温度最高点

（2）切线规则。切线规则用于判断三元相图上界线的性质。将界线上某一点所作的切线与相应的连线相交,如交点在连线上,则表示界线上该处具有共熔性质;如交点在连线的延长线上,则表示界线上该处具有转熔性质,其中远离交点的晶相被回吸。如图 5-25 所示。

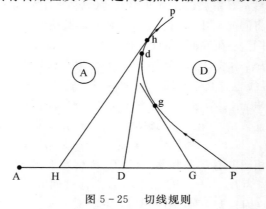

图 5-25 切线规则

为了区别这二类界线,在三元相图上共熔界线的温度下降方向规定用单箭头表示,而转熔界线的温度下降方向则用双箭头表示。

切线规则可以这样理解:界线上任一点的切线与相应连线的交点实际上表示了该点液相的瞬时析晶组成(瞬时析晶组成是指液相冷却到该点温度,从该点组成的液相中所析出的晶相组成,与系统固相的总组成是不同的,固相总组成不仅包括了该点液相析出的晶体,而且还包括了冷却到该点温度前从液相中所析出的所有晶体),如交点在连线上,根据杠杆规则,从瞬时析晶组成中可以分解出这二种晶体,即从该点液相中确实发生了共析晶。如在连线的延长线上,则意味着从该点液相中不可能同时析出这二种晶体,根据杠杆规则,只可能是液相回吸远离交点的晶相,生成接近交点的晶相。

（3）重心规则。重心规则用于判断无变量点的性质。如无变量点处于其相应的副三角形的重心位,则该无变量点为低共熔点;如该无变量点处于其相应的副三角形的交叉位,则该无变量点为单转熔点；如无变量点处于其相应的副三角形的共扼位，则该无变量点为双转熔点。所谓相应的副三角形，是指与该无变量点的液相图的三个晶相组成点连成的三角形。当无量变点处于相应副三角形的重心位，即是低共熔点；位于交叉位，是一个单转熔点，回吸的晶相是远离该点的角顶所代表的物质，若处于相应的副三角形的共轭位，则是一个双转熔点。

判断无变量点的性质，除了上述重心规则外，还可以根据界线的温降方向来判断。任何一个无变量点必处于三个初晶区和三条界线的交汇点。凡属低共熔点，则三条界线的温降箭头一定都指向它。凡属单转熔点，二条界线的温降箭头指向它，另一条界线的温降箭头则背向它，被回吸的晶相是温降箭头指向它的两条界线所包围的初晶区的晶相。因为从该无变量点出发有二个温度升高的方向，所以单转熔点又称"双升点"。凡属双转熔点，只有一条界线的温降箭头指向它，另二条界线的温降箭头则背向它，所析出的晶体是温降箭头背向它的二条界线所包围的初晶区的晶相。因为从该无变量点出发，有二个温度下降的方向，所以双转熔点又称"双降点"。

（4）三角形规则。三角形规则用于确定结晶产物和结晶终点。原始熔体组成点所在副三角形的三个顶点表示的物质即为其结晶产物；与这三个物质相应的初晶区所包围的三元无变量点是其结晶结束点。根据此规则，凡组成点落在图 5-23 中 △SBC 内的配料，其高温熔体的析晶过程完成以后所获得的结晶产物是 S,B,C，而液相在 P 点消失。凡组成点落在 △ASC 内的配料，其高温熔体的析晶过程完成以后所获得的析晶产物为 A,S,C，液相则在 E 点消失。运用这一规律，我们可以验证对析晶路程的分析是否正确。

3. 析晶路程

图 5-26 是图 5-23 中 B 部分的放大图。图上共列出 4 个配料点。现在分别讨论其冷却析晶或加热熔融过程。

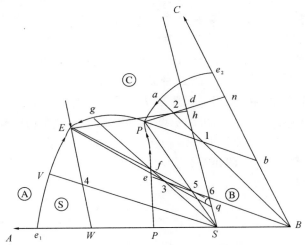

图 5-26　图 5-23 中的 B 部分的放大图

配料 1 的高温熔体冷却到通过 l 点的等温线所表示的温度时，开始析出 B 晶体，液相组成随后沿 Bl 连线的延长线方向变化，并从液相中不断析出 B 晶体。当系统冷却到 a 点温度，液相点到达共熔界线 e_2P 上的 a 点，从液相中开始同时析出 B 晶体和 C 晶体。液相点随后将沿着 e_2P 界线向温度下降方向的 P 点变化，从液相中不断析出 B 晶体和 C 晶体。固相组成点则相应地离开 B 角顶沿 BC 边向 C 点方向运动，当系统温度刚冷却到 T_P，转熔过程尚未开始时，固相

点到达 Pl 延长线与 BC 的交点 b 点。随后，系统中将立即开始下述转熔过程，$L_P + B \rightarrow C + S$，系统从三相平衡进入四相平衡的无变量状态，$F = 0$，系统温度不能改变，液相组成也不能改变（但液相量和 B 晶体量不断减少，C 晶体和 S 晶体的量不断增加）。在转熔过程中，由于液相点恒定在 P 点不动，而固相中又增加了 S 晶相，固相组成必离开 BC 二元边沿着 $b1$ 线向 $\triangle SBC$ 内的 1 点运动，当固相组成点到达 1 点（回到原始配料组成），根据杠杆规则，最后一滴液相必在 P 点消失，转熔过程结束，析晶产物为 S、B、C 晶体。因配料 1 位于 $\triangle SBC$ 内，所获得的析晶产物与液相消失的结晶终点是符合三角形规则的。

配料 1 高温熔体的析晶路程可以用下式表示，有

$$\text{熔体 } 1 \xrightarrow[P=1,F=3]{L} 1[B,(B)] \xrightarrow[P=2,F=2]{L \rightarrow B} a[B,B+(C)] \xrightarrow[P=3,F=1]{L \rightarrow B+C}$$

$$P(\text{到达})[b,B+C+(S)] \xrightarrow[P=4,F=0]{L+B \rightarrow S+C}$$

$$P(\text{消失})[1,S+B+C]$$

配料 2 的组成点也处于初晶区 B，但位于三角形 ASC 内，按照三角形规则，该配料高温熔体的最终析晶产物应为 A、S、C 晶相，而结晶终点应为 E 点。把配料 2 的高温熔体冷却到 2 点温度，开始析出 B 晶体，液相点其后随温度下降沿 $B2$ 延长线变化到 a 点时，开始同时析出 B 晶体和 C 晶体。当液相点沿 e_2P 界线刚到达 P 点时，固相点到达 $P2$ 延长线与 BC 边的交点 n。其后在 T_P 温度下发生 $L_P + B \rightarrow C + S$ 的转熔过程，液相点固定在 P 点不变，固相点则随着时间的推移，从 n 点沿 nP 线向三角形内部推进。当固相点到达 $\triangle SBC$ 的 SC 边上的 d 点，根据组成的表示方法可以判断，此时 B 晶体已经全部耗尽，而 P 点液相尚有剩余（液相量：固相量 $= d2$：$P2$），因此结晶过程尚未结束。由于系统中消失了一个晶相，从四相平衡的无变量状态回复到三相平衡的单变量状态，$f = 1$，这时系统温度不能保持在 T_P 不变，液相点将离开 P 点，沿着与 C 晶相和 S 晶相平衡的界线 PE 向温度下降方向的 E 点运动。PE 是一条共熔界线，从液相中不断析出 C 晶体和 S 晶体。当系统温度冷却到 T_E，液相点刚到低共熔点 E 的瞬间，固相组成沿 CS 线从 d 点变化到 h 点（因固相中只有 C，S 二种晶体），旋即在 E 点发生 $L_E \rightarrow A + C + S$ 的共析晶过程，系统又进入四相平衡状态，温度保持在 T_E 不变，液相组成保持在 E 点不变，固相点则因固相中增加了 A 晶体而离开 CS 边上的 h 点，沿 $h2$ 线向 $\triangle ASC$ 内部推进。当最后一滴 E 点液相析晶完毕，固相组成必回到原始配料组成点 2。获得的结晶产物是 A、S、C 晶体。析晶产物与析晶终点均与三角形规则的预测相符。

配料 2 的析晶路程表示为

$$\text{熔体 } 2 \xrightarrow[P=1,F=3]{L} 2[B,(B)] \xrightarrow[P=2,F=2]{L \rightarrow B} a[B,B+(C)] \xrightarrow[P=3,F=1]{L \rightarrow B+C}$$

$$P(\text{到达})[n,B+C+(S)] \xrightarrow[P=4,F=0]{L+B \rightarrow S+C}$$

$$P(\text{离开})[d,S+C(B\text{消失})] \xrightarrow[P=3,F=1]{L \rightarrow S+C}$$

$$E(\text{到达})[h,S+C+(A)] \xrightarrow[P=4,F=0]{L \rightarrow A+S+C}$$

$$E(\text{消失})[2,A+S+C]$$

配料 3 的组成点虽然也在 $\triangle ASC$ 内，但其高温熔体的析晶路程却与配料 2 不同。系统冷却到 3 点温度，从液相中首先析出 B 晶体，液相点沿 $B3$ 的延长线变化到界线 pP 上的 e 点。pP 界

线是一条转熔界线，液相回吸已析出的 B 晶体，生成 S 化合物，在转熔过程中，固相点将离开 B 点沿 BS 线向 S 点移动。当液相点从 e 点沿 pP 界线向温降方向变化到 f 点，固相点到达 S 点，意味着固相中的全部 B 晶体已耗尽，固相中只有 S 晶体了。按照相图的观点，此时液相将不能继续沿与 B，S 二晶相平衡的 pP 界线变化，而只能沿与 S 晶相平衡的液相面向温度下降的方向变化，在平面图上即沿 Sf 延长线方向穿过 S 的初晶区。在冷却过程中不断析出 S 晶体，系统处于二相平衡状态。当液相点到达另一条界线 EP 上的 g 点，从液相中开始同时析出 S 和 C 晶体，随后液相点沿 PE 界线向 E 点变化，固相组成则离开 S 点沿 SC 连线向 C 点方向运动，当液相组成点刚到达 E 点瞬间，固相组成点到达 q 点。在 T_E 温度下，从 E 点液相中不断析出 S、C、A 晶体，固相组成则离开 q 点沿 $q3$ 线向 3 点不断推进。当固相点与系统点 3 重合，意味着最后一滴液相在 E 点消失，结晶过程结束。

上述析晶路程：

$$熔体 3 \xrightarrow[P=1,F=3]{L} 3[B,(B)] \xrightarrow[P=2,F=2]{L \to B} e[B,B+(S)] \xrightarrow[P=3,F=1]{L+B \to S}$$

$$f[S,B+(B消失)] \xrightarrow[P=2,F=2]{L \to S,(穿相区)}$$

$$g[S,S+C] \xrightarrow[P=3,F=1]{L \to S+C} E(到达)[q,S+C+(A)] \xrightarrow[P=4,F=0]{L \to A+S+C}$$

$$E(消失)[3,A+S+C]$$

从配料 1 和配料 2 析晶路程的讨论中可以看出，转熔点 P 是否是结晶终点取决于 P 点液相和 B 晶相哪一相先耗尽。如果 L_P 先耗尽，则 P 为结晶终点，所有配料点落在 $\triangle SBC$ 内的高温熔体都属于这种情况；如果 B 晶体先耗尽，L_P 有剩余，则结晶过程尚要继续进行，P 点仅是液相路过而已，配料点落在 $\triangle ASC$ 中的高温熔体到达 P 点时都属于这种情况；如果配料组成点恰好落在 CS 线上，则 L_P 和 B 同时耗尽，P 点是结晶终点，而最终析晶产物只有 C 和 S 两相。

分析三元系统析晶路程，必须牢固树立相图的平衡观点。液固相的变化是互相影响互相制约的。固相组成的变化固然是由液相的析晶过程所决定的，而液相的变化也要受到系统中固相的制约，液相总是沿着与固相平衡的相图上的几何要素变化。当在转熔过程中某一晶相被耗尽时，液相点离开界线穿入另一初晶区，或离开转熔点进入另一界线，这都是由当时系统中实际存在的晶相，也就是由当时的具体平衡关系所决定的。而在这一点上，相图表现出极大的优越性，因为它把各种具体的相平衡关系表达得十分形象生动：处于初晶区内的液相与该初晶区的晶相成二相平衡；处于界线上的液相与该界线二侧的初晶区的晶相成三相平衡；处于无变量点的液相则与相汇于该无变量点的三个初晶区的晶相成四相平衡。具备了平衡观点，加上熟练地掌握相律及各项具体规则，任何复杂三元相图的析晶路程都是不难分析的。

上面讨论的都是平衡析晶过程，即冷却速度缓慢，在任一温度下系统都达到了充分的热力学平衡状态的析晶过程。平衡加热过程应是上述平衡析晶过程的逆过程。从高温平衡冷却和从低温平衡加热到同一温度，系统所处的状态应是完全一样的。在分析了平衡析晶以后，我们再以配料 4 为例说明平衡加热过程。配料 4 处于 $\triangle ASC$ 内，其高温熔体平衡析晶终点是 E 点，因而配料中开始出现液相的温度应是 T_E，此时，$A+S+C \to L_E$（注意：原始配料用的是 A，B，C 三组分，但按热力学平衡状态的要求，在低温下 A、B 已通过固相反应生成化合物 S，B 已耗尽。由于固相反应速度很慢，实际过程往往并非如此。这里讨论的前提是平衡加热)，即在 T_E 温度下 A，S，C 晶体不断低共熔生成 E 组成的熔体。由于四相图，液相点保持在 E 点不变，固相点则

沿 $E4$ 连线延长线方向变化,当固相点到达 AB 边上的 ω 点,表明固相中的 C 晶体已熔完,系统温度可以继续上升。由于系统中此时残留的晶相是 A 和 S,因而液相点不可能沿其它界线变化,只能沿与 A,S 晶相图的 e_1E 界线向温升方向的 e_1 点运动。e_1E 是一条共熔界线,升温时发生下列共熔过程:$A+S \rightarrow L$,A 和 S 晶体继续熔入熔体中。当液相点到达 V 点,固相组成从 ω 点沿 AS 线变化到 S 点,表明固相中的 A 晶体已全部熔完,系统进入液相与 S 晶体的二相图状态。液相点随后将随温度升高沿 S 的液相面,从 V 点向 4 点接近。温度升到液相面上的 4 点温度,液相点与系统点(原始配料点)重合,最后一粒 S 晶体熔完,系统进入高温熔体的单相图状态。不难看出,此平衡加热过程恰是配料 4 熔体的平衡冷却析晶过程的逆过程,即

$$熔体4 \xrightarrow[P=1,F=3]{L} 4[S,(S)] \xrightarrow[P=2,F=2]{L\rightarrow S} V[S,S+(A)] \xrightarrow[P=3,F=1]{L\rightarrow A+S}$$

$$E(到达)[W,A+S+(C)] \xrightarrow[P=4,F=0]{L\rightarrow A+S+C}$$

$$E(消失)[4,A+S+C]$$

熔体 5 的析晶路程表示为

$$熔体5 \xrightarrow[P=1,F=3]{L} 5[B,B] \xrightarrow[P=2,F=2]{L\rightarrow B} e[B,B+(S)] \xrightarrow[P=3,F=1]{L+B\rightarrow S}$$

$$p(不停留)[S,S+(C)] \xrightarrow[P=3,F=1]{L\rightarrow S+C}$$

$$E(到达)[r,S+C+(A)] \xrightarrow[P=4,F=0]{L\rightarrow A+S+C}$$

$$E(消失)[5,A+S+C]$$

熔体 6 的组成刚好在 SC 连线上,最终的析晶产物为晶体 S 和晶体 C,在 P 点析晶结束,其析晶路程请读者自己分析。

四、生成一个固相分解的二元化合物的三元相图

图 5-27 中,A,B 二组分间生成一个固相分解的化合物 S,其分解温度低于 A、B 二组分的低共熔温度,因而不可能从 A、B 二元的液相线 ae_3' 及 be_3' 直接析出 S 晶体。但从二元发展到三元时,液相面温度是下降的,如果降到化合物 S 的分解温度 T_R 以下,则有可能从液相中直接析出 S。图中 S 即为二元化合物 S 在三元中所获得的初晶区。

该相图的一个异常特点是系统具有三个无变量点 P,E,R,但只能划分出与 P,E 点相应的副三角形。与 R 点液相图的三晶相 A,S,B 组成点处于同一直线上,不能形成一个相应的副三角形。根据三角形规则,在此系统内任一三元配料只可能在 P 点或 E 点结束结晶,而不能在 R 点结束结晶。根据三条界线温降方向判断,R 点是一个双转熔点,在 R 点发生下列转熔过程:$L_R+A+B\rightarrow S$。如果分析 M 点析晶路程,可以发现,在 R 点进行上述转熔过程时,实际上液相量并未减少,所发生的变化仅仅是 A 和 B 生成化合物 S(液相起介质作用),R 点因此当然不可能成为析晶的终点。象 R 这样的无变量点常被称为过渡点。

图 5-27 中 M 熔体在冷却过程中的析晶路程如下:

$$M(熔体) \xrightarrow[P=1,F=3]{L} M[A,(A)] \xrightarrow[P=2,F=2]{L\rightarrow A}$$

$$F[A,A+(B)] \xrightarrow[P=3,F=1]{L\rightarrow A+B}$$

$$R(到达)[H,A+B+(S)]\xrightarrow[P=4,F=0]{L+A+B\rightarrow S}$$

$$R(离开)[H,S+B+(A消失)]\xrightarrow[P=3,F=1]{L\rightarrow S+B}$$

$$E(到达)[G,S+B+(C)]\xrightarrow[P=4,F=0]{L\rightarrow S+B+C}$$

$$E(消失)[M,S+B+C]$$

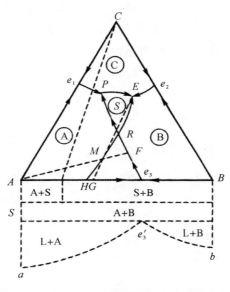

图 5-27 生成一个固相分解的二元化合物的三元相图

五、具有一个一致熔融三元化合物的三元相图

图 5-28 中的三元化合物 S 的组成点处于其初晶区 S 内,因而是一个一致熔化合物。由于生成的化合物是一个稳定化合物,连线 SA,SB,SC 都代表一个独立的二元系统,m_1,m_2,m_3 分别是其二元低共熔点。整个系统被三根连线划分成三个简单的三元系统(即三个副三角形):A-B-S,B-S-C 及 A-S-C,E_1,E_2,E_3 分别是它们的低共熔点。

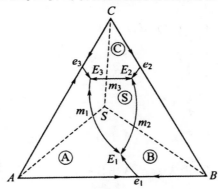

图 5-28 具有一个一致熔融三元化合物的三元相图

六、具有一个不一致熔融三元化合物的三元相图

图 5-29 及图 5-30 中三元化合物 S 的组成点位于其初晶区 S 以外，因而是一个不一致熔化合物。在划分成副三角形后，根据重心规则判断，图 5-29 中的 P 点是单转熔点，在 P 点发生下列转熔过程：$L_P + A \rightarrow B + S$。图 5-31 中的 R 点是一个双转熔点，在 R 点发生的相变化是：$L_R + A + B \rightarrow S$。按照切线规则判断界线性质时，发现图 5-29 上的 E_2P 线及图 5-31 中的 RE_1 线具有从转熔性质变为共熔性质的转折点，因而在同一条界线上既有双箭头，也有单箭头。

本系统配料的析晶路程可因配料点位置的不同而出现多种变化，特别在转熔点的附近区域。图 5-30 中 1,2,3 点的析晶路程分析如下：

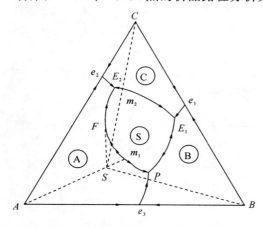

图 5-29　有单转熔点的生成一个不一致
熔三元化合物的三元相图

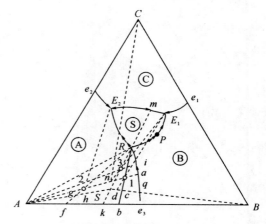

图 5-30　有双转熔点的生成一个不一致
熔三元化合物的三元相图

熔体 1 的析晶路程：

$$\text{熔体 1} \xrightarrow[P=1,F=3]{L} 1[A,(A)] \xrightarrow[P=2,F=2]{L \rightarrow A} a[A,A+(B)] \xrightarrow[P=3,F=1]{L \rightarrow A+B}$$

$$R(\text{到达})[b,A+B+(s)] \xrightarrow[P=4,F=0]{L+A+B \rightarrow S}$$

$$R(\text{离开})[c,S+B+(A\text{消失})] \xrightarrow[P=3,F=1]{L+B \rightarrow S}$$

$$E(\text{到达})[d,S+B+(C)] \xrightarrow[P=4,F=0]{L \rightarrow S+B+C}$$

$$E_1(\text{消失})[1,S+B+C]$$

熔体 2 的析晶路程：

$$\text{熔体 2} \xrightarrow[P=1,F=3]{L} 2[A,(A)] \xrightarrow[P=2,F=2]{L \rightarrow A} a[A,A+(B)] \xrightarrow[P=3,F=1]{L \rightarrow A+B}$$

$$R(\text{到达})[f,A+B+(S)] \xrightarrow[P=4,F=0]{L+A+B \rightarrow S}$$

$$R(\text{消失})[g,A+S+(B\text{消失})] \xrightarrow[P=3,F=1]{L+A \rightarrow S}$$

$$E_2(\text{到达})[h,A+S+(C)] \xrightarrow[P=4,F=0]{L \rightarrow A+S+C}$$

$$E_2(消失)[2, A+S+C]$$

熔体 3 的析晶路程：

$$熔体 3 \xrightarrow[P=1, F=3]{L} 3[A, (A)] \xrightarrow[P=2, F=2]{L \to A} i[A, A+(B)] \xrightarrow[P=3, F=1]{L \to A+B}$$

$$R(到达)[k, A+B+(S)] \xrightarrow[P=4, F=0]{L+A+B \to S}$$

$$R(离开)[S, S+(A, B 消失)] \xrightarrow[P=2, F=2]{L \to S(穿相区)}$$

$$m, [S, S+(C)] \xrightarrow[P=3, F=1]{L \to S+C}$$

$$E_1(到达)[n, S+C+(B)] \xrightarrow[P=4, F=0]{L \to S+B+C}$$

$$E_1(消失)[3, S+B+C]$$

七、具有多晶转变的三元相图

图 5-31 中的组分 A 高温下的晶型是 α 型，t_n 温度下转变为 β 型。t_n 和 A-B，A-C 两个系统的低共熔点有不同的相对位置，分为三种不同的情况。第一种，$t_n > e_1$，$t_n > e_2$[图 5-32(a)]；第二种情况，$t_n < e_1$，$t_n > e_2$[图 5-32(b)]；第三种情况，$t_n < e_1$，$t_n < e_2$，[见图 5-31(c)]。

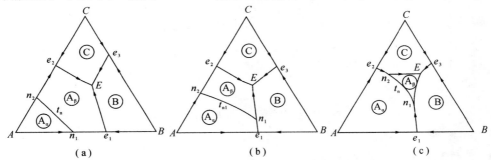

图 5-31　具有多晶转变的三元相图

显然，三元相图上的晶型转变线与某一等温线是重合的，该等温线表示的温度即为晶型转变温度。

八、形成一个二元连续固熔体的三元相图

这类系统的相图表示见图 5-32。

组分 A，B 形成连续固熔体，而 A-C，B-C 则为二个简单二元。在此相图上有一个 C 的初晶区，一个 S_{AB} 固熔体的初晶区。从界线液相中同时析出 C 晶体和 S_{AB} 固熔体。结线 $l_1 S_1$，$l_2 S_2$，$l_n S_n$ 表示与界线上不同组成液相相平衡的 S_{AB} 固熔体的不同组成。由于此相图上只有二个初晶区和一条界线，不可能出现四相平衡，所以相图上没有三元无变量点。

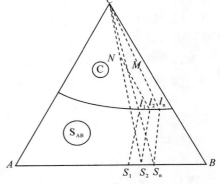

图 5-32　形成一个二元连续固熔体的三元相图

M_1 熔体冷却时首先析出 C 晶体，液相点到达界线上

的 l_1 后,从液相中同时析出 C 晶体和 S_1 组成的固熔体。当液相点随温度下降沿界线变化到 l_2 点时,固熔体组成到达 S_2 点,固相总组成点在 l_2M_l 的延长线与 CS_2 连线的交点 N。当固熔体组成到 S_n 点, C, M_l, S_n 三点成一直线时,液相必在 l_n 消失,析晶过程结束。

在 S_{AB} 初晶区的 M_2 熔体在析出 S_{AB} 固熔体后,液相点在 S_{AB} 液相面上的变化轨迹 M_2l_3'(结晶线)必须通过实验确定,否则就不能判断其析晶路程。

九、具有液相分层的三元相图

图 5-33 中的 A-C, B-C 均为简单二元系统,而 A-B 二元中有液相分层现象。从二元发展为三元时, C 组分的加入使液相分层范围逐渐缩小,最后在 K 点消失。在分液区内,二个平衡共存的液相组成,由一系列结线表示(如图中的结线 L_1L_2)。

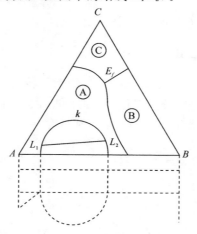

图 5-33 具有液相分层的三元相图

十、分析复杂相图的主要步骤

以上讨论了三元相图的九种基本类型、分析方法及主要规律,这是分析复杂相图的基础。有关实际的专业相图经常含有多种化合物,大多比较复杂。为了看相图和用相图的方使,经常需要对复杂系统进行基本的分析。现将其主要步骤概括如下:

(1)判断化合物的性质。根据化合物组成点是否落在其初晶区内,判断化合物性质属一致熔或不一致熔;另外,若化合物组成点落在浓度三角形内为三元化合物,若落在浓度三角形的三条边上就为二元化合物。

(2)划分分三角形。通过补画连线来划分副三角形,使复杂相图简单化。

(3)标出界线上温度下降方向。应用连线规则判断,并用箭头标出界线上温度下降的方向。

(4)判断界线的性质。应用切线规则判断界线的性质,共熔性质的界线(标单箭头来表示),转熔性质的界线(标双箭头来表示)。

(5)确定无变量点的性质。根据重心规则或者根据交汇于无变量点的三条界线上的温度下降方向,来确定无变量点的性质。

(6)分析冷却析晶过程。

第八节 三元系统相图应用

一、CaO - Al₂O₃ - SiO₂系统三元相图

具体的硅酸盐系统三元相图往往图形比较复杂。我们首先以 CaO - Al₂O₃ - SiO₂ 系统为例说明判读一张实际相图的步骤(见图 5 - 34)。本系统 19 个无变量点标于图中。

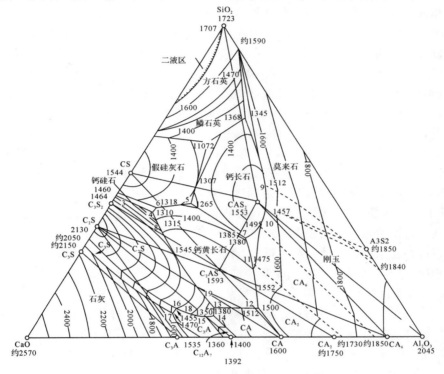

图 5 - 34　CaO - Al₂O₃ - SiO₂ 系统三元相图

(1)首先看系统中生成了多少化合物,找出各化合物的初晶区,根据化合物组成点与其初晶区的位置关系,判断化合物的性质。本系统共有 10 个二元化合物,其中 4 个是一致熔化合物:CS,C_2S,$C_{12}A_7$,A_3S_2,6 个不一致熔化合物:C_3S_2,C_3S,C_3A,CA,CA_2,CA_6。两个三元化合物都是一致熔的:CAS_2(钙长石)及 C_2AS(铝方柱石)。这些化合物的熔点或分解温度都标在相图上各自的组成点附近。

(2)如果界线上未标明等温线,也未标明界线的温降方向,则需要运用连线规则,首先判明各界线的温度下降方向,再用切线规则判明界线性质。然后,在界线上打上相应的单箭头或双箭头。

(3)运用重心规则判断各无变量点的性质。如果在判断界线的性质时,已经画出了与各界线相对应的连线,则与无变量点相对应的副三角形已经自然形成了;如果先画出与各无变量点相对应的副三角形,则与各界线相对应的连线也会自然形成。

需要注意的是,不能随意在二个组成点之间连连线或在三个组成点间连副三角形。如 A_3S_2 与 CA 组成点之间不能连连线,因为相图上这二个化合物的初晶区并无共同的界线,液相与

这二个晶相并无平衡共存关系;在 A_3S_2,CA,Al_2O_3 的组成点间也不能连副三角形,因为相图上不存在这三个初晶区相交的无变量点,它们并无共同析晶的关系。

三元相图上的无变量点必定都处于三个初晶区,三条界线的交点,而不可能出现其它的形式,否则是违反相律的。

在一般情况下,有多少个无变量点,就可以将系统划分成多少个相应的副三角形(有时副三角形可能少于无变量点的数目)。本系统共有 19 个无变量点,除去晶型转变点,相图可以划分成 15 个副三角形。在副三角形划分以后,根据配料点所处的位置,运用三角形规则,就可以很容易地预先判断任一配料的结晶产物和结晶终点。

(4) 仔细观察相图上是否指示系统中存在晶型转变、液相分层或形成固熔体等现象。本相图在富硅部分液相有分液区(2L),它是从 CaO-SiO_2 二元的分液区发展而来的。此外,在 SiO_2 初晶区还有一条 1 470 ℃的方石英与鳞石英之间的晶型转变线。

CaO-Al_2O_3-SiO_2 系统与许多硅酸盐产品有关,其富钙部分相图与硅酸盐水泥生产关系尤为密切。在这一部分相图上(见图 5-35),共有三个无变量点 h,k,F。h,k 是单转熔点,F 是低共熔点。与这三个无变量点相对应的副三角形是 CaO-C_3A-C_3S,C_3S-C_3A-C_2S,C_2S-C_3A-$C_{12}A_7$。用切线规则判断,CaO 与 C_3S 初晶区的界线在 Z 点从转熔界线变为共熔界线,而 C_3S 与 C_2S 初晶区的界线则在 Y 点从共熔性质变为转熔性质。在 Yk 段,冷却时,L+C_2S→C_3S,即 C_2S 被回吸,生成 C_3S。但到达 k 点,L_k+C_3S→C_2S+C_3A,即 C_3S 被回吸,生成 C_2S。这个有趣的现象说明,系统从三相图进入四相图,是一种质的飞跃,而不是量的渐变,不能简单地从三相图关系类推四相图关系。

我们以硅酸盐水泥熟料的典型配料图上的点 3 为例,分析一下析晶路程。将配料 3 加热到高温完全熔融(约 2 000 ℃),然后平衡冷却析晶,从熔体中首先析出 C_2S,液相组成沿 C_2S-3 连线的延长线变化到 C_2S-C_3S 界线,开始从液相中同时析出 C_2S 与 C_3S。液相点随温度下降沿界线变化到 Y 点时,共析晶过程结束,转熔过程开始,C_2S 被回吸,析出 C_3S。当系统冷却到 k 点温度(1 455 ℃),液相点沿 Yk 界线到达 k 点,系统进入相图的无变量状态,L_k 液相与 C_3S 晶体不断反应生成 C_2S 与 C_3A。由于配料点处于三角形 C_3S-C_3A-C_2S 内,最后 L_k 首先耗尽,结晶过程在 k 点结束。获得的结晶产物是 C_3S,C_3A,C_2S。

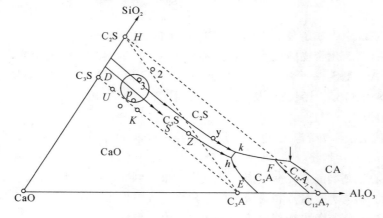

图 5-35 CaO-Al_2O_3-SiO_2 系统的富钙部分相图

现在我们就硅酸盐水泥生产中的配料、烧成及冷却，结合相图加以讨论，以提高利用相图分析实际问题的能力。

1. 硅酸盐水泥的配料

硅酸盐水泥熟料中含有 C_3S，C_3A，C_2S，C_4AF 四种矿物，相应的组成氧化物为 CaO、SiO_2，Al_2O_3，Fe_2O_3。因为 Fe_2O_3 含量较低（2％～5％），可以合并入 Al_2O_3 一并考虑，C_4AF 则相应计入 C_3A，这样可以用 CaO-Al_2O_3-SiO_2 三元来表示硅酸盐水泥的配料组成。

根据三角形规则，配料点落在何副三角形中，最后析晶产物便是这个副三角形三个角顶所表示的三种晶相。图中 1 点配料处于三角形 CaO-C_3A-C_3S 中，平衡析晶产物中将有游离 CaO。2 点配料处于三角形 C_2S-C_3A-$C_{12}A_7$ 内，平衡析晶产物中将有 $C_{12}A_7$，而没有 C_3S，前者的水硬活性很差，而后者是水泥中最重要的水硬矿物。因此，这二种配料都不符合硅酸盐水泥熟料矿物组成的要求。硅酸盐水泥生产中熟料的实际组成是含 62％～67％ CaO，20％～24％ SiO_2，6.5％～13％（Al_2O_3+Fe_2O_3），即在三角形 C_3S-C_3A-C_2S 内的小圆圈内波动。从相图的观点看，这个配料是合理的，因为最后析晶产物都是水硬性能良好的胶凝矿物。以 C_3S-C_3A-C_2S 作为一个浓度三角形，根据配料点在此三角形中的位置，可以读出平衡析晶时水泥熟料中各矿物的含量。

2. 烧成

工艺上不可能将配料加热到 2 000 ℃ 左右完全熔融，然后平衡冷却析晶。实际上是采用部分熔融的烧结法生产熟料。因此，熟料矿物的形成并非完全来自液相析晶，固态组分之间的固相反应起着更为重要的作用。为了加速组分间的固相反应，液相开始出现的温度及液相量至关重要。如果是非常缓慢的平衡加热，则加热熔融过程应是缓慢冷却平衡析晶的逆过程，且在同一温度下，应具有完全相同的平衡状态。以配料 3 为例，其结晶终点是 k 点，则平衡加热时应在 k 点出现与 C_3S，C_3A，C_2S 平衡的 L_k 液相，但 C_3S 很难通过纯固相反应生成（如果很容易，水泥就不需要在 1450℃ 的高温下烧成了），在 1200℃ 以下组分间通过固相反应生成的是反应速度较快的 $C_{12}A_7$，C_3A，C_2S。因此，液相开始出现的温度并不是 k 点的 1 445 ℃，而是与这三个晶相图的 F 点温度 1 335 ℃（事实上，由于工艺配料中含有 Na_2O，K_2O，MgO 等其它氧化物，液相开始出现的温度还要低，约 1 250 ℃）。F 点是一个低共熔点，加热时 C_2S+$C_{12}A_7$+C_3A→L_F，即 $C_{12}A_7$，C_3A，C_2S 低共熔形成 F 点液相。当 $C_{12}A_7$ 熔完后，液相组成将沿 Fk 界线变化，升温过程中，C_3A 与 C_2S 继续熔入液相，液相量随温度升高不断增加。系统中一旦形成液相，生成 C_3S 的固相反应：C_2S+CaO→C_3S 的反应速度即大大增加。从某种意义上说，水泥烧成的核心问题是如何创造良好的动力学条件促成熟料中的主要矿物 C_3S 的大量生成。$C_{12}A_7$ 是在非平衡加热过程中在系统中出现的一个非平衡相，但它的出现降低了液相开始形成的温度，对促进热力学平衡相 C_3S 的大量生成是有帮助的。

3. 冷却

水泥配料达到烧成温度时所获得的液相量约 20％～30％。在随后的降温过程中，为了防止 C_3S 分解及 β-C_2S 发生晶型转化，工艺上采取快速冷却措施，而不是缓慢冷却，因而冷却过程也是不平衡的。这种不平衡的冷却过程可以用以下二种模式来加以讨论。

（1）急冷。此时冷却速度超过熔体的临界冷却速度，液相完全失去析晶能力，全部转变为低温下的玻璃体。

（2）液相独立析晶。如果冷却速度不是快到使液相完全失去析晶能力，但也不是慢到足以使它能够和系统中其他晶相保持原有的相图关系,则此时液相犹如一个原始配料的高温熔体那样独自析晶,重新建立一个新的平衡体系,不受系统中已存在的其它晶相的制约。这种现象特别容易发生在转熔点上的液相。譬如在 k 点,$L_k + C_3S \rightarrow C_2S + C_3A$,生成的 C_2S 和 C_3A 往往包裹在 C_3S 的表面,阻止了 L_k 与 C_3S 的进一步反应,此时液相将作为一个原始熔体开始独立析晶,沿 kF 界线析出 C_2S 和 C_3A,到 F 点后又有 $C_{12}A_7$ 析出。因为 k 点在三角形 $C_2S-C_3A-C_{12}A_7$ 内,独立析晶的析晶终点必在与其相应的无变量点 F。因此,在发生液相独立析晶时,尽管原始配料点处在三角形 $C_3S-C_3A-C_2S$ 内,其最终获得的产物中可能有四个晶相,除了 C_3S、C_3A、C_2S 外,还可能有 $C_{12}A_7$,这是由过程的非平衡性质造成的。由于冷却时在 k 点发生 $L_k + C_3S \rightarrow C_2S + C_3A$ 的转熔过程,C_3S 要消耗,如在 k 点发生液相独立析晶或急冷成玻璃体,可以阻止这一转熔过程。因此,对某些硅酸盐水泥配料,快速冷却反而可以增加熟料中 C_3S 的含量。

必须指出,所谓急冷成玻璃体或发生液相独立析晶,这不过是非平衡冷却过程的二种理想化了的模式,实际过程很可能比这二种理想化模式更复杂,或者二者兼而有之。

二、$K_2O-Al_2O_3-SiO_2$ 系统三元相图

本系统有 5 种二元化合物和 4 种三元化合物。在这 4 种三元化合物的组成中,K_2O 含量与 Al_2O_3 含量的比值是相等的,因而它们排列在一条 SiO_2 与二元化合物 $K_2O \cdot Al_2O_3$ 的连线上(见图 5-36)。三元化合物钾长石 KAS_6(见图中的 W 点)是一个不一致熔化合物,其分解温度较低,在 1150℃ 即分解为 KAS_4 和富硅液相(液相量约为 50%),因而是一种熔剂性矿物。白榴石 KAS_4(见图中的 X 点)是一致熔化合物,熔点 1 686℃。钾霞石 KAS_2(见图中的 Y 点)也是一个一致熔化合物,熔点 1 800℃。化合物 KAS(图中的 Z 点)的性质迄今未明,其初晶区的范围尚未能予以确定。由于 K_2O 高温下易于挥发等实验上的困难,本系统的相图不是完整的,仅给出了 K_2O 含量在 50% 以下部分的相图。

图中的 M 点和 E 点是二个不同的无变量点。M 点处于莫来石、鳞石英和钾长石三个初晶区的交点,是一个三元无变量点,按照重心规则,它是一个低共熔点(985℃)。M 点左侧的 E 点是鳞石英和钾长石初晶区界线与相应的连线 SiO_2-W 的交点,是该界线上的温度最高点,也是鳞石英与钾长石的低共熔点(990℃)。

本系统与日用陶瓷及普通电瓷生产密切相关。日用陶瓷及普通电瓷一般用粘土(高岭土)、长石和石英配料。高岭土的主要矿物组成是高岭石 $Al_2O_3 \cdot 2SiO_2 \cdot 2H_2O$,煅烧脱水后的化学组成为 $Al_2O_3 \cdot 2SiO_2$,称为烧高岭。图 5-38 上的 D 点即为烧高岭的组成点,D 点不是相图上固有的一个二元化合物组成点,而是一个辅加点,用以表示配料中的一种原料的组成。根据重心原理,用高岭土、长石、石英三种原料配制的陶瓷坯料组成点必处于辅助三角形 QWD(常被称为配料三角形)内,而在相图上则是处于副三角形 QWm(常称为产物三角形)内。配料经过平衡析晶(或平衡加热)后在制品中获得的晶相应为莫来石、石英和长石。

在配料三角形 QWD 中,1~8 线平行于 QW 边,根据等含量规则,所有处于该线上的配料中烧高岭的含量是相等的。而在产物三角形 QWm 中,1~8 线平行于 QW 边,意味着在平衡析晶(或平衡加热)时从 1~8 线上各配料所获得的产品中莫来石量是相等的。这就是说,产品中的莫来石量取决于配料中的粘土量。莫来石是日用陶瓷中的重要晶相。

如将配料 3 加热到高温完全熔融,平衡析晶时首先析出莫来石,液相点沿 A_3S_2-3 连线的延长线方向变化到石英与莫来石初晶区的界线后,如图 5-36 所示,从液相中同时析出莫来石

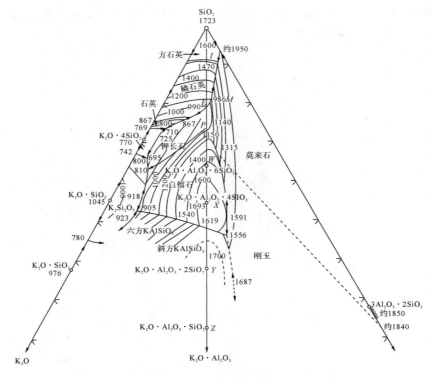

图 5-36　K_2O-Al_2O_3-SiO_2 系统三元相图

相与石英相,液相沿此界线到达 985 ℃的低共熔点 M 后,同时析出莫来石、石英与长石三个相,析晶过程在 M 点结束。当将配料 3 平衡加热,长石、石英及通过固相反应生成的莫来石将在 985 ℃下低共熔生成 M 组成的液相,即 A_3S_2+KAS_6+$S→L_M$。此时系统处于四相图,$f=0$,液相点保持在 M 点不变,固相点则从 M 点沿 M-3 连线的延长线方向变化,当固相点到达 Qm 边上的点 10(见图 5-37),意味着固相中的 KAS_6 已首先熔完,固相中保留下来的晶相是莫来石和石英。因消失了一个晶相,系统可继续升温,液相将沿与莫来石和石英平衡的界线向温度升高方向移动,莫来石与石英继续熔入液相,固相点则相应地从点 10 沿 Qm 边向 A_3S_2 移动。由于 M 点附近界线上的等温线很紧密,说明此阶段液相组成及液相量随温度升高变化并不急剧,日用瓷的烧成温度大致处于这一区间。当固相点到达 A_3S_2,意味着固相中的石英已完全熔入液相。此后液相组成将离开与莫来石、石英平衡的界线,沿 A_3S_2-3 连线的延长线进入莫来石初晶区,当液相点回到配料点 3,最后一粒莫来石晶体熔完。可以看出,上述平衡加热熔融过程是平衡冷却析晶过程的逆过程。

　　配料在 985 ℃下低共熔过程结束时首先消失的晶相取决于配料点的位置。如配料 7,因 M-7 连线的延长线交于 Wm 边的点 15,表明首先熔完的晶相是石英,固相中保留的是莫来石和长石。而在低共熔温度下所获得的最大液相量,根据杠杆规则,应为线段 7-15 与线段 M-15 之比。

　　日用瓷的实际烧成温度在 1 250 ℃~1 450 ℃,系统中要求形成适宜数量的液相,以保证坯体的良好烧结,液相量不能过少,也不能太多,由于 M 点附近等温线密集,液相量随温度变化不很敏感,使这类瓷的烧成温度范围较宽,工艺上较易掌握。此外,因 M 点及邻近界线均接近 SiO₂ 角顶,熔体中的 SiO₂ 含量很高,液相黏度大,结晶困难,在冷却时系统中的液相往往形成玻璃相,从而使瓷质呈半透明状。

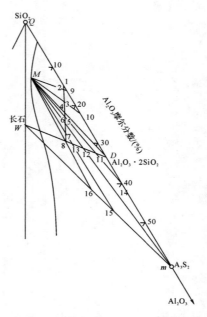

图 5-37 配料三角形与产物三角形

实际工艺配料中不可避免地会含有其它杂质组分,实际生产中的加热和冷却过程不可能是平衡过程,会出现种种不平衡现象,因此,开始出现液相的温度,液相量以及固、液相组成的变化事实上都不会与相图指示的热力学平衡态完全相同。但既然相图指出了过程变化的方向及限度,对我们分析问题仍然是很有帮助的。譬如,根据配料点的位置,我们有可能大体估计烧成时液相量的多少以及烧成后获得的制品中的相组成。在图 5-38 上列出的从点 1 到点 8 的 8 个配料中,只要工艺过程离平衡过程不是太远,则可以预测,配料 1-5 的制品中可能以莫来石、石英和玻璃相为主,配料 6 则以莫来石和玻璃相为主,而配料 7-8 则很可能以莫来石、长石及玻璃相为主。

三、MgO-Al₂O₃-SiO₂ 系统三元相图

图 5-38 所示为 MgO-Al₂O₃-SiO₂ 系统相图。本系统共有 4 个二元化合物:MS,M₂S,MA,A₃S₂ 和二个三元化合物 M₂A₂S₅(堇青石)、M₄A₅S₂(假蓝宝石)。堇青石和假蓝宝石都是不一致熔化合物。堇青石在 1 465 ℃分解为莫来石和液相,假蓝宝石则在 1 482 ℃分解为尖晶石、莫来石和液相(液相组成就是无变量点 8 的组成)。相图上共有 9 个无变量点,相应地可将相图划分成九个副三角形。

本系统内各组分氧化物及多数二元化合物熔点都很高,可制成优质耐火材料。但是三元无变量点的温度大大下降。因此,不同二元系列的耐火材料不应混合使用,否则会降低液相出现温度和材料的耐火度。

副三角形 SiO₂-MS-M₂A₂S₅ 与镁质陶瓷生产密切相关。镁质陶瓷是一种用于无线电工

业的高频瓷料,其介电损耗低。镁质陶瓷以滑石和粘土配料。图 5-39 上画出了经锻烧脱水后的偏高岭土(烧高岭)及偏滑石(烧滑石)的组成点的位置,镁质瓷配料点大致在这二点的连线上或其附近区域。L,M,N 各配料以滑石为主,仅加入少量粘土故称为滑石瓷。其配料点接近 MS 角顶,因而制品中的主要晶相是顽火辉石。如果在配料中增加粘土含量,即把配料点拉向靠近 $M_2A_2S_5$ 一侧(有时在配料中还另加 Al_2O_3 粉),则瓷坯中将以堇青石为主晶相,这种瓷叫堇青石瓷。在滑石瓷配料中加入 MgO,把配料点移向接近顽火辉石和镁橄榄石初晶区的界线(如图中的 P 点),可以改善瓷料的电学性能,制成低损耗滑石瓷。如果加入的 MgO 量足够多,使坯料组成点到达 M_2S 组成点附近,则将制得以橄榄石为主晶相的镁橄榄石瓷。滑石瓷的烧成温度范围狭窄。这可以从相图上得到解释。滑石瓷配料点处于三角形 SiO_2-MS-$M_2A_2S_5$ 内,与此副三角形相应的无变量点是点 1,点 1 是一个低共熔点,因此,在平衡加热时,滑石瓷坯料将在点 1 的 1 355 ℃出现液相。根据配料点位置(L、M 等)可以判断,低共熔过程结束时消失的晶相是 $M_2A_2S_5$,其后液相组成将离开点 1 沿与石英和顽火辉石平衡的界线向温度升高的方向变化,相应的固相组成点则可在 SiO_2-MS 边上找到。运用杠杆规则,可以计算出任一温度下系统中出现的液相量。在石英与顽火辉石初晶区的界线上画出了 1 400 ℃、1 470 ℃,1 500 ℃三条等温线,这些等温线分布宽疏,意味着温度升高时,液相点位置变化迅速,液相量将随温度升高迅速增加。滑石瓷瓷坯在液相量为 35%时可以充分烧结,但液相量达 45%时则已过烧变形。根据相图进行的计算表明,L、M 配料(分别含烧高岭 5%,10%)的烧成温度范围仅 30~40 ℃,而 N 配料(含烧高岭 15%)则在低共熔点 1 355 ℃已出现 45%的液相。因此,在滑石瓷中一般限制粘土用量在 10%以下。在低损耗滑石瓷及堇青石瓷配料中用类似方法计算其液相量随温度的变化,发现它们的烧成温度范围都很窄,工艺上常需加入助烧结剂以改善其烧结性能。

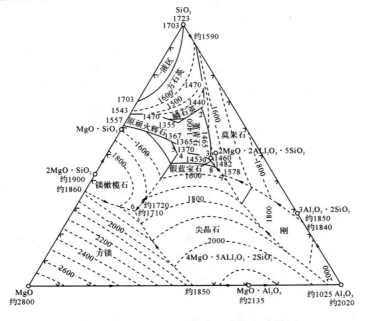

图 5-38 $MgO-Al_2O_3-SiO_2$ 系统三元相图

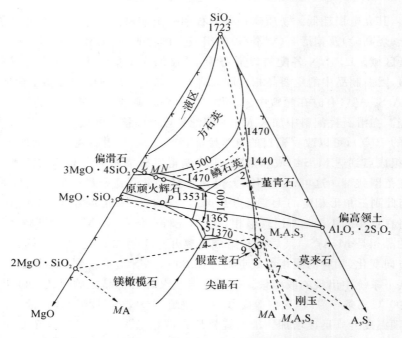

图 5-39 MgO-Al₂O₃-SiO₂ 系统相图的富硅部分

在本系统中熔制的玻璃,配料组成位于接近低共熔点 1 及邻近界线区域,因而熔制温度约在 1 355 ℃。由于这种玻璃的析晶倾向大,加入适当促进熔体结晶的成核剂,可以制得以堇青石为主要晶相的低热膨胀系数的微晶玻璃材料。

四、Na₂O-CaO-SiO₂ 系统三元相图

本系统的富硅部分与钠钙硅酸盐玻璃的生产密切相关。图 5-40 所示为 SiO₂ 含量在 50% 以上的富硅部分相图。Na₂O-CaO-SiO₂ 系统富硅部分共有 4 种二元化合物:NS,NS₂,N₃S₈,CS 及四个三元化合物:N₂CS₃,NC₂S₃,NC₃S₆,NCS₅。

每个化合物都有其初晶区,加上组分 SiO₂ 的初晶区,相图上共有 9 个初晶区。在 SiO₂ 初晶区内有二条表示方石英、鳞石英和石英间多晶转变的晶型转变线和一个分液区。在 CS 初晶区内有一条表示 α-CS 与 β-CS 晶型转化的晶型转变线。相图上共有 12 个无变量点。

玻璃是一种非晶态的均质体。玻璃中如出现析晶,将会破坏玻璃的均一性,是玻璃的一种严重缺陷,称为失透。玻璃中的析晶不仅会影响玻璃的透光性,还会影响其机械强度和热稳定性。因此,在选择玻璃的配料方案时,析晶性能是必须加以考虑的一个重要因素,而相图可以帮助我们选择不易析晶的玻璃组成。大量试验结果表明,组成位于低共熔点的熔体比组成位于界线上的熔体析晶能力小;而组成位于界线上的熔体又比组成位于初晶区内的熔体析晶能力小。这是由于从组成位于低共熔点或界线上的熔体中,有几种晶体同时析出的趋势,而不同析晶晶体结构之间的相互干扰,降低了每种晶体的析晶能力。除了析晶能力较小,这些组成的配料熔化温度一般也比较低,这对玻璃的熔制也是有利的。

当然,在选择玻璃组成时,除了考虑析晶性能外,还必须综合考虑到玻璃的其它工艺性能和使用性能。各种实用的钠钙硅酸盐玻璃的化学组成一般波动于下列范围内:12%～18%

Na_2O,6%~16%CaO,68%~82% SiO_2,即其组成点位于图 5 - 40 上用虚线画出的平行四边形区域内,而并不在低共熔点 6。这是由于尽管点 6 组成的玻璃析晶能力最小,但其中的氧化钠含量太高(22%),其化学稳定性和强度不能满足使用要求。

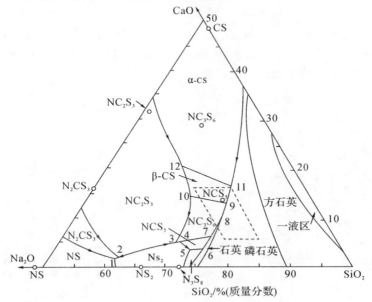

图 5 - 40 Na_2O - CaO - SiO_2 系统三元相图的富硅部分

相图还可以帮助我们分析玻璃生产中产生失透现象的原因。对上述成分的玻璃析晶能力进行的研究表明,析晶能力最小的玻璃是 Na_2O 与 CaO 含量之和等于 26%,SiO_2 含量 74% 的那些玻璃,即配料组成位于 8 - 9 界线附近的玻璃。这与我们在上面所讨论的玻璃析晶能力的一般规律是一致的。如果配料中 SiO_2 含量增加,组成点离开界线进入 SiO_2 初晶区,则从熔体中析出鳞石英或方石英的可能性增加;配料中 CaO 含量增加,容易出现硅灰石(CS)析晶;Na_2O 含量增加时,则容易析出失透石(NC_3S_6)晶体。因此,根据对玻璃中失透结石的鉴定,结合相图,可以为分析其产生原因及提出改进措施提供一定的理论依据。

熔制玻璃时,除了参照相图选择不易析晶而又符合性能要求的配料组成外,严格控制工艺条件也是十分重要的。高温熔体在析晶温度范围停留时间过长,或混料不匀而使局部熔体组成偏离配料组成,都容易造成玻璃的析晶。

第九节 相平衡的研究方法

研究凝聚系统相平衡,其本质是通过测量系统发生相变时物理与化学性质或能量的变化(如温度和反应热等)来确定相图的。本节介绍凝聚系统相平衡两种基本的研究方法。

一、淬冷法(静态法)

淬冷法是测定凝聚系统相图中用得最广泛的一种方法。将一系列不同组成的试样在选定的不同温度下长时间保温,使之达到该温度和组成条件下的热力学平衡状态,然后将试样迅速淬冷,以便把高温的平衡状态在低温下保存下来,再用适当手段对其中所包含的平衡各相进行鉴定,据此制作相图。淬冷法装置见图 5-41。在高温充分保温的试样,用大电流熔断悬丝,让试样迅速掉入炉子下部的淬冷容器中淬冷。由于相变来不及进行,因而冷却后的试样就保持了高温下的平衡状态。然后用 XRD、OM、SEM 等测试手段对淬冷试样进行物相鉴定,以确定试样在高温所处的平衡状态。将测定结果记入相图中相对位置上,即可绘出相图。高温下系统中的液相经急速淬冷后转变为玻璃体,而晶体则以原有晶形保存下来,图 5-42 所示为一个最简单的二元相图是如何用淬冷法测定的。

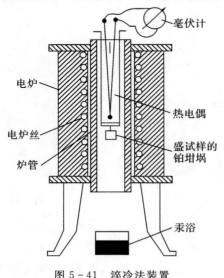

图 5-41　淬冷法装置

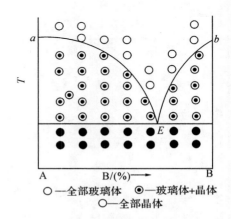

图 5-42　淬冷法测定相图

系统状态点处于液相线 aE,bE 以上的所有试样,经淬冷处理后,仅能观察到玻璃体;系统状态点处于液相线和固相线之间的两相区的所有淬冷试样,可以观察到 A 晶体(或 B 晶体)与玻璃体;而在低共熔温度以下恒温的所有淬冷试样,可以检定出 A 晶体与 B 晶体,但没有玻璃体。显然,用这样的方法确定相图上液相线与固相线的位置,试验点必须足够多,在液相线与固相线附近试验安排的温度间隔与组成间隔必须足够小,才能获得准确的结果。因此,用淬冷法制作一张凝聚系统相图,其工作量是相当大的。淬冷法的最大优点是准确度高,因为试样经长时间保温比较接近于平衡状态,淬冷后在室温下又可对试样中平衡共存的相数、各相的组成、形态和数量直接进行测定。但对某些相变速度特别快的系统,淬冷难以完全阻止降温过程中发生新的相变化,此方法就不能适用。用淬冷法测定相图的关键有两个。一是确保恒温的时间足以使系统达到该温度下的平衡状态,这需要通过实验来加以确定。通常采取改变恒温时间观察淬冷试样中相组成变化的办法,如果经过一定时间恒温后,淬冷样中的相组成不再随恒温时间延长而变化,一般可认为平衡已经达到。另一个则是确保淬冷速度足够快,使高温下已达到的平衡状态可以完全保存下来,这也需要通过实验加以检验。近年来,在相图测定中,已应用高温显微镜及高温 X 射线衍射方法检验在室温猝冷样品中观察到的相,在高温平衡状态中是否确实存在,从而检验淬冷效果。选择合适的淬冷剂(水、油、汞等)这一要求一般是可以达到的。

二、热分析法（动态法）

热分析法中最常用的是冷却曲线（或加热曲线）法及差热分析法。

冷却曲线法是通过测定系统冷却过程中的温度-时间曲线来判断相变温度。系统在环境温度恒定的自然冷却过程中，如果没有相变发生，其温度-时间曲线是连续的；如果有相变发生，则相变伴随的热效应将会使曲线出现折点或水平段，相变温度即可根据折点或水平段出现的温度加以确定。图 5-43 所示为具有一个低共熔点的简单二元相图是如何用冷却曲线法测定的。

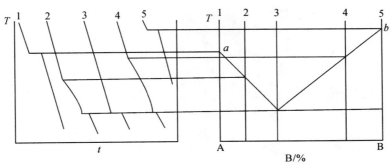

图 5-43　用冷却曲线法测定简单二元系统相图

如果相变热效应很小，冷却曲线上的折点不明显，可以采用灵敏度较高的差热分析法。差热分析的原理是将被测试样及一参比物（无任何相变发生的惰性物质）放在相同热环境中，在程序控温下以相同速度升温。如果试样中没有相变产生的热效应，则被测试样与参比物应具有相同的温度。反之，试样与参比物之间就会产生温差。这个温差可以被差热分析仪中的差热电偶检测到。因此，通常所称的差热曲线实际上是温差－温度曲线。根据差热曲线上峰或谷的位置，可以判断试样中相变发生的温度。

热分析法正好与静态法相反，适用于相变速度快的体系，而不适用于相变缓慢、容易过冷或过热的系统。热分析法的最大优点是简便，不像淬冷法那样费时费力，缺点则由于本质上是一种动态法，不像静态法那样更符合相平衡的热力学要求，所测得的相变温度实际上是近似值。此外，热分析法只能测出相变温度，不能确定相变前后的物相，要确定物相，仍需要其他方法的配合。

课 后 习 题

5-1　解释下列名词：

凝聚系统，介稳平衡，低共熔点，双升点，双降点，马鞍点，连线规则，切线规则，三角形规则，重心规则。

5-2　SiO_2 的多晶转变现象说明硅酸盐制品中为什么经常出现介稳态晶相？

5-3　SiO_2 具有很高的熔点，硅酸盐玻璃的熔制温度也很高。现要选择一种氧化物与 SiO_2 在 800 ℃ 的低温下形成均一的二元氧化物玻璃，请问，选何种氧化物？加入量是多少？

5-4　具有不一致熔融二元化合物的二元相图〔见图 5-8(c)〕在低共熔点 E 发生如下析

晶过程：L⇌A＋C，已知 E 点的 B 含量为 20％，化合物 C 的 B 含量为 64％。今有 C_1，C_2 两种配料，已知 C_1 中 B 含量是 C_2 中 B 含量的 1.5 倍，且在高温熔融冷却析晶时，从该二配料中析出的初相（即达到低共熔温度前析出的第一种晶体）含量相等。请计算 C_1，C_2 的组成。

5-5 已知 A，B 两组分构成具有低共熔点的有限固溶体二元相图〔见图 5-8(i)〕。试根据下列实验数据绘制相图的大致形状：A 的熔点为 1 000 ℃，B 的熔点为 700 ℃。含 B 为 0.25 mol 的试样在 500 ℃ 完全凝固，其中含 0.733 mol 初相 α 和 0.267 mol(α＋β) 共生体。含 B 为 0.5 mol 的试样在同一温度下完全凝固，其中含 0.4 mol 初相 α 和 0.6 mol(α＋β) 共生体，而 α 相总量占晶相总量的 50％。实验数据均在达到平衡状态时测定。

5-6 在三元系统的浓度三角形上画出下列配料的组成点，并注意其变化规律。

      1. A＝10％，B＝70％，C＝20％（质量分数，下同）

      2. A＝10％，B＝20％，C＝70％

      3. A＝70％，B＝20％，C＝10％

今有配料(1)3 kg，配料(2)2 kg，配料(3)5 kg，若将此三配料混合加热至完全熔融，试根据杠杆规则用作图法求熔体的组成。

5-7 具有双降点的生成一个不一致熔融三元化合物的三元相图见图 5-30。请分析 1，2，3 点的析晶路程的各自特点，并在图中用阴影标出析晶时可能发生穿相区的组成范围。组成点 n 在 SC 连线上，请分析它的析晶路程。

5-8 在图 5-44 中：

(1)直接在给定图中划分副三角形；

(2)直接在给定图中用箭头标出界线上温度下降的方向及界线的性质；

(3)判断化合物 D 和 M 的性质；

(4)写出各无变量点的性质及反应式；

(5)写出 G 点的写出 G 点的析晶路程；

(6)组成为 H 的液相在完全平衡条件下进行冷却，写出结晶结束时各物质的百分含量（用线段比表示）。

5-9 分析相图(见图 5-45)中点 1，2 熔体的析晶路程（注：S，1，E_3 在一条直线上）。

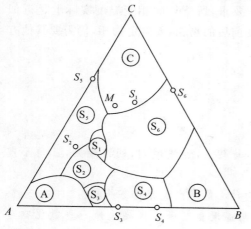

图 5-44 习题 5-8 的相图

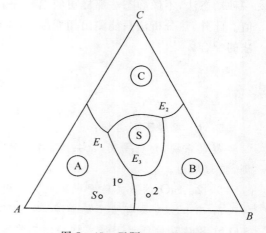

图 5-45 习题 5-9 的相图

5-10 在 $Na_2O-CaO-SiO_2$ 相图(见图 5-40)中:

(1)划分出全部的副三角形;

(2)判断界线的温度变化方向及界线的性质;

(3)写出无变量点的平衡关系式;

(4)分析并写出 M 点的析晶路程(M 点在 CS 与 NC_3S_6 连线的延长线上,注意穿相区的情况)。

5-11 一个陶瓷配方,含长石($K_2O \cdot Al_2O_3 \cdot 6SiO_2$)39%,脱水高岭土($Al_2O_3 \cdot 2SiO_2$)61%,在 1 200 ℃烧成。问:(1)瓷体中存在哪几相?(2)所含各相的质量分数是多少?

5-12 C_2S 有哪几种晶型?在加热和冷却过程中它们如何转变?$\beta-C_2S$ 为什么能自发地转变成 $\gamma-C_2S$?在生产中如何防止 $\beta-C_2S$ 转变为 $\gamma-C_2S$?

5-13 在 $CaO-SiO_2$ 和 $Al_2O_3-SiO_2$ 系统中,SiO_2 的液相线都很陡,解释为什么在硅砖生产中可掺入少量 CaO 做矿化剂不会降低硅砖的耐火度,而在硅砖中却要严格防止混入 Al_2O_3,否则便会使硅砖耐火度大大下降。

第六章　扩　　散

扩散（diffusion）是指一个系统由非均化不平衡状态向均化平衡状态转化而引起粒子迁移的现象。固体材料中原子或离子的扩散是物质输运的基础，材料的制备和应用中很多重要的物理的、化学的和物理化学过程都与扩散有着密切的联系，如固相反应、烧结、析晶、分相以及相变等等。因此，无论在理论或应用上，扩散对材料生产、研究和使用都非常重要。

第一节　扩散的基本特点及扩散方程

一、扩散的基本特点

物质在流体（气体或液体）中的传质过程是一个早为人们所认识的自然现象。对于流体由于质点间相互作用比较弱，且无一定的结构，因此质点的迁移可以完全随机地朝三维空间任意方向发生，如图6-1中所示，质点每一步迁移的自由行程（即与其他质点发生碰撞之前所行走的路程）也随机地决定于该方向上最邻近质点的距离。质点密度越低（如在气体中），质点迁移的自由行程也就越大。因此在流体中发生的扩散传质往往总是具有较大的速率和完全的各向同性。

与流体中的情况不同，质点在固体介质中的扩散远不如在流体中那样显著。固体中的扩散则有其自身的特点。

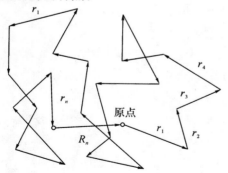

图6-1　扩散质点的无规行走轨迹

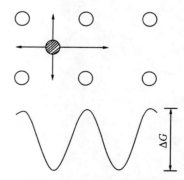

图6-2　间隙原子扩散势场示意图

（1）构成固体的所有质点均束缚在三维周期性势阱中，质点与质点的相互作用强。故质点的每一步迁移必须从热涨落或外场中获取足够的能量以克服势阱的能量。因此，固体中明显的质点扩散常开始于较高的温度，但实际上又往往低于该固体的熔点或软化点。

（2）晶体中原子或离子依一定方式所堆积成的结构将以一定的对称性和周期性限制着质点每一步迁移的方向和自由行程。如图6-2中所示，处于平面点阵内间隙位的原子，只存在4个等同的迁移方向，每一迁移的发生均需获取高于能垒 ΔG 的能量，迁移自由行程则相当于晶格常数大小。所以晶体中的质点扩散往往具有各向异性，其扩散速率也远低于流体中的情况。

二、菲克定律及扩散动力学方程

1. 菲克第一定律

1858年，菲克（Fick）参照了傅里叶（Fourier）于1822年建立的导热方程，建立定量公式。

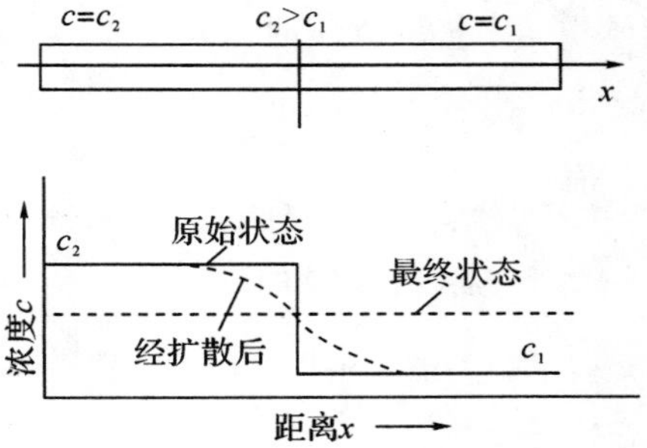

在 Δt 时间内，沿 x 方向通过 x 处截面所迁移的物质的量 Δm 与 x 处的浓度梯度成正比：

$$\Delta m \propto \frac{\Delta c}{\Delta x} A \Delta t$$

即

$$\frac{\mathrm{d}m}{A\,\mathrm{d}t} = -D\left(\frac{\partial c}{\partial x}\right)$$

根据上式引入扩散通量概念，则有

$$J = -D\frac{\partial c}{\partial x} \qquad (6-1)$$

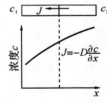

图6-3　扩散过程中溶质原子的分布

式（6-1）称为菲克第一定律。式中 J 称为扩散通量，常用单位是 $\mathrm{mol/(cm^2 \cdot s)}$；$\frac{\partial c}{\partial x}$ 为浓度梯度；D 是扩散系数，它表示单位浓度梯度下的扩散通量，单位为 $\mathrm{cm^2/s}$ 或 $\mathrm{m^2/s}$；"一"表示扩散方向与浓度梯度方向相反，如图6-4所示。

三维情况下，对于各向同性材料（D 相同），则

$$\boldsymbol{J} = \boldsymbol{J}_x + \boldsymbol{J}_y + \boldsymbol{J}_z = -D\left(\boldsymbol{i}\frac{\partial c}{\partial x} + \boldsymbol{j}\frac{\partial c}{\partial x} + \boldsymbol{k}\frac{\partial c}{\partial x}\right) \qquad (6-2)$$
$$= -D \cdot \nabla c$$

图6-4　熔质原子流动的方向与浓度降低的方向相一致

式中：$\nabla = \boldsymbol{i}\dfrac{\partial}{\partial x} + \boldsymbol{j}\dfrac{\partial}{\partial x} + \boldsymbol{k}\dfrac{\partial}{\partial x}$ 为梯度算符。

式（6-2）表明，若质点在晶体中扩散，则其扩散行为还依赖于晶体的具体结构，对于大部分玻璃或各向同性的多晶陶瓷材料，可以认为扩散系数 D 与扩散方向无关而为一标量。但在一些存在各向异性的单晶材料中，扩散系数的变化取决于晶体结构的对称性，对于一般非立方对称结构晶体，扩散系数 D 为二阶张量，则有，

$$\begin{Bmatrix} J_x \\ J_y \\ J_z \end{Bmatrix} = \begin{pmatrix} D_{11} & D_{12} & D_{13} \\ D_{21} & D_{22} & D_{23} \\ D_{31} & D_{32} & D_{33} \end{pmatrix} \begin{Bmatrix} -\dfrac{\partial c}{\partial x} \\ -\dfrac{\partial c}{\partial x} \\ -\dfrac{\partial c}{\partial x} \end{Bmatrix} \qquad (6-3)$$

菲克第一定律（扩散第一方程）是质点扩散定量描述的基本方程。有以下三点值得注意：① 式（6-1）是唯象的关系式，其中并不涉及扩散系统内部原子运动的微观过程。② 可以直接用于求解扩散质点浓度分布不随时间变化的稳定扩散问题。③ 式（6-1）不仅适用于扩散系统

的任何位置,而且适用于扩散过程的任一时刻。该定律是不稳定扩散(质点浓度分布随时间变化)动力学方程建立的基础。

2. 菲克第二定律

当扩散处于非稳态,即各点的浓度随时间而改变时,利用式(6-1)不容易求出 $c(x,t)$。但通常的扩散过程大都是非稳态扩散,为便于求出 $c(x,t)$,菲克从物质的平衡关系着手,建立了第二个微分方程式。

(1)一维扩散。如图6-5所示,在扩散方向上取体积元 $A\Delta x$,J_x 和 $J_{x+\Delta x}$ 分别表示流入体积元及流出体积元的扩散通量,则在 Δt 时间内,体积元中扩散物质的积累量为

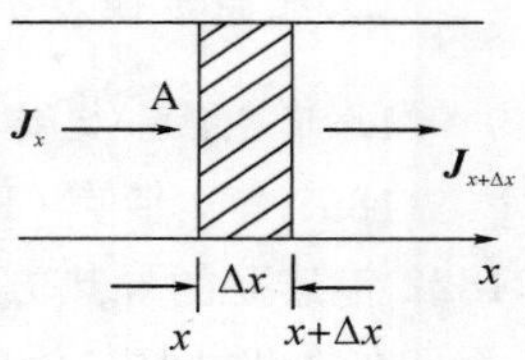

$$\Delta m = (J_x A - J_{x+\Delta x} A)\Delta t$$

则有 $\dfrac{\Delta m}{\Delta x A \Delta t} = \dfrac{J_x - J_{x+\Delta x}}{\Delta x}$

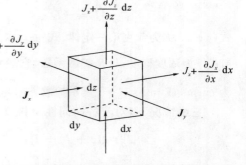

图6-5 扩散流通过微小体积的情况

当 $\Delta x, \Delta t > 0$ 时,有 $\qquad \dfrac{\partial c}{\partial t} = -\dfrac{\partial J}{\partial x}$

将式(6-1)代入上式,得

$$\frac{\partial c}{\partial t} = \frac{\partial}{\partial x}\left(D\frac{\partial c}{\partial x}\right) \qquad (6-4)$$

如果扩散系数 D 与浓度无关,则式(6-4)可写成

$$\frac{\partial c}{\partial t} = D\frac{\partial^2 c}{\partial x^2} \qquad (6-5)$$

一般称式(6-4)、式(6-5)为菲克第二定律。

(2)三维扩散。

1)直角坐标系中。

$$\frac{\partial c}{\partial t} = \frac{\partial}{\partial x}\left(D\frac{\partial c}{\partial x}\right) + \frac{\partial}{\partial y}\left(D\frac{\partial c}{\partial y}\right) + \frac{\partial}{\partial z}\left(D\frac{\partial c}{\partial z}\right)$$

当扩散系数与浓度无关,即与空间位置无关时,有

图6-6 通过元体积扩散的示意图

$$\frac{\partial c}{\partial t} = D\left(\frac{\partial^2 c}{\partial x^2} + \frac{\partial^2 c}{\partial y^2} + \frac{\partial^2 c}{\partial z^2}\right) \qquad (6-6)$$

简记为

$$\frac{\partial c}{\partial t} = D\nabla^2 c \qquad (6-7)$$

式中,$\nabla^2 = \dfrac{\partial^2}{\partial x^2} + \dfrac{\partial^2}{\partial y^2} + \dfrac{\partial^2}{\partial z^2}$ 为 Laplace 算符。

2)柱坐标系中。通过坐标变换 $\begin{cases} x = r\cos\theta \\ y = r\sin\theta \end{cases}$,体积元各边为 $dr, rd\theta, dz$,则有

$$\frac{\partial c}{\partial t} = \frac{1}{r}\left\{\frac{\partial}{\partial r}\left(rD\frac{\partial c}{\partial r}\right) + \frac{\partial}{\partial \theta}\left(\frac{D}{r}\frac{\partial c}{\partial \theta}\right) + \frac{\partial}{\partial z}\left(rD\frac{\partial c}{\partial z}\right)\right\} \qquad (6-8)$$

对柱对称扩散,且 D 与浓度无关时,有

$$\frac{\partial c}{\partial t} = \frac{D}{r}\left[\frac{\partial}{\partial r}\left(r\frac{\partial c}{\partial r}\right)\right] \qquad (6-9)$$

式(6-6)是扩散过程的菲克第二定律的数学表达式,描述在不稳定扩散条件下,在介质中各点作为时间函数的扩散物质聚集的过程。各种具体条件下物质浓度随时间、位置变化的规律就可依据各种不同的边界条件对式(6-6)求解。

三、扩散动力学方程的应用举例

在实际固体材料的研制生产过程中,经常会遇到众多与原子或离子扩散有关的实际问题。因此,求解不同边界条件的扩散动力学方程式往往是解决这类问题的基本途径。一般情况下,所有的扩散问题可归结成稳定扩散与不稳定扩散两大类。所谓稳定扩散,正如前面所言,是指扩散物质的浓度分布不随时间变化的扩散过程,使用菲克第一定律可解决稳定扩散问题。不稳定扩散是指扩散物质浓度分布随时间变化的一类扩散,这类问题的解决应借助于菲克第二定律。

1. 稳定扩散

以一高压氧气球罐的氧气泄漏问题为例,如图 6-7 所示。设氧气球罐内外直径分别为 r_1 和 r_2,罐中氧气压力为 p_1,罐外氧气压力为大气中氧分压 p_2。由于氧气泄漏量非常小,因此可以认为 p_1 不随时间变化,即在达到稳定状态时氧气将以一恒定速率泄漏。

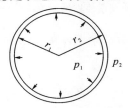

图 6-7　氧气通过球罐壁扩散泄漏示意图

由菲克第一定律可知,单位时间内氧气泄漏量为

$$\frac{\mathrm{d}G}{\mathrm{d}t} = -4\pi r^2 D \frac{\mathrm{d}c}{\mathrm{d}r} \tag{6-10}$$

式中,D 和 $\mathrm{d}c/\mathrm{d}r$ 分别为氧分子在球罐壁内的扩散系数和浓度梯度。对式(6-10)积分,得

$$\frac{\mathrm{d}G}{\mathrm{d}t} = -4\pi D \frac{c_2 - c_1}{\frac{1}{r_1} - \frac{1}{r_2}} = -4\pi D r_1 r_2 \frac{c_2 - c_1}{r_2 - r_1} \tag{6-11}$$

式中,c_1 和 c_2 分别为氧气分子在球罐内壁和外壁表面的溶解浓度。

根据 Sievert 定律:双原子分子气体在固体中的溶解度通常与压力的平方根成正比 $c = K\sqrt{p}$,于是可得单位时间内氧气泄漏量,有

$$\frac{\mathrm{d}G}{\mathrm{d}t} = -4\pi D r_1 r_2 K \frac{\sqrt{p_2} - \sqrt{p_1}}{r_2 - r_1} \tag{6-12}$$

2. 不稳定扩散

不稳定扩散中典型的边界条件可分为两种情况:第一种情况是在整个扩散过程中扩散质点在晶体表面的浓度 c_0 保持不变;第二种情况是一定量的扩散物质 Q 由表面向内部扩散。下面以一维扩散为例讨论两种边界条件下扩散动力学方程的解。

如图 6-8 所示,扩散体系为一长棒 B,其端面暴露于扩散质 A 的恒压蒸气中,因而扩散质可将由端面不断扩散至棒 B 的内部。不难理解,该体系扩散方程可由第一种边界条件下的不稳

定扩散的求解写为

$$\frac{\partial c}{\partial t} = D \frac{\partial^2 c}{\partial x^2}$$
$$t = 0,\ x \geqslant 0,\ c(x,t) = 0$$
$$t > 0,\ c(0,t) = c_0$$

(6-13)

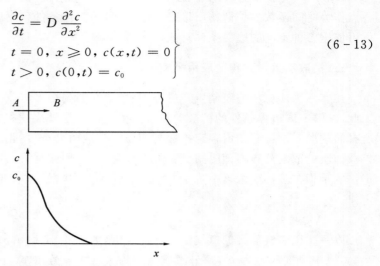

图 6-8　晶体表面处于扩散质恒定蒸气压下($c_0 = $ const),
扩散质在晶体内部的浓度分布曲线

对式(6-13)求解并引入误差函数的余误差函数概念,可得第一种边界条件下不稳定扩散的数学解为

$$c(x,t) = c_0 \operatorname{erfc}\left(\frac{x}{2\sqrt{Dt}}\right)$$

(6-14)

因此,在处理实际问题时,利用误差函数表就可很方便地得到扩散体系中任何时刻 t,任何位置 x 处扩散质点的浓度 $c(x,t)$;反之,若从实验中测得 $c(x,t)$,便可求得扩散深度 x 与时间 t 的近似关系,有

$$x = \operatorname{erfc}^{-1}\left(\frac{c(x,t)}{c_0}\right)\sqrt{Dt} = R\sqrt{Dt}$$

(6-15)

第一种边界条件下不稳定扩散的典型例子是钢铁的渗碳,目的是要使低碳铁或钢的表面形成一层高碳层,一般其表层含碳量高于 0.25 wt%,以便进一步作热处理。渗碳过程中,把低碳铁或钢制的零件放在渗碳介质(甲烷 CH_4 与一氧化碳 CO 的混合气体)中渗碳,零件可被看作半无限长。碳在 γ-Fe 中的溶解度约为 1 wt%,因此,在铁的表面,混合气体中的碳含量 c_0 保持为 1%(摩尔分数)。已知在 950 ℃ 时,在 γ-Fe 中的碳的扩散系数 D 约为 10^{-11} m²/s,扩散处理时间 t 约为 10^4 s(即 3 h 左右),则可以计算出含碳量高于 0.25 %(摩尔分数)时碳在铁表面渗透的深度 x,则

$$\frac{c}{c_0} = \operatorname{erfc}\left(\frac{x}{2\sqrt{Dt}}\right) = 0.25$$

由表 6-1 的误差函数值表,可查得

$$\frac{x}{2\sqrt{Dt}} \approx 0.8$$

则可以求出:$x \approx 0.5$ mm

如果要求渗碳表面层达到所需要的厚度,则可以应用类似的方法,计算出渗透所需要的时

间。由式(6-15)可知，规定浓度的渗层深度 $x \propto \sqrt{t}$ 或 $t \propto x^2$，即如要使扩散层深度增加 1 倍则扩散时间要增加 4 倍。

表 6-1　误差函数值表

Z	0	0.1	0.2	0.3	0.4	0.5	0.6	0.7	0.8	0.9	1.0
erf (Z)	0	0.112463	0.222703	0.328627	0.428392	0.520500	0.603856	0.677801	0.742101	0.796908	0.842701
Z	1.1	1.2	1.3	1.4	1.5	1.6	1.7	1.8	1.9	2.0
erf (Z)	0.880205	0.910314	0.934008	0.952285	0.966105	0.976348	0.983790	0.989091	0.992790	0.995322
Z	2.1	2.2	2.3	2.4	2.5	2.6	2.7	2.8	2.9	3.0
erf (Z)	0.997021	0.998137	0.998857	0.999311	0.999593	0.999764	0.999866	0.999926	0.999959	0.999978

　　不稳定扩散中的第二种边界条件如图 6-9 所示，在一半无限长棒的一个端面上沉积 Q 量的扩散质薄膜，此时扩散过程的初始和边界条件可描述为

$$\frac{\partial c}{\partial t} = D\frac{\partial^2 c}{\partial x^2}; \quad c(x>0,0) = 0; \quad \int_0^\infty c(x)\mathrm{d}x = Q(t>0) \tag{6-16}$$

其相应的解有以下形式：

$$c(x,t) = \frac{Q}{2\sqrt{Dt\pi}}\exp\left\{-\frac{x^2}{4Dt}\right\} \tag{6-17}$$

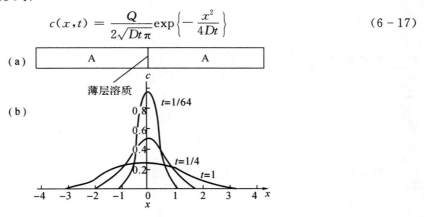

图 6-9　定量扩散质 Q 由晶体表面($x=0$)向内部扩散的过程

　　扩散薄膜解的一个重要应用是测定固体材料中有关的扩散系数。将一定量的放射性示踪原子涂于长棒的一个端面上，测量经历一定时间后放射性示踪原子离端面不同深度处的浓度，然后利用式(6-17)求得扩散系数 D，其数据处理步骤如下：

　　将式(6-17)两边取对数，有

$$\ln c(x,t) = \ln\frac{Q}{2\sqrt{\pi Dt}} - \frac{x^2}{4Dt} \tag{6-18}$$

　　用 $\ln c(x,t) \sim x^2$ 作图得一直线，其斜率为 $-\dfrac{1}{4Dt}$，截距为 $\ln\dfrac{Q}{2\sqrt{\pi Dt}}$，由此可以求出扩散系数 D。

第二节 扩散的推动力

一、扩散的一般推动力

扩散动力学方程式建立在大量扩散质点作无规则布朗运动的统计基础之上,唯象地描述了扩散过程中扩散质点所遵循的基本规律。但是在扩散动力学方程式中并没有明确地指出扩散的推动力是什么,而仅仅表明在扩散体系中出现定向宏观物质流是存在浓度梯度条件下大量扩散质点无规则布朗运动(非质点定向运动)的必然结果。显然,经验告诉人们,即使体系不存在浓度梯度而当扩散质点受到某一力场的作用时也将出现定向物质流。因此浓度梯度显然不能作为扩散推动力的确切表征。根据广泛适用的热力学理论,可以认为扩散过程与其他物理化学过程一样,其发生的根本驱动力应该是化学位梯度。一切影响扩散的外场(电场、磁场、应力场等)都可统一于化学位梯度之中,且仅当化学位梯度为零,系统扩散方可达到平衡。本节以化学位梯度概念建立扩散系数的热力学关系。

设一多组分体系中,i 组分的质点沿 x 方向扩散所受到的力应等于该组分化学位(μ_i)在 x 方向上梯度的负值为

$$F_i = -\partial\mu_i/\partial x \tag{6-19}$$

相应的质点运动平均速率 V_i 正比于作用力 F_i,则

$$V_i = B_iF_i = -B_i\partial\mu_i/\partial x \tag{6-20}$$

式中,比例系数 B_i 为单位力作用下,组分 i 质点的平均速率或称淌度。显然此时组分 i 的扩散通量 J_i 等于单位体积中该组成质点数 C_i 和质点移动平均速率的乘积,即

$$J_i = C_iV_i \tag{6-21}$$

将式(6-20)代入式(6-21),可得用化学位梯度概念描述扩散的一般方程式为

$$J_i = -C_iB_i\frac{\partial\mu_i}{\partial x} \tag{6-22}$$

若所研究体系不受外场作用,化学位为系统组成活度和温度的函数,则式(6-22)可写成

$$J_i = -C_iB_i\frac{\partial\mu_i}{\partial C_i}\frac{\partial C_i}{\partial x} \tag{6-23}$$

将上式与菲克第一定律比较得扩散系数 D_i,则有

$$D_i = C_iB_i\frac{\partial\mu_i}{\partial C_i} = B_i\partial\mu_i/\partial\ln C_i \tag{6-24}$$

因 $C_i/C = N_i$,$\mathrm{d}\ln C_i = \mathrm{d}\ln N_i$,故有

$$D_i = B_i\partial\mu_i/\partial\ln N_i \tag{6-25}$$

又因为 $\mu_i = \mu_i^\ominus(T,P) + RT\ln a_i = \mu_i^\ominus + RT(\ln N_i + \ln\gamma_i)$

则有

$$\frac{\partial\mu_i}{\partial\ln N_i} = RT(1 + \partial\ln\gamma_i/\partial\ln N_i) \tag{6-26}$$

将式(6-26)代入式(6-25),得

$$D_i = RTB_i(1 + \partial\ln\gamma_i/\partial\ln N_i) \tag{6-27}$$

式(6-27)便是扩散系数的一般热力学关系。式中($1+\partial\ln\gamma_i/\partial\ln N_i$)称为扩散系数的热力学因子。对于理想混合体系活度系数 $\gamma_i = 1$,此时 $D_i = D_i^* = RTB_i$。通常称 D_i^* 为自扩散系

数,而 D_i 为本征扩散系数。对于非理想混合体系存在以下两种情况:

(1) 当 $\left(1+\dfrac{\partial \ln \gamma_i}{\partial \ln N_i}\right)>0$,则 $D_i>0$,称为正扩散,即物质流将从高浓度处流向低浓度处,扩散的结果使溶质趋于均匀化;

(2) 当 $\left(1+\dfrac{\partial \ln \gamma_i}{\partial \ln N_i}\right)<0$,则 $D_i<0$,称为负扩散或逆扩散,扩散的结果使熔质偏聚或分相,如固熔体中有序无序相变、玻璃在旋节区分相和晶界上选择性吸附过程等等。

二、逆扩散实例

逆扩散在无机非金属材料领域中也是经常见到的。如固溶体中有序无序相变、玻璃在旋节区(spinodal range)分相以及晶界上选择性吸附过程,某些质点通过扩散而富集于晶界上等过程都与质点的逆扩散有关。下面简要介绍几种逆扩散实例。

(1) 玻璃分相。在旋节分解区,由于 $\partial^2 G/\partial c^2<0$,产生上坡扩散,在化学位梯度推动下由浓度低处向浓度高处扩散。

(2) 晶界的内吸附。晶界能量比晶粒内部高,如果溶质原子位于晶界上,可降低体系总能量,它们就会扩散而富集在晶界上,因此溶质在晶界上的浓度就高于在晶粒内的浓度。

(3) 固溶体中发生某些元素的偏聚。在热力学平衡状态下,固溶体的成分从宏观看是均匀的,但微观上溶质的分布往往是不均匀的。溶质在晶体中位置是随机的分布称为无序分布,当同类原子在局部范围内的浓度大大超过其平均浓度时称为偏聚。

第三节　扩散机制和扩散系数

一、扩散系数的物理意义

菲克第一、第二定律定量地描述了质点扩散的宏观行为,在人们认识和掌握扩散规律过程中起了重要的作用。然而,菲克定律仅仅是一种现象的描述,它将除浓度以外的一切影响扩散的因素都包括在扩散系数之中,而又未能赋予其明确的物理意义。

1905 年爱因斯坦(Einstein)在研究大量质点作无规则布朗运动的过程中,首先用统计的方法得到扩散方程,并使宏观扩散系数与扩散质点的微观运动得到联系。爱因斯坦最初得到的一维扩散方程为

$$\frac{\partial c}{\partial t}=\frac{1}{2\tau}\overline{\xi^2}\frac{\partial^2 c}{\partial x^2} \tag{6-28}$$

若质点可同时沿三维空间方向跃迁,且具有各向同性,则其相应扩散方程应为

$$\frac{\partial c}{\partial t}=\frac{1}{6\tau}\overline{\xi^2}\left(\frac{\partial^2 c}{\partial x^2}+\frac{\partial^2 c}{\partial y^2}+\frac{\partial^2 c}{\partial z^2}\right) \tag{6-29}$$

将式(6-29)与式(6-6)比较,可得菲克扩散定律中的扩散系数为

$$D=\frac{1}{6\tau}\overline{\xi^2} \tag{6-30}$$

式中,$\overline{\xi^2}$ 为扩散质点在时间 τ 内位移平方的平均值。对于固态扩散介质,设原子迁移的自由程为 r,原子的有效跃迁频率为 f,于是有 $\overline{\xi^2}=f\tau r^2$。将此关系代入式(6-30)中,则有

$$D = \frac{1}{6\tau}\overline{\xi^2} = \frac{1}{6}f\overline{r^2} \qquad (6-31)$$

由此可见,扩散的布朗运动理论确定了菲克定律中扩散系数的物理含义,为从微观角度研究扩散系数奠定了物理基础。在固体介质中,作无规则布朗运动的大量质点的扩散系数决定于质点的有效跃迁频率 f 和迁移自由程 r 平方的乘积。显然,对于不同的晶体结构和不同的扩散机构,质点的有效跃迁频率 f 和迁移自由程 r 将具有不同的数值。因此,扩散系数既是反映扩散介质微观结构,又是反映质点扩散机构的一个物性参数,它是建立扩散微观机制与宏观扩散系数间关系的桥梁。

二、扩散的微观机制

扩散的宏观规律和微观机制之间有着密切的关系,由于构成晶体的每一质点均束缚在三维周期性势阱中,故而固体中质点的迁移方式(扩散的微观机制)将受到晶体结构对称性和周期性的限制。一般来说,扩散微观机制有 5 种,如图 6-10 中所示。图 6-10(a)和(b)分别是空位机制和间隙机制,是迄今为止

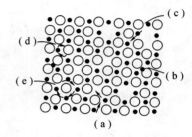

图 6-10　晶体中质点的扩散机制

已为人们所认识的晶体中原子或离子的主要迁移机制。图 6-10(c)称为准间隙机制,是指位于间隙位的原子 A 通过热振动将格点上原子 B 弹入间隙位 C,而原子 A 进入晶格位 B,晶格的变形程度介于空位机制和间隙机制之间。如 AgBr 晶体中 Ag^+ 以及具有萤石结构的 UO_{2+x} 晶体中 O^{2-} 的扩散就是按照该机制进行的。图 6-10(d)和(e)分别称为易位机制和环形扩散机制,是指处于对等位置上的两个或两个以上的结点原子同时跳动进行位置交换,该扩散机制虽然在无点缺陷晶体结构中可能发生,但至今还未在实验中得到证实。

三、扩散系数

虽然晶体中以不同微观机制进行的质点扩散有不同的扩散系数,但通过爱因斯坦扩散方程 $D = \frac{1}{6}f\overline{r^2}$ 所赋予扩散系数的物理含义,则有可能建立不同扩散机制与相应扩散系数的关系。

在空位机制中,结点原子成功跃迁到空位中的频率应为原子成功跃过能垒 ΔG_m 的次数和该原子周围出现空位的概率的乘积所决定,即

$$f = A\nu_0 N_v \exp\left(-\frac{\Delta G_m}{RT}\right) \qquad (6-32)$$

式中,ν_0 为格点原子振动频率(约 $10^{13}/s$);N_v 为空位浓度;A 为比例系数。

若考虑空位来源于晶体结构中本征热缺陷(例如 Schottkey 缺陷),则式(6-32)中 $N_v = \exp\left(-\frac{\Delta G_f}{2RT}\right)$,此处 ΔG_f 为空位形成能。将该关系式与式(6-32)一并代入式(6-31),可得空位机制扩散系数为

$$D = \frac{A}{6}\overline{r^2}\nu_0 \exp\left(-\frac{\Delta G_m}{RT}\right)\exp\left(-\frac{\Delta G_f}{2RT}\right) \qquad (6-33)$$

因空位来源于本征热缺陷,故该扩散系数称为本征扩散系数或自扩散系数。考虑 $\Delta G = \Delta H - T\Delta S$ 热力学关系以及空位跃迁距离 r 与晶胞参数 a_0 成正比 $r = Ka_0$,式(6-33)可改写成

$$D = \gamma a_0^2 \nu_0 \exp\left(\frac{\Delta S_f/2 + \Delta S_m}{R}\right)\exp\left(-\frac{\Delta H_f/2 + \Delta H_m}{RT}\right) \tag{6-34}$$

式中，γ 为新引进的常数，$\gamma = \frac{A}{6}K^2$，它因晶体的结构不同而不同，故常称为几何因子。

对于以间隙机制进行的扩散，由于晶体中间隙原子浓度往往很小，所以实际上间隙原子所有邻近的间隙位都是空着的。因此间隙机制扩散时可提供间隙原子跃迁的位置概率可近似地看成为 100%。基于与上述空位机制同样的考虑，间隙机制的扩散系数可表达为

$$D = \gamma a_0^2 \nu_0 \exp\left(\frac{\Delta S_m}{R}\right)\exp\left(-\frac{\Delta H_m}{RT}\right) \tag{6-35}$$

比较式(6-34)和式(6-35)容易得出它们均具有相同的形式。为方便起见，习惯上将各种晶体结构中空位间隙扩散系统统一于以下表达式：

$$D = D_0 \exp\left(-\frac{Q}{RT}\right) \tag{6-36}$$

式中，D_0 为式(6-34)或式(6-35)中非温度显函数项，称为频率因子；Q 称为扩散活化能。显然空位扩散活化能由形成能和空位迁移能两部分组成，而间隙扩散活化能只包括间隙原子迁移能。

由于在实际晶体材料中空位的来源除本征热缺陷提供的以外，还往往包括杂质离子固溶所引入的空位。因此，空位机制扩散系数中应考虑晶体结构中总空位浓度 $N_v = N'_v + N_I$。其中 N'_v 和 N_I 分别为本征空位浓度和杂质空位浓度。此时扩散系数应由下式表达，有

$$D = \gamma a_0^2 \nu_0 (N'_v + N_I)\exp\left(\frac{\Delta S_m}{R}\right)\exp\left(-\frac{\Delta H_m}{RT}\right) \tag{6-37}$$

在温度足够高的情况下，结构中来自于本征缺陷的空位浓度 N'_v 可远大于 N_I，此时扩散为本征缺陷所控制，式(6-37)完全等价于式(6-34)，扩散活化能 Q 和频率因子 D_0 分别等于

$$Q = \Delta H_f/2 + \Delta H_m, \quad D_0 = \gamma a_0^2 \nu_0 \exp\left(\frac{\Delta S_f/2 + \Delta S_m}{R}\right)$$

当温度足够低时，结构中本征缺陷提供的空位浓度 N'_v 可远小于 N_I，从而式(6-37)变为

$$D = \gamma a_0^2 \nu_0 N_I \exp\left(\frac{\Delta S_m}{R}\right)\exp\left(-\frac{\Delta H_m}{RT}\right) \tag{6-38}$$

因扩散受固溶引入的杂质离子的电价和浓度等外界因素所控制，故称之为非本征扩散。相应的 D 则称为非本征扩散系数，此时扩散活化能 Q 与频率因子 D_0 为

$$Q = \Delta H_m, \quad D_0 = \gamma a_0^2 \nu_0 N_I \exp\left(\frac{\Delta S_m}{R}\right)$$

图 6-11 所示为含微量 $CaCl_2$ 的 NaCl 晶体中，Na^+ 的自扩散系数 D 与温度 T 的关系。在高温区活化能较大的应为本征扩散。在低温区活化能较小的则相应于非本征扩散。

Patterson 等人测量了单晶 NaCl 中 Na^+ 和 Cl^- 的本征扩散系数并得到了活化能数据，见表6-2。

表 6-2　NaCl 单晶中自扩散活化能

离　子	活化能 $Q/(kJ/mol)$		
	$\Delta H_f/2 + \Delta H_m$	ΔH_m	ΔH_f
Na^+	174	74	199
Cl^-	261	161	199

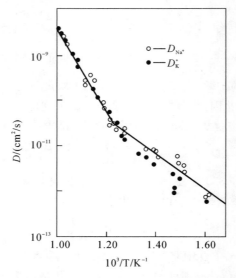

图 6-11　NaCl 单晶中 Na$^+$ 的自扩散系数

第四节　固体中的扩散

一、金属中的扩散

金属中扩散的基本步骤是金属原子从一个平衡位置转移到另一个平衡位置,也就是说,通过原子在整体材料中的移动而发生质量迁移,在自扩散的情况下,没有净质量迁移,而是原子从一种无规则状态在整个晶体中移动,在互扩散中几乎都发生质量迁移,从而减少成分上的差异。许多学者已经提出了各种关于自扩散和互扩散的原子机制。从能量角度看,最有利的过程是一个原子与其相邻的空位互相交换位置,实验证明,这种过程在大多数金属中都占优势。在溶质原子比溶剂原子小到一定程度的合金中,溶质原子占据了间隙的位置。这时在互扩散中,间隙机制占优势。因此,氢、碳、氮和氧在多数金属中是间隙扩散的。由于与间隙原子相邻的未被占据的间隙数目通常是很多的,所以扩散的激活能仅仅与原子的移动有关,故间隙溶质原子在金属中的扩散比置换溶质原子的扩散要快得多。实验表明,金属和合金自扩散的激活能随熔点升高而增加,这说明原子间的结合能强烈地影响扩散进行的速率。

二、离子晶体和共价晶体中的扩散

大多数离子晶体中的扩散是按空位机制进行的,但是在某些开放的晶体结构中,例如在萤石(CaF$_2$)和 UO$_2$ 中,阴离子却是按间隙机制进行扩散的。在离子型材料中,影响扩散的缺陷来自两方面:①本征点缺陷,例如热缺陷,其数量取决于温度;②掺杂点缺陷,它来源于价数与溶剂离子不同的杂质离子。前者引起的扩散与温度的关系类似于金属中的自扩散,后者引起的扩散与温度的关系则类似于金属中间隙溶质的扩散。纯 NaCl 中阳离子 Na$^+$ 的扩散速率与金属中的自扩散相差不大,Na 在 NaCl 中扩散激活能为 41 kcal/mol,因为在 NaCl 中,Schottkey 缺陷比较容易形成。而在非常纯的化学比的金属氧化物中,相应于本征点缺陷的能量非常高,以至于只有在很高温度时,其浓度才足以引起明显的扩散。在中等温度时,少量杂质能大大加速扩散。

三、非晶体中的扩散

玻璃中的物质扩散可大致分为以下四种类型。

(1)原子或分子的扩散。稀有气体 He,Ne,Ar 等在硅酸盐玻璃中的扩散;N_2,O_2,SO_2,CO_2 等气体分子在熔体玻璃中的扩散;Na,Au 等金属以原子状态在固体玻璃中的扩散。这些分子或原子的扩散,在 SiO_2 玻璃中最容易进行,随着 SiO_2 中其他网络外体氧化物的加入,扩散速率开始降低。

(2)一价离子的扩散。主要是玻璃中碱金属离子的扩散,以及 H^+,Tl^+,Ag^+ Cu^+ 等其他一价离子在硅酸盐玻璃中的扩散。玻璃的电学性质、化学性质、热学性质几乎都是由碱金属离子的扩散状态决定的。一价离子易于迁移,在玻璃中的扩散速率最快,也是扩散理论研究的主要对象。

(3)碱土金属、过渡金属等二价离子的扩散。这些离子在玻璃中的扩散速率较慢。

(4)氧离子及其他高价离子(如 Al^{3+},Si^{4+},B^{3+} 等)的扩散。在硅酸盐玻璃中,硅原子与邻近氧原子的结合非常牢固。因而即使在高温下,它们的扩散系数也是小的,在这种情况下,实际上移动的是单元,硅酸盐网络中有一些相当大的孔洞,因而像氢和氦那样的小原子可以很容易地渗透通过玻璃,此外,这类原子对于玻璃组分在化学上是惰性的,这增加了它们的扩散率。这种观点解释了氢和氦对玻璃有明显的穿透性,并且指出了玻璃在某些高真空应用中的局限性。钠离子和钾离子由于其尺寸较小,也比较容易扩散穿过玻璃。但是,它们的扩散速率明显地低于氢和氦,因为阳离子受到 Si-O 网络中原子的周围静电吸引。尽管如此,这种相互作用要比硅原子所受到相互作用的约束性小得多。

四、非化学计量氧化物中的扩散

除掺杂点缺陷引起非本征扩散外,非本征扩散亦发生于一些非化学计量氧化物晶体材料中,特别是过渡金属元素氧化物。例如 FeO,NiO,CoO 和 MnO 等。在这些氧化物晶体中,金属离子的价态常因环境中的气氛变化而改变,从而引起结构中出现阳离子空位或阴离子空位并导致扩散系数明显地依赖于环境中的气氛。在这类氧化物中典型的非化学计量空位形成可分成如下两类情况。

1. 金属离子空位型

造成金属离子非化学计量空位的原因往往是环境中氧分压升高迫使部分 Fe^{2+},Ni^{2+},Mn^{2+} 等二价过渡金属离子变成三价金属离子,有

$$2M_M + \frac{1}{2}O_2(g) = O_O + V''_M + 2M_M^{\cdot} \qquad (6-39)$$

当缺陷反应平衡时,平衡常数 K_P 由反应自由能 ΔG_0 控制:

$$K_P = \frac{[V''_M][M_M^{\cdot}]^2}{P_{O_2}^{\frac{1}{2}}} = \exp\left\{-\frac{\Delta G_0}{RT}\right\}$$

考虑平衡时 $[M_M^{\cdot}] = 2[V''_M]$,因此非化学计量空位浓度 $[V''_M]$:

$$[V''_M] = \left(\frac{1}{4}\right)^{1/3} P_{O_2}^{\frac{1}{6}} \exp\left\{-\frac{\Delta G_0}{3RT}\right\} \qquad (6-40)$$

将式(6-40)代入式(6-37)空位浓度项,则得非化学计量空位浓度对金属离子空位扩散系数的贡献,即

$$D_{\mathrm{M}} = \left(\frac{1}{4}\right)^{1/3} \gamma a_0^2 \upsilon_0 P_{\mathrm{O}_2}^{\frac{1}{6}} \exp\left\{\frac{\Delta S_{\mathrm{m}} + \Delta S_0/3}{R}\right\} \exp\left\{-\frac{\Delta H_{\mathrm{m}} + \Delta H_0/3}{RT}\right\} \tag{6-41}$$

显然若温度不变,根据式(6-41)用 $\ln D$ 与 $\ln P_{\mathrm{O}_2}$ 作图所得直线斜率为 $1/6$,若氧分压 P_{O_2} 不变,$\ln D \sim 1/T$ 图直线斜率负值为 $(\Delta H_{\mathrm{m}} + \Delta H_0/3)/R$。图6-12 所示为实验测得的氧分压对 CoO 中钴离子空位扩散系数影响关系,其直线斜率为 $1/6$,可见理论分析与实验结果是一致的。

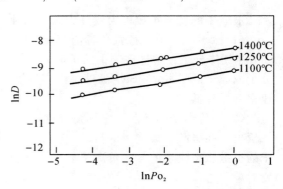

图6-12 氧分压对 CoO 中 Co^{2+} 扩散系数的影响

2. 氧离子空位型

以 ZrO_2 为例说明氧离子空位型,在高温下氧分压的降低会导致以下的缺陷:

$$O_O = \frac{1}{2}O_2(g) + V_O^{\cdot\cdot} + 2e'$$

反应平衡常数:$K_P = P_{\mathrm{O}_2}^{\frac{1}{2}}[V_O^{\cdot\cdot}][e']^2 = \exp\left\{\frac{\Delta G_0}{RT}\right\}$

平衡时 $[e'] = 2[V_O^{\cdot\cdot}]$,则

$$[V_O^{\cdot\cdot}] = \left(\frac{1}{4}\right)^{-\frac{1}{3}} P_{\mathrm{O}_2}^{-\frac{1}{6}} \exp\left\{-\frac{\Delta G_0}{3RT}\right\} \tag{6-42}$$

因此非化学计量空位对氧离子的空位扩散系数贡献为

$$D_O = \left(\frac{1}{4}\right)^{-1/3} \gamma a_0^2 \upsilon_0 P_{\mathrm{O}_2}^{-\frac{1}{6}} \exp\left\{\left(\frac{\Delta S_{\mathrm{m}} + \Delta S_0/3}{R}\right)\right\} \exp\left\{-\frac{\Delta H_{\mathrm{m}} + \Delta H_0/3}{RT}\right\} \tag{6-43}$$

比较式(6-43)和式(6-41)可以看出,对过渡金属非化学计量氧化物,氧分压的增加将有利于金属离子的扩散而不利于氧离子的扩散。

但无论是金属离子或氧离子,其扩散系数和温度的关系在 $\ln D \sim 1/T$ 直线中均具有相同的斜率 $\dfrac{\Delta H_{\mathrm{m}} + \Delta H_0/3}{R}$。倘若在非化学计量氧化物中同时考虑本征缺陷空位、杂质缺陷空位以及由于气氛改变所引起的非化学计量空位对扩散系数的贡献,则 $\ln D \sim 1/T$ 图由含两个转折点的直线段所构成。高温段与低温段分别为本征空位和杂质空位所致,而中温段则为非化学计量空位所致。图6-13 示意地给出了这一关系。

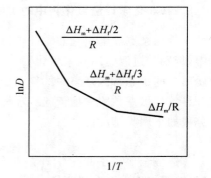

图6-13 在缺氧的氧化物中,扩散与温度关系示意图

第五节 影响扩散的因素

材料内部质点的扩散将导致材料微观结构的变化,从而影响了材料的性能。从前几节的讨论中可以看到材料的组成、结构和温度等诸多因素都对扩散产生不可忽略的作用。

一、温度对扩散的影响

由扩散系数的一般表达式 $D = D_0 \exp\{-Q/RT\}$ 可知,扩散系数与温度呈指数关系。温度越高,原子的能量越大,越容易跃迁,扩散系数越大。同时扩散活化能 Q 值越大,说明温度对扩散系数的影响越敏感。

对式(6-36)两边取对数,则有

$$\ln D = \ln D_0 - \frac{Q}{RT}$$

可见,$\ln D$ 与 $1/T$ 呈直线关系。如果测得不同温度下的扩散系数,就可绘出 $\ln D \sim 1/T$ 的直线关系,由其图6-14所示为一些常见氧化物中参与构成氧化物的阳离子或阴离子的扩散系数随温度的变化关系。

对于大多数实用晶体材料,由于其或多或少地含有一定量的杂质以及具有一定的热历史,因而温度对其扩散系数的影响往往不完全像图6-14所示的那样,$\ln D \sim 1/T$ 间均呈直线关系,而可能出现曲线或在不同温度区间出现不同斜率的直线段。

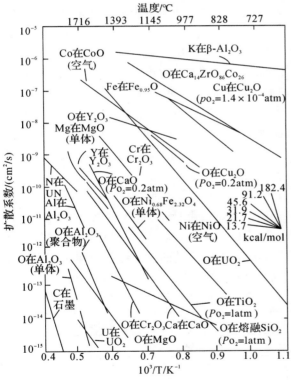

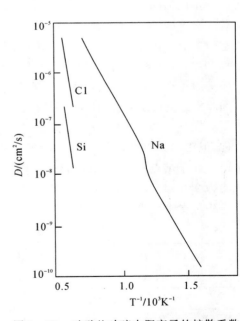

图 6-14　一些氧化物中离子扩散系数与温度的关系　　　图 6-15　硅酸盐玻璃中阳离子的扩散系数

温度和热过程对扩散影响的另一种方式是通过改变物质结构来达成的。例如在硅酸盐玻璃中网络变性离子 Na^+,K^+,Ca^{2+} 等在玻璃中的扩散系数随玻璃的热历史有明显差别。在急冷的玻璃中扩散系数一般高于同组成充分退火的玻璃中的扩散系数,两者可相差一个数量级或更多,这可能与玻璃中网络结构疏密程度有关。图6-15所示为硅酸盐玻璃中 Na^+ 扩散系数随温度升高而变化的规律,中间的转折应与玻璃在反常区间结构变化相关。对于晶体材料,温度和热历史对扩散也可以引起类似的影响。如晶体从高温急冷时,高温时所出现的高浓度 Schottky 空位将在低温下保留下来,并在较低温度范围内显示出本征扩散。

二、组成的影响

在大多数实际固体材料中,往往具有多种化学成分,因而一般情况下整个扩散并不局限于某一种原子或离子的迁移,而可能是同时有两种或两种以上的原子或离子同时参与的集体行为,所以实测得到的相应扩散系数已不再是自扩散系数而应是互扩散系数。互扩散系数不仅要考虑每一种扩散组成与扩散介质的相互作用,同时要考虑各种扩散组分本身彼此间的相互作用。对于多元合金或有机溶液体系,尽管每一扩散组成具有不同的自扩散系数 D_i,但它们均具有相同的互扩散系数 $\widetilde{D}$,并且各扩散系数间将由下面所谓的 Darken 方程得到联系,即

$$\widetilde{D} = (N_1 D_2 + N_2 D_1)\left(1 + \frac{\partial \ln\gamma_1}{\partial \ln N_1}\right) \tag{6-44}$$

式中,N,D 分别表示二元体系各组成的摩尔分数和自扩散系数。

式(6-44) 这种关系已在金属材料的扩散实验中得到了证实,但对于离子化合物的固溶体,上式不能直接用于描述离子的互扩散过程,而应进一步考虑体系电中性等复杂因素。

三、化学键的影响

不同的固体材料其构成晶体的化学键性质不同,因而扩散系数也就不同。经验告诉我们,尽管在金属键、离子键或共价键材料中,空位扩散机制始终是晶粒内部质点迁移的主导方式,且因空位扩散活化能由空位形成能 ΔH_f 和原子迁移能 ΔH_m 构成,故激活能常随材料熔点升高而增加。但当间隙原子比格点原子小得多或晶格结构比较开放时,间隙机制将占优势。例如氢、碳、氮、氧等原子在多数金属材料中依间隙机制扩散。又如在萤石 CaF_2 结构中,F^- 和 UO_2 中的 O^{2-} 也依间隙机制进行迁移。而且在这种情况下原子迁移的活化能与材料的熔点无明显关系。

在共价键晶体中,由于成键的方向性和饱和性,它较金属和离子型晶体是较开放的晶体结构。但正因为成键方向性的限制,间隙扩散不利于体系能量的降低,而且表现出自扩散活化能通常高于熔点相近金属的活化能。例如,虽然 Ag 和 Ge 的熔点仅相差几度,但 Ge 的自扩散活化能为 289 kJ/mol,而 Ag 的活化能却只有 184 kJ/mol。显然共价键的方向性和饱和性对空位的迁移是有强烈影响的。一些离子型晶体材料中扩散活化能见表 6-3。

表 6-3 一些离子材料中离子扩散活化能

扩散离子	活化能/(kJ/mol)	扩散离子	活化能/(kJ/mol)
Fe^{2+}/FeO	96	$O^{2-}/NiCr_2O_4$	226
O^{2-}/UO_2	151	Mg^{2+}/MgO	348
U^{4+}/UO_2	318	Ca^{2+}/CaO	322
Co^{2+}/CoO	105	Be^{2+}/BeO	477
Fe^{3+}/Fe_3O_4	201	Ti^{4+}/TiO_2	276
$Cr^{3+}/NiCr_2O_4$	318	Zr^{4+}/ZrO_2	389
$Ni^{2+}/NiCr_2O_4$	272	O^{2-}/ZrO_2	130

四、晶体结构的影响

晶体结构的类型对扩散系数有影响,一般地,紧密堆积结构中的扩散比在非紧密堆积结构中的要慢,特别是在具有同位素异构转变的金属中,不同结构的自扩散系数完全不同。例如在910 ℃时,α-Fe 的自扩散系数为 γ-Fe 的 280 倍。而溶质原子在不同结构的固溶体中,扩散系数也不相同,例如 910 ℃时,碳在 α-Fe 中的扩散系数约为在 γ-Fe 中的 100 倍。

固溶体的类型也会影响扩散系数,间隙固溶体中的间隙原子已位于间隙,而置换固溶体中置换原子通过空位机制扩散时,首先要形成空位,因此,置换型原子的扩散活化能比间隙原子大得多。不同固溶原子在 γ-Fe 中的扩散活化能见表 6-4。

表 6-4 不同固熔原子在 γ-Fe 中的扩散活化能

溶质原子类型	置换型						间隙型		
溶质元素在 γ-Fe 中	Al	Ni	Mn	Cr	Mo	W	N	C	H
Q/(kJ/mol)	184	282.5	276	335	247	261.5	146	134	42

对于一般的多晶材料,由于是由不同取向的晶粒相结合而构成,因此晶粒与晶粒之间存在原子排列非常紊乱、结构非常开放的晶界区域。实验表明,在金属材料、离子晶体中,原子或离子在晶界上的扩散远比在晶粒内部扩散来得快。有实验证明,某些氧化物晶体材料的晶界对离子的扩散有选择性增强作用。例如在 Fe_2O_3,CoO,$SrTiO_3$ 材料中晶界或位错有增强 O^{2-} 离子的扩散作用,而在 BeO,UO_2,Cu_2O 和 $(ZrCa)O_2$ 等材料中则无此效应。这种晶界对离子扩散的选择性增强作用是和晶界区域内电荷分布密切相关的。

图 6-16 所示为金属银中 Ag 原子在晶粒内部扩散系数 D_b、晶界区域扩散系数 D_g 和表面区域扩散系数 D_s 的比较。其活化能数值大小各为 193 kJ/mol,85 kJ/mol 和 43 kJ/mol,显然活化能的差异与结构缺陷之间的差别是相对应的。在离子型化合物中,一般规律为

$$Q_s = 0.5Q_b;\ Q_g = 0.6 \sim 0.7 Q_b$$

Q_s,Q_g 和 Q_b 分别为表面扩散、晶界扩散和晶格扩散的活化能。

$$D_b : D_g : D_s = 10^{-14} : 10^{-10} : 10^{-7}$$

除晶界以外,晶粒内部存在的各种位错也往往是原子容易移动的途径,结构中位错密度越高,位错对原子(或离子)扩散的贡献越大。如刃型位错的攀移要通过多余半原子面上的原子扩散来进行,在刃型位错应力场的作用下,溶质原子常常被吸引扩散到位错线的周围形成科垂耳气团,因此刃型位错可看成是一条孔道,原子的扩散可以通过刃型位错线较快地进行,由理论计算可以知道沿刃型位错线的扩散活化能还不到完整晶体中扩散的一半。

五、杂质的影响

利用杂质对扩散的影响是人们改善扩散的主要途径。一般而言,高价阳离子的引入可造成晶格中出现阳离子空位并产生晶格畸变,从而使阳离子扩散系数增大。且当杂质含量增加,非本征扩散与本征扩散温度转折点升高。这表明在较高温度时杂质扩散仍超过本征扩散。然而,必须注意的是,若所引入的杂质与扩散介质形成化合物,或发生淀析则将导致扩散活化能升高,使扩散速率下降;反之当杂质原子与结构中部分空位发生缔合,往往会使结构中总空位

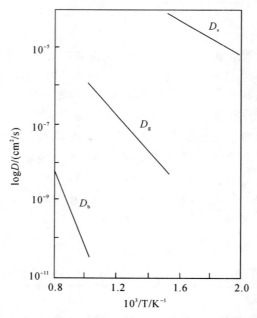

图 6-16　Ag 的自扩散系数 D_b、晶界扩散系数 D_g 和表面扩散系数 D_s

浓度增加而有利于扩散；如 KCl 中引入 $CaCl_2$，倘若结构中 $Ca_K^{\cdot}$ 和部分 V_K' 之间发生缔合，则总的空位浓度 $[V_K']\Sigma$ 应为

$$[V_K']\Sigma = [V_K'] + Ca_K^{\cdot} V_K'$$

总之，杂质对扩散的影响，必须考虑晶体结构缺陷缔合、晶格畸变等众多因素，情况较为复杂。

课后习题

6-1　试解释并比较下列名词：

(1)无序扩散和晶格扩散

(2)本征扩散和非本征扩散

(3)自扩散和互扩散

(4)稳定扩散和不稳定扩散

6-2　欲使 Ca^{2+} 在 CaO 中的扩散直至 CaO 的熔点(2 600 ℃)都是非本征扩散，要求三价杂质离子有什么样的浓度？试对你在计算中所作的各种特性值的估计作充分说明。（已知 CaO 肖特基缺陷形成能为 6eV）

6-3　试讨论从室温到熔融温度范围内，氯化锌添加剂(10^{-4} mol%)对 NaCl 单晶中所有离子(Zn、Na 和 Cl)的扩散能力的影响。

6-4　试从扩散介质的结构、性质、晶粒尺寸、扩散物浓度、杂质等方面分析影响扩散的因素。

6-5　氢在金属中容易扩散，当温度较高和压强较大时，用金属容器储存氢气极易渗漏。试讨论稳定扩散状态下金属容器中氢通过器壁扩散渗漏的情况并提出减少氢扩散逸失的措施?

6-6　在氧化物 MO 中掺入微量 R_2O 后,M^{2+} 的扩散增强,试问 M^{2+} 通过何种缺陷发生扩散? 要抑制 M^{2+} 的扩散应采取什么措施,为什么?

6-7　钠钙硅酸盐玻璃中阳离子的扩散系数如图 6-17 所示,试问:

(1)为什么 Na^+ 比 Ca^{2+} 和 Si^{4+} 扩散得快?

(2)Na^+ 扩散曲线的非线性部分产生的原因是什么?

(3)将玻璃淬火,其曲线将如何变化?

(4)Na^+ 在液态玻璃中的扩散活化能约为多少?

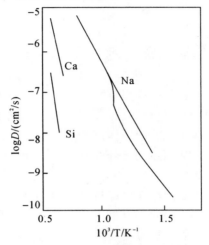

图 6-17　钠钙硅酸盐玻璃中阳离子的扩散系数

第七章　固相反应

第一节　固相反应类型

　　固相反应在无机非金属固体材料的高温过程中是一个普遍的物理化学现象,是一系列合金、传统硅酸盐材料以及各种新型无机材料生产所涉及到的基本过程之一。狭义上,固相反应常指固体与固体间发生化学反应生成新的固体产物的过程。但广义地讲,凡是有固相参与的化学反应都可称为固相反应。例如固体的热分解、氧化以及固体与固体、固体与液体之间的化学反应等都属于固相反应范畴之内。

　　与一般气、液相反应相比,固相反应在反应机理、动力学和研究方法方面都具有特点。

　　(1)固体质点(原子、离子或分子)间具有很大的作用键力,因此固态物质的反应活性通常较低,速度较慢。在多数情况下,固相反应是发生在两种组分界面上的非均相反应。对于粒状物料,反应首先是通过颗粒间的接触点或面进行,随后是反应物通过产物层进行扩散迁移,使反应得以继续。因此,固相反应一般包括相界面上的反应和物质迁移两个过程。

　　(2)在低温时固体在化学上一般是不活泼的,因而固相反应通常需在高温下反应。而且由于反应发生在非均一系统,传热和传质过程都对反应速度有重要影响。伴随反应的进行,反应物和产物的物理化学性质将会发生变化,导致固体内温度和反应物浓度分布及其物性的变化,这都可能对传热、传质和化学反应过程产生影响。

　　Tammann 等很早就研究了 CaO,MgO,PbO,CuO 和 WO$_3$ 的反应,他们分别让两种氧化物的晶面彼此接触并加热,发现在接触面上生成着色的钨酸盐化合物,其厚度 x 与反应时间 t 的关系为 $x = K \ln t + C$,确认了固态物质间可以直接进行反应。因此 Tammann 等提出:

　　1)固态物质间的反应是直接进行的,气相或液相没有或不起重要作用。

　　2)固相反应开始温度远低于反应物的熔融温度或系统的低共熔温度,通常相当于一种反应物开始呈现显著扩散作用的温度,这个温度称为泰曼温度或烧结开始温度。不同物质的泰曼温度与其熔点(T_m)间存在一定的关系。例如,金属为 $0.3 \sim 0.4\ T_m$;盐类和硅酸盐则分别为 $0.57\ T_m$ 和 $0.8 \sim 0.9\ T_m$。

　　(3)当反应物之一存在有多晶转变时,则此转变温度也往往是反应开始变得显著的温度,这一规律称为海德华定律。

　　Tammann 等人的观点长期为化学界所接受,但随着生产和科学实验的发展,发现许多固相反应的实际速度比 Tammann 理论计算的结果快得多,而且有些反应(例如 MoO$_3$ 和 CaCO$_3$ 的反应)即使反应物不直接接触也仍能较强烈地进行。因此,金斯特林格等人提出,在固相反应中,反应物可转为气相或液相,然后通过颗粒外部扩散到另一固相的非接触表面上进行反应,表明气相或液相也可能对固相反应过程起重要作用。显然这种作用取决于反应物的挥发性和体系的低共熔温度。

固相反应的实际研究常将固相反应依参加反应物质的聚集状态、反应的性质或反应进行的机理进行分类。按反应物质状态可分为:①纯固相反应。即反应物和生成物都是固体,没有液体和气体参加,反应式可以写为 A(s)+B(s)→AB(s)。②有液相参与的反应。在固相反应中,液相可来自反应物的熔化 A(s)→A(l),反应物与反应物生成低共熔物 A(s)+B(s)→(A+B)(l),A(s)+B(s)→(A+AB)(l)或(A+B+AB)(l)。例如,硫和银反应生成硫化银,就是通过液相进行的,硫首先熔化 S(s)→S(l),液态硫与银反应生成硫化银 S(l)+2Ag(s)→Ag₂S(s)。③有气体参与的反应。在固相反应中,如有一个反应物升华 A(s)→A(g)或分解AB(s)→A(g)+B(s)或反应物与第三组分反应都可能出现气体 A(s)+C(g)→AC(g)。普遍反应式为:A(s)→A(g),A(g)+B(s)→AB(s)。在实际的固相反应中,通常是三种形式的各种组合。

另一类分类方法是根据反应的性质划分,分为氧化反应、还原反应、加成反应、置换反应和分解反应,见表 7-1。此外还可按反应机理划分,分为扩散控制过程、化学反应速率控制过程、晶核成核速率控制过程和升华控制过程等。显然,分类的研究方法往往强调了问题的某一方面,以寻找其内部规律性的东西,实际上不同性质的反应,其反应机理可以相同也可以不同,甚至不同的外部条件也可导致反应机理的改变。因此,欲真正了解固相反应遵循的规律,在分类研究的基础上应进一步作结果的综合分析。

表 7-1　固相反应依性质分类

名　称	反应式	举　例
氧化反应	A(s)+B(g)→AB(s)	$2Zn+O_2→2ZnO$
还原反应	AB(s)+C(g)→A(s)+BC(g)	$Cr_2O_3+3H_2→2Cr+3H_2O$
加成反应	A(s)+B(s)→AB(s)	$MgO+Al_2O_3→MgAl_2O_4$
置换反应	A(s)+BC(s)→AC(s)+B(s) AC(s)+BD(s)→AD(s)+BC(s)	$Cu+AgCl→CuCl+Ag$ $AgCl+NaI→AgI+NaCl$
分解反应	AB(s)→A(s)+B(g)	$MgCO_3→MgO+CO_2↑$

第二节　固相反应动力学方程

固相反应动力学旨在通过反应机理的研究,提供有关反应体系、反应随时间变化的规律性信息。由于固相反应的种类和机理可以是多样的,对于不同的反应,乃至同一反应的不同阶段,其动力学关系也往往不同。因此,在实际研究中应注意加以判断与区别。

一、固相反应的一般动力学关系

固相反应的基本特点在于反应通常是由几个简单的物理化学过程,如化学反应、扩散、结晶、熔融、升华等步骤构成。因此整个反应的速度将受到其所涉及的各动力学阶段所进行速度的影响。显然所有环节中速度最慢的一环,将对整体反应速度有着决定性的影响。现以金属氧化过程为例,建立整体反应速度与各阶段反应速度间的定量关系。

设反应依图 7-1 所示模式进行,其反应方程式为

$$M(S) + \frac{1}{2}O_2(g) \rightarrow MO(S)$$

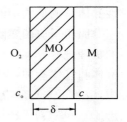

图 7-1　金属氧化反应
过程示意图

反应经 t 时间后,金属 M 表面已形成厚度为 δ 的产物层 MO。进一步的反应将由氧气 O_2 通过产物层 MO 扩散到 M-MO 界面和金属氧化两个过程所组成。根据化学反应动力学一般原理和扩散第一定律,单位面积界面上金属氧化速度 V_R 和氧气扩散速度 V_D,分别为

$$V_R = Kc \; ; \; V_D = D\frac{dc}{dx} = |_{x=\delta} \tag{7-1}$$

式中,K 为化学反应速率常数;c 为界面处氧气浓度;D 为氧气在产物层中的扩散系数。显然,当整个反应过程达到稳定时整体反应速率 V 为

$$V = V_R = V_D$$

由 $Kc = D\frac{dc}{dx}\Big|_{x=\delta} = D\frac{c_0 - c}{\delta}$ 得到界面氧浓度,有

$$c = c_0 \Big/ \Big(1 + \frac{K\delta}{D}\Big)$$

故

$$\frac{1}{V} = \frac{1}{Kc_0} + \frac{1}{Dc_0/\delta} \tag{7-2}$$

由此可见,由扩散和化学反应构成的固相反应过程其整体反应速率的倒数为扩散最大速率倒数和化学反应最大速率倒数之和。若将反应速率的倒数理解成反应的阻力,则式(7-2)将具有为大家所熟悉的串联电路欧姆定律所完全类同的形式:反应的总阻力等于各环节分阻力之和。反应过程与电路的这一类同对于研究复杂反应过程有着很大的方便。例如,当固相反应不仅包括化学反应、物质扩散,还包括结晶、熔融、升华等物理化学过程,而这些过程以串联模式依次进行时,那么容易得出固相反应总速率为

$$V = 1\Big/\Big(\frac{1}{V_{1max}} + \frac{1}{V_{2max}} + \frac{1}{V_{3max}} + \cdots + \frac{1}{V_{nmax}}\Big) \tag{7-3}$$

式中,$V_{1max}, V_{2max}, \cdots, V_{nmax}$ 分别代表构成反应过程各环节的最大可能速率。

为了确定过程总的动力学速率,确定整个过程中各个基本步骤的具体动力学关系是应该首先予以解决的问题。但是在固相反应的实际研究中,由于各环节具体动力学关系的复杂性,抓住问题的主要矛盾往往可使问题比较容易地得到解决。例如当固相反应各环节中,物质扩散速度较其他各环节都慢得多,则由式(7-3)可以看出反应阻力主要来源于扩散,此时若其他各项反应阻力较扩散项是一小量并可忽略不计时,则反应速率将完全受控于扩散速率。对于其它情况也可以依此类推。

二、化学反应动力学范围

化学反应是固相反应过程的基本环节。由物理化学原理,对于二元均相反应系统,若化学反应依反应式 $mA + nB \rightarrow pC$ 进行,则化学反应速率的一般表达式为

$$V_R = \frac{dc_C}{dt} = Kc_A^m c_B^n \tag{7-4}$$

式中,c_A、c_B、c_C 分别代表反应物 A、B 和 C 的浓度;K 为反应速率常数。它与温度间存在阿累尼乌斯关系,即

$$K = K_0 \exp\{- \Delta G_R / RT\}$$

此处 K_0 为常数;ΔG_R 为反应活化能。

然而,对于非均相的固相反应,式(7-4)不能直接用于描述化学反应动力学关系。首先对于大多数固相反应,浓度的概念对反应整体已失去了意义。其次,多数固相反应以固相反应物间的机械接触为基本条件。因此,在固相反应中将引入转化率 G 的概念,取代式(7-4)中的浓度,同时考虑反应过程中反应物间的接触面积。

所谓转化率一般定义为参与反应的一种反应物,在反应过程中被反应了的体积分数。设反应物颗粒呈球状,半径为 R_0,则经 t 时间反应后,反应物颗粒外层 x 厚度已被反应,则定义转化率 G 为

$$G = \frac{R_0^3 - (R_0 - x)^3}{R_0^3} = 1 - \left(1 - \frac{x}{R_0}\right)^3 \tag{7-5}$$

根据式(7-4)的含义,固相化学反应中动力学一般方程式可写成:

$$\frac{\mathrm{d}G}{\mathrm{d}t} = KF(1-G)^n \tag{7-6}$$

式中,n 为反应级数;K 为反应速率常数;F 为反应截面。当反应物颗粒为球形时,$F = 4\pi R_0^2 (1-G)^{2/3}$。不难看出式(7-6)与式(7-4)具有完全类同的形式和含义。在式(7-4)中浓度 c 既反映了反应物的多少又反映了反应物之中接触或碰撞的几率。而这两个因素在式(7-6)中则用反应截面 F 和剩余转化率 $(1-G)$ 得到了充分的反映。考虑一级反应,由式(7-6)可得动力学方程式为

$$\frac{\mathrm{d}G}{\mathrm{d}t} = KF(1-G) \tag{7-7}$$

当反应物颗粒为球形时有

$$\frac{\mathrm{d}G}{\mathrm{d}t} = 4K\pi R_0^2 (1-G)^{2/3}(1-G) = K_1(1-G)^{5/3} \tag{7-8a}$$

若反应截面在反应过程中不变(例如金属平板的氧化过程)则有

$$\frac{\mathrm{d}G}{\mathrm{d}t} = K_1'(1-G) \tag{7-8b}$$

积分式(7-8a)和式(7-8b),并考虑到初始条件:$t=0$,$G=0$,得

$$F_1(G) = [(1-G)^{-2/3} - 1] = K_1 t \tag{7-9a}$$

$$F_1'(G) = \ln(1-G) = -K_1' t \tag{7-9b}$$

式(7-9a)和式(7-9b)便是反应截面分别依球形和平板模型变化时,固相反应转化率或反应度与时间的函数关系。

碳酸钠 Na_2CO_3 和二氧化硅 SiO_2 在 740 ℃下进行固相反应:

$$Na_2CO_3(s) + SiO_2(s) \rightarrow Na_2O \cdot SiO_2(s) + CO_2(g)$$

当颗粒 $R_0 = 0.036$ mm,并加入少量 NaCl 作溶剂时,整个反应动力学过程完全符合(7-9a)式关系,如图 7-2 所示。这说明该反应体系于该反应条件下,反应总速率为化

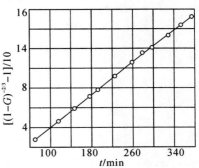

图 7-2 在 NaCl 参与下反应 $Na_2CO_3 + SiO_2 \longrightarrow Na_2O \cdot SiO_2 + CO_2$ 动力学曲线($T = 740℃$)

学反应动力学过程所控制，而扩散的阻力已小到可忽略不计，且反应属于一级化学反应。

三、扩散动力学范围

固相反应一般都伴随着物质的迁移。由于在固相中的扩散速度通常较为缓慢，因而在多数情况下，扩散速率控制整个反应的总速率往往更常见。根据反应截面的变化情况，扩散控制的反应动力学方程也将不同。在众多的反应动力学方程式中，基于平行板模型和球体模型所导出的杨德尔和金斯特林格方程式具有一定的代表性。

1. 杨德尔方程

如图 7-3(a) 所示，设反应物 A 和 B 以平板模型相互接触反应和扩散，并形成厚度为 x 的产物 AB 层，随后 A 质点通过 AB 层扩散到 B-AB 界面继续与 B 反应。若界面化学反应速率远大于扩散速率，则过程由扩散控制。经 dt 时间通过 AB 层单位截面的 A 物质量为 dm，显然在反应过程中的任一时刻，反应界面 B-AB 处 A 物质浓度为零。而界面 A-AB 处 A 物质浓度为 c_0。由扩散第一定律得

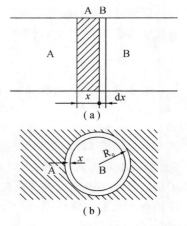

图 7-3　固相反应杨德尔模型

$$\frac{dm}{dt} = D\left(\frac{dc}{dx}\right)_{x=\xi}$$

设反应产物 AB 密度为 ρ，相对分子质量为 μ，则 $dm = \frac{\rho dx}{\mu}$；又考虑扩散属稳定扩散，则有

$$\left(\frac{dc}{dx}\right)_{x=\xi} = \frac{c_0}{x}; \frac{dx}{dt} = \frac{\mu D c_0}{\rho x} \qquad (7-10)$$

积分上式并考虑边界条件 $t=0, x=0$，得

$$x^2 = \frac{2\mu D c_0}{\rho}t = Kt \qquad (7-11)$$

式(7-11) 说明，反应物以平行板模式接触时，反应产物层厚度与时间的平方根成正比。由于式(7-11) 存在二次方关系，故常称之为抛物线速度方程式。

考虑实际情况中，固相反应通常以粉状物料为原料，为此杨德尔假设：① 反应物是半径为 R_0 的等径球粒；② 反应物 A 是扩散相，即 A 成分总是包围着 B 的颗粒，而且 A、B 与产物是完全接触，反应自球面向中心进行，如图 7-3(b) 所示。于是由式(7-5) 得

$$x = R_0[1 - (1-G)^{1/3}]$$

将上式代入式(7-11) 得杨德尔方程积分式为

$$x^2 = R_0^2[1 - (1-G)^{1/3}]^2 = Kt \qquad (7-12a)$$

或

$$F_J(G) = [1 - (1-G)^{1/3}]^2 = \frac{K}{R_0^2}t = K_J t \qquad (7-12b)$$

对上式微分得杨德尔方程微分式为

$$\frac{dG}{dt} = K_J \frac{(1-G)^{2/3}}{1 - (1-G)^{1/3}} \qquad (7-13)$$

杨德尔方程较长时间以来一直作为一个较经典的固相反应动力学方程而被广泛地接受。但仔细分析杨德尔方程推导过程，容易发现：将圆球模型的转化率式(7-5)代入平板模型的抛

物线速度方程的积分式(7-11)中就限制了杨德尔方程只能用于反应初期,反应转化率较小(或$\frac{x}{R_0}$比值很小)的情况,因为此时反应截面F可近似地看成不变。

杨德尔方程在反应初期的正确性在许多固相反应的实例中都得到证实。图7-4和图7-5分别表示了反应$BaCO_3+SiO_2 \rightarrow BaSiO_3+CO_2$和$ZnO+Fe_2O_3 \rightarrow ZnFe_2O_3$在不同温度下$F_J(G) \sim t$关系。显然温度的变化所引起直线斜率的变化完全由反应速率常数K_J变化所致。由此变化可求得反应的活化能,即

$$\Delta G_R = \frac{RT_1T_2}{T_2-T_1}\ln\frac{K_J(T_2)}{K_J(T_1)} \tag{7-14}$$

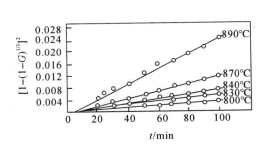

图7-4　在不同温度下$BaCO_3+SiO_2 \longrightarrow$ $BaSiO_3+CO_2$的反应动力学曲线

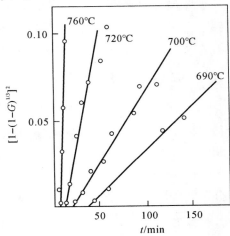

图7-5　在不同温度下$ZnO+Fe_2O_3 \longrightarrow$ $ZnFe_2O_4$的反应动力学曲线

2. 金斯特林格方程

金斯特林格针对杨德尔方程只能适用于转化率较小的情况,考虑在反应过程中反应截面随反应进程变化这一事实,认为实际反应开始以后生成产物层是一个厚度逐渐增加的球壳而不是一个平面。

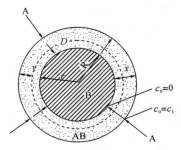

图7-6　金斯特林格反应模型

c_0— 在产物层中A的浓度;c_1— 在A-AB界面上A的浓度;
D—A在AB中的扩散系数;r— 在扩散方向上产物层中任意时刻的球面的半径

为此,金斯特林格提出了如图7-6所示的反应扩散模型。当反应物A和B混合均匀后,若A的熔点低于B的熔点,A可以通过表面扩散或通过气相扩散而布满整个B的表面。在产物层

AB生成之后,反应物 A 在产物层中扩散速率远大于 B 的扩散速率,并且在整个反应过程中,反应生成物球壳外壁(即 A 界面)上,扩散相 A 的浓度恒为 c_0,而生成物球壳内壁(即 B 界面)上,由于化学反应速率远大于扩散速率,扩散到 B 界面的反应物 A 可马上与 B 反应生成 AB,其扩散相 A 浓度恒为零,故整个反应速率完全由 A 在生成物球壳 AB 中的扩散速率所决定。设单位时间内通过 $4\pi r^2$ 球面扩散入产物层 AB 中 A 的量为 dm_A/dt,由扩散第一定律,有

$$dm_A/dt = D 4\pi r^2 (\partial c/\partial r)_{r=R-x} = M_{(x)} \tag{7-15}$$

假设这是稳定扩散过程,因而单位时间内将有相同数量的 A 扩散通过任一指定的 r 球面,其量为 $M(x)$。若反应生成物 AB 密度为 ρ,分子量为 μ,AB 中 A 的分子数为 n,令 $\rho n/\mu = \varepsilon$,这时产物层 $4\pi r^2 dx$ 体积中积聚 A 的量为

$$4\pi r^2 dx\varepsilon = D 4\pi r^2 (\partial c/\partial r)_{r=R-x} dt$$

则有

$$dx/dt = \frac{D}{\varepsilon}(\partial c/\partial r)_{r=R-x} \tag{7-16}$$

由式(7-15)移项并积分可得

$$(\partial c/\partial r)_{r=R-x} = \frac{c_0 R(R-x)}{r^2 x} \tag{7-17}$$

式(7-17)代入(7-16)式令 $K_0 = D/\varepsilon c_0$ 得

$$dx/dt = K_0 \frac{R}{x(R-x)} \tag{7-18a}$$

积分上式,得

$$x^2\left(1 - \frac{2}{3}\frac{x}{R}\right) = 2K_0 t \tag{7-18b}$$

将球形颗粒转化率关系式(7-5)代入式(7-18b),经整理即可得出以转化率 G 表示的金斯特林格动力学方程的积分和微分式为

$$F_K(G) = 1 - \frac{2}{3}G - (1-G)^{2/3} = \frac{2D\mu c_0}{R_0^2 \rho n}t = K_K t \tag{7-19}$$

$$\frac{dG}{dt} = K'_K \frac{(1-G)^{1/3}}{1-(1-G)^{1/3}} \tag{7-20}$$

式中,$K'_K = \frac{1}{3}K_K$,均称为金斯特林格动力方程速率常数。

实验研究表明,金斯特林格方程比杨德尔方程能适用于更大的反应程度。例如,碳酸钠与二氧化硅在 820 ℃ 下的固相反应,测定不同反应时间的二氧化硅转化率 G 得表7-2的实验数据。根据金斯特林格方程拟合试验结果,在转化率从 0.245 8 变到 0.615 6 区间内,$F_K(G)$ 关于 t 有相当好的线性关系,其速率常数 K_K 恒等于 1.83。但若以杨德尔方程处理实验结果,$F_J(G)$ 与 t 线性关系很差,K_J 值从 1.81 偏离到 2.25。图7-7所示为这一结果实验图线。

表 7-2　二氧化硅-碳酸钠反应动力学数据($R_0 = 0.036$ mm,$T = 820$ ℃)

时间/min	SiO_2转化率 G	$K_K/10^4$	$K_J/10^4$
41.5	0.245 8	1.83	1.81
49.0	0.266 6	1.83	1.96
77.0	0.328 0	1.83	2.00
99.5	0.368 6	1.83	2.02

续　表

时间/min	SiO$_2$转化率 G	$K_K/10^4$	$K_J/10^4$
168.0	0.464 0	1.83	2.10
193.0	0.492 0	1.83	2.12
222.0	0.519 6	1.83	2.14
263.5	0.560 0	1.83	2.18
296.0	0.587 6	1.83	2.20
312.0	0.601 0	1.83	2.24
332.0	0.615 6	1.83	2.25

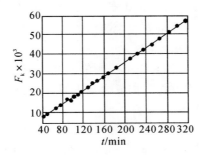

图 7 - 7　碳酸钠和二氧化硅的反应动力学

[SiO$_2$]∶[Na$_2$CO$_3$]＝1，r＝0.036 mm，T＝820 ℃

金斯特林格方程式有较好的普遍性，从其方程本身可以得到进一步的说明。

令 $\xi = \dfrac{x}{R}$，由式（7 - 18a），得

$$\frac{\mathrm{d}x}{\mathrm{d}t} = K\,\frac{R_0}{(R_0 - x)x} = \frac{K}{R_0}\,\frac{1}{\xi(1-\xi)} = \frac{K'}{\xi(1-\xi)} \tag{7-21}$$

作 $\dfrac{1}{K'}\dfrac{\mathrm{d}x}{\mathrm{d}t} \sim \xi$ 关系曲线（见图 7 - 8），得产物层增厚速率 $\dfrac{\mathrm{d}x}{\mathrm{d}t}$ 随 ξ 变化规律。

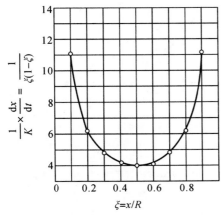

图 7 - 8　反应产物层增厚速率与 ξ 的关系

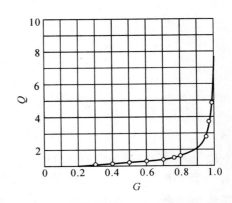

图 7 - 9　金斯特林格方程与杨德尔方程比较

当 ξ 很小即转化率很低时，$\dfrac{\mathrm{d}x}{\mathrm{d}t}=\dfrac{K}{x}$，方程转为抛物线速度方程。此时金斯特林格方程等价于杨德尔方程。随着 ξ 增大，$\dfrac{\mathrm{d}x}{\mathrm{d}t}$ 很快下降并经历一最小值（$\xi=0.5$）后逐渐上升。当 $\xi\to 1$（或 $\xi\to 0$）时，$\dfrac{\mathrm{d}x}{\mathrm{d}t}\to\infty$，这说明在反应的初期或终期扩散速率极快，故而反应进入化学反应动力学范围，其速率由化学反应速率控制。

比较式（7-14）和式（7-20），令 $Q=\left(\dfrac{\mathrm{d}G}{\mathrm{d}t}\right)_{K}\Big/\left(\dfrac{\mathrm{d}G}{\mathrm{d}t}\right)_{J}$ 得

$$Q=\frac{K_{K}(1-G)^{1/3}}{K_{J}(1-G)^{2/3}}=K(1-G)^{-1/3}$$

依上式作关于转化率 G 图线（见图7-9），由此可见，当 G 值较小时，$Q=1$，这说明两方程一致。随着 G 逐渐增加，Q 值不断增大，尤其到反应后期 Q 值随 G 陡然上升。这意味着两方程偏差越来越大。因此，如果说金斯特林格方程能够描述转化率很大情况下的固相反应，那么杨德尔方程只能在转化率较小时才适用。

然而，金斯特林格方程并非对所有扩散控制的固相反应都能适用。从以上推导可以看出，杨德尔方程和金斯特林格方程均以稳定扩散为基本假设，它们之间所不同的仅在于其几何模型的差别。

因此，不同颗粒形状的反应物必然对应着不同形式的动力学方程。例如，对于半径为 R 的圆柱状颗粒，当反应物沿圆柱表面形成的产物层扩散的过程起控制作用时，其反应动力学过程符合依轴对称稳定扩散模式推得的动力学方程式为

$$F_{0}(G)=(1-G)\ln(1-G)+G=Kt \tag{7-22}$$

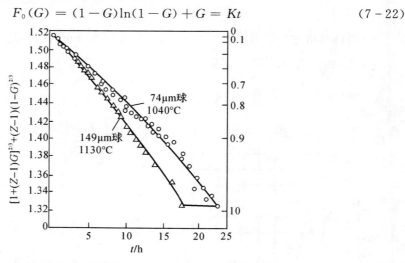

图7-10　在空气中镍球氧化的 $[1+(Z-1)G]^{2/3}+(Z-1)(1-G)^{2/3}$
对时间 t 的关系

此外金斯特林格动力学方程中没有考虑反应物与生成物密度不同所带来的体积效应。实际上由于反应物与生成物的密度差异，扩散相 A 在生成物 C 中扩散路程并非 $R_0\to r$，而是 $r_0\to r$（此处 $r_0\neq R_0$，为未反应的 B 加上产物层厚的临时半径），并且 $|R_0-r_0|$ 随着反应的进一步进行而增大。为此卡特（Carter）对金斯特林格方程进行了修正，得 Carter 动力学方程式为

$$F_{ca}(G) = [1+(Z-1)G]^{2/3} + (Z-1)(1-G)^{2/3} = Z+2(1-Z)Kt \qquad (7-23)$$

式中，Z 为消耗单位体积 B 组分所生成产物 C 组分的体积。

Carter 将该方程用于镍球氧化过程的动力学数据处理，发现一直进行到 100% 方程仍然与事实结果符合得很好，如图 7-10 所示。H. O. Schmalyrieel 也在 ZnO 与 Al_2O_3 反应生成 $ZnAl_2O_4$ 实验中，证实 Carter 方程在反应度为 100% 时仍然有效。

第三节　影响固相反应的因素

由于固相反应过程涉及相界面的化学反应和相内部或外部的物质输送等若干环节，因此，除像均相反应一样，反应物的化学组成、特性和结构状态以及温度、压力等因素外，凡是能活化晶格、促进物质内外传输作用的因素均会对反应起影响作用。

一、反应物化学组成与结构的影响

反应物化学组成与结构是影响固相反应的内因，是决定反应方向和反应速率的重要因素。从热力学角度看，在一定温度、压力条件下，反应可能进行的方向是自由能减少（$\Delta G < 0$）的方向，而且 ΔG 的负值越大，反应的热力学推动力也越大。从结构的观点看，反应物的结构状态、质点间的化学键性质以及各种缺陷的多少都将对反应速率产生影响。事实表明，同组成反应物，其结晶状态、晶型由于其热历史的不同易出现很大的差别，从而影响到这种物质的反应活性。例如，用氧化铝和氧化钴合成钴铝尖晶石（$Al_2O_3 + CoO \rightarrow CoAl_2O_4$）的反应中，若分别采用轻烧 Al_2O_3 和在较高温度下死烧的 Al_2O_3 作原料，其反应速度可相差近十倍。研究表明，轻烧 Al_2O_3 是由于 $\gamma - Al_2O_3 \rightarrow \alpha - Al_2O_3$ 转变，而大大提高了 Al_2O_3 的反应活性。即物质在相转变温度附近质点可动性显著增大，晶格松懈、结构内部缺陷增多，故而反应和扩散能力增加。因此在生产实践中往往可以利用多晶转变、热分解和脱水反应等过程引起的晶格活化效应来选择反应原料和设计反应工艺条件以达到高的生产效率。

其次，在同一反应系统中，固相反应速度还与各反应物间的比例有关，如果颗粒尺寸相同的 A 和 B 反应形成产物 AB，若改变 A 与 B 的比例就会影响到反应物表面积和反应截面积的大小，从而改变产物层的厚度和影响反应速率。例如增加反应混合物中"遮盖"物的含量，则反应物接触机会和反应截面就会增加，产物层变薄，相应的反应速度就会增加。

二、反应物颗粒尺寸及分布的影响

反应物颗粒尺寸对反应速率的影响，首先在杨德尔、金斯特林格动力学方程式中明显地得到反映。反映速率常数 K 值反比于颗粒半径平方，因此，在其他条件不变的情况下，反应速率受到颗粒尺寸大小的强烈影响。图 7-11 所示为不同颗粒尺寸对 $CaCO_3$ 和 MoO_3 在 600 ℃反应生成 $CaMoO_4$ 的影响，比较曲线 1 和曲线 2 可以看出颗粒尺寸的微小差别对反应速率有明显的影响。

颗粒尺寸大小对反应速率影响的另一方面是通过改变反应界面和扩散截面以及改变颗粒表面结构等效应来完成的，颗粒尺寸越小，反应体系比表面积越大，反应界面和扩散截面也相应增加，因此反应速率增大，同时，按威尔表面学说，随颗粒尺寸减小，键强分布曲线变平，弱键比例增加，故而使反应和扩散能力增强。

值得指出的还有，同一反应体系由于物料颗粒尺寸不同其反应机理也可能会发生变化，而属不同动力学范围控制。例如前面提及的 $CaCO_3$ 和 MoO_3 反应,当取等分子比并在较高温度(600 ℃)下反应时,若 $CaCO_3$ 颗粒大于 MoO_3 则反应由扩散控制,反应速率随 $CaCO_3$ 颗粒度减小而加速,倘若 $CaCO_3$ 颗粒尺寸减小到小于 MoO_3 并且体系中存在过量的 $CaCO_3$ 时,则由于产物层变薄,扩散阻力减小,反应由 MoO_3 的升华过程所控制,并随 MoO_3 粒径减小而加强。图 7-12 所示为 $CaCO_3$ 和 MoO_3 反应受 MoO_3 的升华所控制的动力学情况,其动力学规律符合由布特尼柯夫和金斯特林格推导的升华控制动力学方程,有

$$F(G) = 1 - (1-G)^{2/3} = Kt$$

最后应该指出,在实际生产中往往不可能控制均等的物料粒径。这时反应物料粒径的分布对反应速率的影响同样是重要的。理论分析表明由于物料颗粒大小以平方关系影响着反应速率,颗粒尺寸分布越是集中对反应速率越是有利。因此缩小颗粒尺寸分布范围,以避免少量较大尺寸的颗粒存在而显著延缓反应进程,是生产工艺在减小颗粒尺寸的同时应注意到的另一问题。

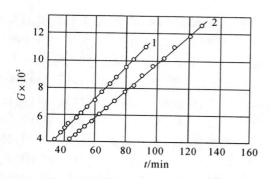

图 7-11　碳酸钙与氧化钼固相反应的动力学曲线
$MoO_3 : CaCO_3 = 1 : 1$, $r_{MoO_3} = 0.036$ mm
1—$r_{CaCO_3} = 0.13$ mm, $T = 600$ ℃
2—$r_{CaCO_3} = 0.135$ mm, $T = 600$ ℃

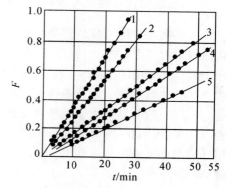

图 7-12　碳酸钙与氧化钼固相反应(升华控制)
$r_{CaCO_3} = 0.030$ mm, $[CaCO_3] : [MoO_3] = 15$
$T = 620$ ℃, MoO_3 颗粒尺寸(mm):
1—0.052; 2—0.064; 3—0.119;
4—0.13; 5—0.153

三、反应温度、压力与气氛的影响

1. 反应温度

温度是影响固相反应速率的重要外部条件之一。温度升高,固体结构中质点热振动动能增大,反应能力和扩散能力均增强,则大大有利于固相反应的进行。

对于化学反应,其速率常数 $K = A\exp(-\dfrac{\Delta G_R}{RT})$,式中,$\Delta G_R$ 为化学反应活化能,A 是与质点活化机构相关的指前因子;对于扩散,其扩散系数 $D = D_0\exp(-\dfrac{Q}{RT})$,式中,$Q$ 为扩散活化能,D_0 是频率因子。因此无论是扩散控制或化学反应控制的固相反应,温度的升高都将提高扩散系数或化学反应速率常数,且由于扩散活化能(Q) < 化学反应活化能(ΔG_R),而使温度的变化对化学反应影响远大于对扩散的影响。

2. 压力

压力是影响固相反应的另一外部因素。

（1）纯固相反应。提高压力可显著地改善粉料颗粒之间的接触状态，如缩短颗粒之间距离，增加接触面积等并提高固相的反应速率。

（2）有液相、气相参与的固相反应。扩散过程主要不是通过固相粒子直接接触进行的。因此提高压力有时并不表现出积极作用，甚至会适得其反。例如，粘土矿物脱水反应和伴有气相产物的热分解反应以及某些由升华控制的固相反应等等，增加压力会使反应速率下降，由表7-3所列数据可见随着水蒸气压的增高、高岭土的脱水温度和活化能明显提高，脱水速率降低。

表 7-3　不同水蒸气压力下高岭土的脱水活化能

水蒸气压 p_{H_2O}/Pa	温度 T/℃	活化能 ΔG_R/(kJ/mol)
<0.10	390~450	214
613	435~475	352
1867	450~480	377
6265	470~495	469

3. 气氛

（1）气氛可以通过改变固体吸附特性而影响表面反应活性；

（2）对于能形成非化学计量的化合物如 ZnO，CuO 等，气氛可直接影响晶体表面缺陷的浓度、扩散机构与扩散速率。

四、矿化剂及其他影响因素

在固相反应体系中加入少量非反应物物质或某些可能存在于原料中的杂质常会对反应产生特殊的作用，这些物质常被称为矿化剂，它们在反应过程中不与反应物或反应产物起化学反应，但它们以不同的方式和程度影响着反应的某些环节。

实验表明，矿化剂可以产生如下作用：①与反应物形成固溶体，使其晶格化，反应能力增加；②与反应物形成低共溶物，使物系在较低温度下出现液相，加速扩散和对固相的溶解作用；③与反应物形成活性中间体而处于活化状态；④矿化剂离子对反应物的极化作用，促使其晶格畸变和活化。例如，在 Na_2CO_3 和 Fe_2O_3 反应体系加入 $NaCl$，可使反应转化率提高约 1.5~1.6 倍之多。而且颗粒尺寸越大，这种矿化效果越明显。又例如，在硅砖中加入 1%~3%[Fe_2O_3+$Ca(OH)_2$]作为矿化剂，能使其大部分 α-石英不断溶解而同时不断析出 α-鳞石英，从而促使了 α-石英向 α-鳞石英的转化。矿化剂的机理复杂多样，可因反应体系的不同而完全不同，但可以认为矿化剂总是以某种方式参与到固相反应过程中去的。

以上从物理化学角度对影响固相反应速率的诸因素进行了分析讨论，但必须提出，实际生产科研过程中遇到的各种影响因素可能会更多更复杂。对于工业性的固相反应除了有物理化学因素外，还有工程方面的因素。因此从反应工程的角度考虑传质传热效率对固相反应的影响同样重要。尤其是由于无机材料，生产通常都要求高温条件，此时传热速率对反应进行的影响极为显著。例如,水泥工业中的碳酸钙分解速率,一方面受到物理化学基本规律的影响,另一方面与工程上的换热传质效率有关。在同温度下,普通旋窑中的分解率要低于窑外分解炉中的,这是因为在分解炉中处于悬浮状态的碳酸钙颗粒在传质换热条件上比普通旋窑中好得多。又例如,把石英砂压成直径为 50 mm 的球,约以 8 ℃/min 的速率进行加热使之进行 $\beta \rightarrow \alpha$ 相变,约需 75 min 完成。而在同样加热速率下,用相同直径的石英单晶球作实验,则相变所需时间仅为 13 min。产生这种差异的原因除两者的传热系数不同外[单晶体约为 5.23 W/(m² · K),而石英砂球约为 0.58 W/(m² · K)],还由于石英单晶是透辐射的,其传热方式不同于石英砂球,即不是传导机构连续传热而可以直接进行透射传热。因此相变反应不是在依序向球中心推进的界面上进行,而是在具有一定厚度范围内以至于在整个体积内同时进行,从而大大加速了相变反应的速率。

第四节　固相反应实例

由固相反应的影响因素可知,原始粉料的尺寸、分布和形状、所含杂质的种类和数量、热历史等都对固相反应的动力学产生显著的影响,因此固相反应的实验研究具有一定的难度,要获得固相反应过程中的各种信息,常常需要使用多种研究手段。下面以几个固相反应的研究实例来说明固相反应常用的某些研究方法。

Unsimaki 等研究了 $BaTiO_3$ 和 $SrTiO_3$ 在高温下形成 $(Ba_xSr_{1-x})TiO_3$ 的固相反应。首先应用平均粒径为 2 μm 的氧化物粉料合成 $BaTiO_3$ 和 $SrTiO_3$,再以质量分数为 50% $BaTiO_3$ 和 50% $SrTiO_3$ 在 1 050 ℃,1 075 ℃,1 100 ℃和 1 150 ℃,高温合成两者的固溶体。参与反应的固态粉料分别恒温若干时间,应用 HT-XRD 动态测定反应的结果,并作定量的相分析。在 1 075 ℃时测得的动态 X 射线衍射图见图 7-13。在前述的各个温度下,固相反应的动力学特点见图 7-14,将图中所示的实验数据用杨德尔模型和 Carter 模型分别加以讨论(见图 7-15(a)(b))。

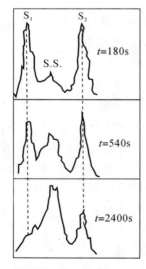

图 7-13　固相反应在 1075 ℃时系统(211)衍射峰的变化
(S_1 为 $BaTiO_3$;S_2 为 $SrTiO_3$; S. S. 为 $(Ba_xSr_{1-x})TiO_3$)

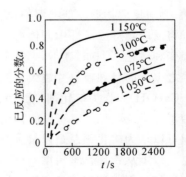

图 7-14　固相反应的转化率与时间及温度的关系

当转化率 $G\leqslant0.6$ 时，$(1-\sqrt[3]{1-G})^2$ 与 t 的关系呈线性；而当 $G>0.6$ 时，此关系偏离线性，这说明了杨德尔方程的局限性。如果以 $[1+(Z-1)G]^{2/3}+(Z-1)(1-G)^{2/3}$ 对 t 作图，实验数据与 Carter 模型拟合结果良好，这表明 Carter 方程更适用于扩散控制的固相反应。已知 $BaTiO_3$ 和 $SrTiO_3$ 的密度分别为 $6.039\ g/cm^3$ 和 $5.120\ g/cm^3$，对于 50 wt% $BaTiO_3$ 和 50 wt% $SrTiO_3$ 的混合料发生固相反应而形成产物时的等效体积比 Z 为 1.85。如果以各个反应温度 T 时的反应速率常数（由 Carter 模型算得）的对数 $\ln K$ 对 $1/T$ 作图，可以得到一条直线，符合阿累尼乌斯模型。由直线的斜率可以求出反应的活化能约为 $3.5\times10^{-19}\ J/mol$。

Beretka 等研究了粉料尺寸不同的方镁石（含 97.7 wt% MgO）与刚玉（含 99.2 wt% Al_2O_3）发生固相反应形成 $MgAl_2O_4$ 的动力学特点。摩尔比为 1:1 的方镁石与刚玉粉料混磨后，应用筛分方法、显微镜观察方法等把粉料按尺寸大小分为三类：一类为 $1\sim3\ \mu m$，第二类为 $45\sim50\ \mu m$，第三类为 $90\sim105\ \mu m$。这三类粉料分别在高温下恒温若干时间，然后对试样进行 X 射线衍射分析和电子探针微区分析，以确定试样中产物的种类及数量，建立动力学模型，如图 7-16 所示。结果表明，原始粉料越细，固相反应进行得越快，而且原始粉料的尺寸不同，其固相反应的动力学方程也有所不同。

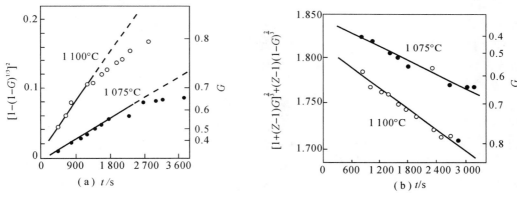

图 7-15
(a)Jander 模型与实验数据的拟合性；(b)Carter 模型与实验数据的拟合性

Beruto 等研究了外加剂 Li_2CO_3 对 CaO 粉料与 CO_2 气体发生固相反应的影响。CaO 和 CO_2 发生反应，在 CaO 的表面形成 $CaCO_3$ 产物层，当产物层厚度达到一定厚度时，CO_2 气体通过该层的扩散变得过于缓慢而阻止了反应的进一步进行。在添加 Li_2CO_3 后，改变了这一特征，使固相反应速率增大。平均粒径为 $3\ \mu m$ 的 CaO 粉料在不掺和掺入质量分数为 15% Li_2CO_3 时与 CO_2 气体发生固相反应的动力学数据如图 7-17 所示。数据表明在反应温度低于或接近于 $Li_2CO_3-CaCO_3$ 低共熔温度 935 K 时，掺入 Li_2CO_3 的反应系统的反应速率均高于不掺 Li_2CO_3 的反应系统的反应速率，尤其当反应温度接近于 $Li_2CO_3-CaCO_3$ 低共熔温度时，前者的反应速率大大高于后者。这是因为当 $Li_2CO_3-CaCO_3$ 低共熔相形成时，在 CaO 表面的 $CaCO_3$ 产物层在低共熔相中溶解并重新淀析，因此反应被大大加速。在低于 $Li_2CO_3-CaCO_3$ 低共熔温度时，掺杂物 Li_2CO_3 使得所形成的多晶 $CaCO_3$ 产物层的粒子尺寸减小、边界数量增多，为 CO_2 气体提供了众多进入 CaO 的界面扩散通道，因而使反应速率增大。

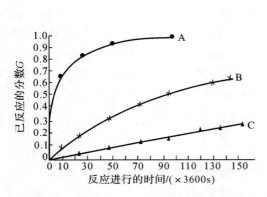

图 7-16　粉料尺寸不同的方镁石与刚玉在
1 300 ℃时的固相反应动力学曲线
A 料 1~3 μm；B 料 45~53 μm；
C 料 90~105 μm

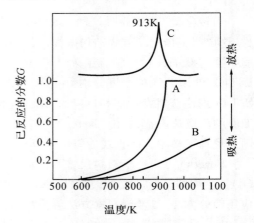

图 7-17　不掺和掺入 15%wt Li_2CO_3 的 CaO 粉
料和 CO_2 气体的反应动力学(CaO 粉料重 100 mg，
CO_2 气压为 26664 Pa，加热速率 0.2 ℃/60 s)曲线
A：掺入 15%wt Li_2CO_3；B：不掺 Li_2CO_3；
C：A 料的 DTA 分析

从以上所列举的几个固相反应的研究实例可见，由于固相反应的复杂性和多样性，所选用的研究方法与手段也相应地具有复杂性和多样性，必须适应于所研究的固相反应系统。

课后习题

7-1　试比较杨德尔方程和金斯特林格方程的优缺点及其适用条件。

7-2　如果要合成镁铝尖晶石($MgAl_2O_4$)，可提供选择的原料有 $MgCO_3$，$Mg(OH)_2$，MgO，$Al_2O_3 \cdot 3H_2O$，$\gamma - Al_2O_3$，$\alpha - Al_2O_3$。从提高反应速率的角度出发，选择什么原料较好，为什么？

7-3　由 MgO 和 Al_2O_3 固相反应生产 $MgAl_2O_4$，试问：(1) 反应时什么离子是扩散离子？请写出界面反应方程；(2) 当用 $MgO：Al_2O_3 = 1：n$ 进行反应时，在 1 415 ℃测得尖晶石厚度为 340 μm，分离比为 3.4，试求 n 值；(3) 已知 1 415 ℃和 1 595 ℃时，生成 $MgAl_2O_4$ 的反应速率常数分别为 1.4×10^{-9} cm^2/s 和 1.4×10^{-3} cm^2/s，试求反应活化能？

7-4　MoO_3 和 $CaCO_3$ 反应时，反应机理受到 $CaCO_3$ 颗粒大小的影响，当 $MoO_3：CaCO_3 = 1：1$，$r_{MoO_3} = 0.036$ mm，$r_{CaCO_3} = 0.13$ mm 时，反应是扩散控制的。当 $MoO_3：CaCO_3 = 1：15$，$r_{CaCO_3} < 0.03$ mm 时，反应由升华控制，请解释这种现象。

第八章 相 变

相变过程是物质从一个相转变为另一个相的过程,是指在外界条件发生变化的过程中物相于某一特定的条件下(临界值)发生突变。一般相变前后相的化学组成不变,因而相变是一个物理过程不涉及化学反应。从狭义上讲,相变仅限于同组成的两相之间的结构变化,例如单元系统中的晶型转变 A(结构 X)→A(结构 Y);但就广义概念,相变应包括过程前后相组成发生变化的情况。相变的类型很多,例如气相→液相(凝聚、蒸发);气相→固相(凝华、升华);液相→固相(结晶、熔融);固相(1)→固相(2)(晶型转变、有序—无序转变等);液相(1)→液相(2)(液—液分相)都属于相变范畴,而且二组分或多组分系统中的反应,如 A[结构 X] → B[结构 Y]+C[结构 Z],以及亚稳分相等过程,通常也都归之于相变。

相变在材料的科研与生产中十分重要。例如陶瓷、耐火材料的烧成和重结晶,或引入矿化剂控制其晶型转化;玻璃中防止失透或控制结晶来制造各种微晶玻璃;单晶、多晶和晶须中采用的液相或气相外延生长;瓷釉、搪瓷和各种复合材料的熔融和析晶;以及新型铁电材料中由自发极化产生的压电、热释电、电光效应等都归之为相变过程。相变过程中涉及的基本理论对获得特定性能的材料和制订合理的工艺过程是极为重要的,目前已成为研究材料的重要课题。

第一节 相变的分类

物质的相变种类和方式很多,特征各异,很难将其归类,常见的分类方法有按热力学分类、按相变方式分类、按相变时质点迁移情况分类等等。

一、按热力学分类

热力学中处理相变问题是讨论各个相的能量状态在不同的外界条件下所发生的变化。它不涉及具体的原子间结合力或相对位置改变的情况,因而难以解释相变机理,然而热力学的结论却是普遍适用的。

热力学分类把相变分为一级相变与二级相变等。

体系由一相变为另一相时,如两相的化学势相等但化学势的一级偏微商(一级导数)不相等的相变称为一级相变,即

$$\mu_1 = \mu_2;(\partial\mu_1/\partial T)_P \neq (\partial\mu_2/\partial T)_P;(\partial\mu_1/\partial P)_T \neq (\partial\mu_2/\partial P)_T$$

由于$(\partial\mu/\partial T)_P = -S,(\partial\mu/\partial P)_T = V$,也即一级相变时,$S_1 \neq S_2,V_1 \neq V_2$。因此在一级相变时熵($S$)和体积($V$)有不连续变化,如图 8-1 所示。即在发生一级相变时有相变潜热,并伴随有体积的改变。晶体的熔化、升华,液体的凝固、气化,气体的凝聚以及晶体中大多数晶型转

变都属于一级相变,这是最普遍的相变类型。

二级相变的特点是:相变时两相的化学势相等,其一级偏微商也相等,但二级偏微商不等,即

$$\mu_1 = \mu_2;\ (\partial \mu_1 / \partial T)_P = (\partial \mu_2 / \partial T)_P;\ (\partial \mu_1 / \partial P)_T = (\partial \mu_2 / \partial P)_T$$
$$(\partial^2 \mu_1 / \partial T^2)_P \neq (\partial^2 \mu_2 / \partial T^2)_P;\ (\partial^2 \mu_1 / \partial P^2)_T = (\partial^2 \mu_2 / \partial P^2)_T;$$
$$(\partial^2 \mu_1 / \partial T \partial P) \neq (\partial^2 \mu_2 / \partial T \partial P)$$

上面一组式子也可以写成:

$$\mu_1 = \mu_2;\ S_1 = S_2;\ V_1 = V_2;\ C_{P_1} \neq C_{P_2};\ \beta_1 \neq \beta_2;\ \alpha_1 \neq \alpha_2 \qquad (8-1)$$

式中 β 和 α 分别为等温压缩系数和等压膨胀系数。式(8-1)表明,发生二级相变时两相的化学势、熵和体积相等,但热容、热膨胀系数、压缩系数却不相等,即无相变潜热,没有体积的不连续变化(见图8-2),而只有热容量、热膨胀系数和压缩系数的不连续变化。由于这类相变中热容随温度的变化在相变温度 T_0 时趋于无穷大,因此可根据 $C_P - T$ 曲线具有 λ 形状而称二级相变为 λ 相变,其相变点可称为 λ 点或居里点。

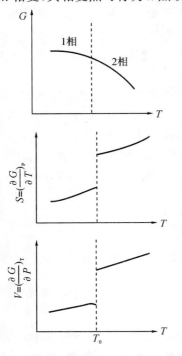

图 8-1　一级相变时两相的自由能、熵及
体积的变化

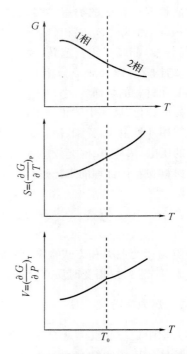

图 8-2　两级相变时两相的自由能、熵及
体积的变化

一般合金的有序-无序转变、铁磁性-顺磁性转变、超导态转变等均属于二级相变。

虽然热力学分类方法比较严格,但并非所有相变形式都能明确划分。例如 $BaTiO_3$ 的相变具有二级相变特征,然而它又有小的相变潜热存在。KH_2PO_4 的铁电体相变在理论上是一级相变,但它实际上却符合二级相变的某些特征。在许多一级相变中都重叠有二级相变的特征,因此有些相变实际上是混合型的。

二、按相变方式分类

Gibbs(吉布斯)将相变过程分为两种不同的方式：一种是由程度大、但范围小的浓度起伏开始发生相变，并形成新相核心，称为成核－长大型相变；另一种是由程度小、范围广的浓度起伏连续地长大形成新相，称为连续型相变，如 Spinodal 分解(或不稳分解)。

三、按质点迁移特征分类

根据相变过程中质点的迁移情况，可以将相变分为扩散型和无扩散型两大类。

扩散型相变的特点是相变依靠原子(或离子)的扩散来进行的。这类相变较多，如晶型转变、熔体中析晶、气-固相变、液-固相变和有序-无序转变。

无扩散型相变主要是在低温下进行的纯金属(锆、钛、钴等)同素异构转变以及一些合金(Fe－C,Fe－Ni,Cu－Al 等)中的马氏体转变。

四、按动力学分类

若按动力学特征进行分类，固态相变中的扩散型相变可分为：

(1)脱溶转变。这是由亚稳定的过饱和固溶体转变为一个稳定的或亚稳定的脱溶物和一个更稳定的固溶体，可以表示为 $\alpha' \rightarrow \alpha + \beta$。

(2)共析转变。共析转变是指一个亚稳相由其它两个更稳定相的混合物所代替，其反应可以表示为 $\gamma \rightarrow \alpha + \beta$。

(3)有序-无序转变，有序-无序转变可以表示为 $\alpha'_{无序} \rightarrow \alpha_{有序}$。

(4)块型转变。母相转变为一种或多种成分相同而晶体结构不同的新相。

(5)同素异构转变，又叫多形性转变，是指单元系统的相变。其原因在于不同的晶体结构在不同的温度范围内是稳定的。

相变分类方法除以上四种外，还可按成核特点而分为均质转变和非均质转变；也可按成分、结构的变化情况而分为重建式转变和位移式转变。由于相变涉及新、旧相的能量变化、原子迁移、成核方式、晶相结构等的复杂性，很难用一种分类法描述。

第二节　　固态相变

一、固态相变的特点

当温度、压力以及系统中各组元的形态、数值或比值发生变化时，固体将随之发生相变。发生固态相变时，固体从一个固相转变到另一个固相，其中至少伴随着下述三种变化之一：

(1)晶体结构的变化，如纯金属的同素异构转变、马氏体相变等。

(2)化学成分的变化，如单相固溶体的调幅分解，其特点是只有成分转变而无相结构的变化。

(3)有序程度的变化，如合金的有序-无序转变，即点阵中原子的配位发生变化，以及与电子结构变化相关的转变(磁性转变、超导转变等)。

固体材料性能发生变化的根源之一，是由于发生了固态相变而导致组织结构的变化。固态相变与液-固相变过程一样，也符合最小自由能原理。相变的驱动力也是新相与母相间的体积自由能差，大多数固态相变也包括成核和生长两个基本阶段，而且驱动力也是靠过冷度来获得，过冷温度对成核、生长的机制和速率都会产生重要影响。但是，与液-固相变、气-液相变、气-固相变相比，固态相变时的母相是晶体，其原子呈一定规则排列，而且原子的键合比液态时牢固，同时母相中还存在着空位、位错和晶界等一系列晶体缺陷，新相与母相之间存在界面。因此，在这样的母相中，产生新的固相，必然会出现许多特点：

（1）固态相变阻力大。固态相变时成核的阻力，来自新相晶核与基体间形成界面所增加的界面能以及体积应变能（即弹性能）。母相为气态、液态时，不存在体积应变能问题，而且固相的界面能比气-液、液-固的界面能要大得多。因此，固态相变的阻力大。

（2）原子迁移率低。固态中的原子（或离子）键合远比液态中牢固，所以原子（或离子）扩散速度远比液态时低，即使在熔点附近，固态中原子（或离子）的扩散系数也大约仅为液态扩散系数的十万分之一。

（3）非均匀形核。固相中的形核几乎总是非均匀的。

（4）低温相变时会出现亚稳相。特别是在低温下，相变阻力大，原子迁移率小，意味着克服相变位垒的能力低，因此，相变难于发生，系统处于亚稳状态。

（5）新相往往都有特定的形状。液-固相变一般为球形成核，其原因在于界面能是晶核形状的主要控制因素。固态相变中体积应变能和界面能的共同作用，决定了析出物的形状。以相同体积的晶核来比较，新相呈片状时应变能最小，呈针状时次之，呈球形时应变能最大，而界面积却按上述次序递减。当应变能为主要控制因素时，析出物多为片状或针状。

（6）按新相与母相界面原子的排列情况不同，存在共格、半共格、非共格等多种结构形式的界面。

（7）新相与母相之间存在一定的位向关系。其根本原因在于降低新相与母相间的界面能。通常是以低指数的、原子密度大的匹配较好的晶面彼此平行，构成确定位向关系的界面。通常，当相界面为共格或半共格时，新相与母相必定有位向关系；如果没有确定的位向关系，则两相的界面肯定是非共格的。

（8）为了维持共格，新相往往在母相的一定晶面上开始形成，这也是降低界面能的又一结果。

应特别指出，温度越低时，固态相变的上述特点越显著。

二、马氏体相变

马氏体（Martensite）是在钢淬火时得到的一种高硬度产物的名称，马氏体转变是固态相变的基本形式之一。在许多金属、固溶体和化合物中可观察到马氏体转变。一个晶体在外加应力的作用下通过晶体的一个分立体积的剪切作用以极迅速的速率而进行的相变称为马氏体转变。这种转变在热力学和动力学上都有其特点，但最主要的特征是在结晶学上。

1. **结晶学特征**

图 8-3(a) 所示为一四方形的母相——奥氏体块，图 8-3(b) 是从母相中形成马氏体的示意图。其中 $A_1B_1C_1D_1 - A_2B_2C_2D_2$ 由母相奥氏体转变为 $A_2B_2C_2D_2 - A_1'B_1'C_1'D_1'$ 马氏体。在母相内 $PQRS$ 为直线，相变时被破坏成为 PQ、QR'、$R'S'$ 三条直线。$A_2B_2C_2D_2$ 和 $A_1'B_1'C_1'D_1'$ 两个平面在相变前后保持既不扭曲变形也不旋转的状态，这两个把母相奥氏体和转变相马氏体

之间连接起来的平面称为习性平面(惯习面)。马氏体是沿母相的习性平面生长并与奥氏体母相保持一定的取向关系。A_2B_2，$A_1'B_1'$二条棱的直线性表明在马氏体中宏观上剪切的均匀整齐性。奥氏体和马氏体发生相变后，宏观上晶格仍是连续的，因而新相和母相之间严格的取向关系是靠切变维持共格晶界的关系。

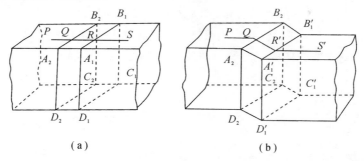

图 8-3　从一个母晶体四方块形成一个马氏体的示意图

(a) 奥氏体；　(b) 马氏体

2. 伴随马氏体相变的宏观变形 —— 浮凸效应

在马氏体相变中，除体积变化之外，在转变区域中产生形状改变。在发生变形时，在宏观范围内，习性平面不畸变，不转动。表现为图 8-3(b) 上 $PQR'S'$ 连续共格。同时，图 8-3(b) 上 QR' 不弯曲，马氏体片表面仍保持平面。马氏体转变时的习性平面变形如图 8-4 所示，这种变形在抛光的表面上产生浮凸或倾动，并使周围基体发生畸变，如图 8-5 所示。若预先在抛光的表面上划有直线刻痕，发生马氏体相变之后，由于倾动使直线刻痕产生位移，并在相界面处转折，变成连续的折线。

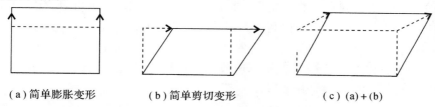

(a) 简单膨胀变形　　　　(b) 简单剪切变形　　　　(c) (a)+(b)

图 8-4　马氏体转变时的习性平面变形

大量的实验结果表明，马氏体是以两相交界面为中心发生倾斜，倾斜方向与晶体位向有严格关系，在此过程中交界面并未发生旋转；在表面上，划痕方向发生简单的改变说明相变导致均匀变形或切变；划痕不断开、在表面上的连续性表明交界面未发生畸变，界面在变形中继续保持平面。

但是，习性平面位向是具有一定分散度的。在微观范围内产物相变形是不均匀的，表现为马氏体中有微细孪晶或很高的位错密度。

检查马氏体相变的重要结晶学特征是相变后存在习性平面和晶面的定向关系。

3. 马氏体相变的无扩散性

马氏体相变是点阵有规律的重组，其中原子并不调换位置，而只变更其相对位置，其相对位移不超过原子间距。因而它是无扩散性的位移式相变。

4. 马氏体相变往往以很高的速度进行，有时高达声速

例如 Fe－C 和 Fe－Ni 合金中，马氏体的形成速度很高，在 －20 ℃ ～－195 ℃ 之间，每一片马氏体形成时间约为 0.05 ～ 5 μs。一般来说在这么低的温度下，原子扩散速率很低，相变不可能以扩散方式进行。

5. 马氏体相变没有一个特定的温度，而是在一个温度范围内进行的

在母相冷却时，奥氏体开始转变为马氏体的温度称为马氏体开始形成温度，以 M_s 表示，如图 8-6 所示。完成马氏体转变的温度称为马氏体转变终了温度，以 M_f 表示。低于 M_f 马氏体转变基本结束。

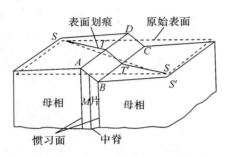

图 8-5　马氏体相变引起的表面浮凸

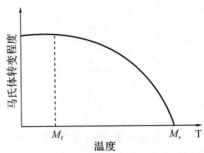

图 8-6　马氏体转变程度与温度关系图

马氏体相变不仅发生在金属中，在无机非金属材料中也有出现。最典型的是 ZrO_2 中的马氏体相变。ZrO_2 低温下为单斜相(m 相)，加热到 1200 ℃ 时转变为四方相(t 相)，这一转变速度很快，并伴随 7% ～ 9% 的体积收缩。但在冷却过程中，四方 ZrO_2 往往不在 1200 ℃ 转变成单斜 ZrO_2，而在 1 000 ℃ 左右由四方相转变为单斜相，产生体积膨胀，造成龟裂。ZrO_2 的 $t \to m$ 相变为马氏体相变。在单晶 ZrO_2 中，可以观察到相变时所呈现的浮凸，其切变角为 2°。在多晶 ZrO_2 中加入一定量的 CaO，Y_2O_3，CeO_2 等氧化物，可以与 ZrO_2 形成固溶体，使四方 ZrO_2 在室温下保持稳定，在应力条件下诱发 $t \to m$ 相变，吸收部分断裂能量，起到增韧作用。这就是目前在无机结构材料中广泛应用的 ZrO_2 相变增韧。

此外，钙钛矿结构型的 $BaTiO_3$，$KTa_{0.65}Nb_{0.35}O_3$(KTN)，$PbTiO_3$ 由高温顺电性立方相转变为低温铁电正方相时，都包含小的切变型结构调整，其相变的结晶学特征类似，在四方相内均有孪晶关系的畴域，这一相变普遍都认为是马氏体相变。

第三节　液-固相变

一、液-固相变过程热力学

1. 相变过程的不平衡状态及亚稳区

从热力学平衡的观点看，将物体冷却(或者加热)到相转变温度，则会发生相变而形成新相。从图 8-7 的单元系统 $T-P$ 相图中可以看到，OX 线为气-液相平衡线(界线)；OY 线为液-固相平衡线；OZ 线为气-固相平衡线。当处于 A 状态的气相在恒压 P' 下冷却到 B 点时，达到气-液平衡温度，开始出现液相，直到全部气相转变为液相为止，然后离开 B 点进入 BD 段液相

区。继续冷却到 D 点到达液-固相变温度,开始出现固相,直至全部转变为固相,温度才能下降离开 D 点进入 DP' 段的固相区。但是实际上,当温度冷到 B 或 D 的相变温度时,系统并不会自发产生相变,也不会有新相产生。而要冷却到比相变温度更低的某一温度例如 C(气-液)和 E(液-固)点时才能发生相变,即凝结出液相或析出固相。这种在理论上应发生相变而实际上不能发生相转变的区域(见图 8-7 中的阴影区)称为亚稳区。在亚稳区内,旧相能以亚稳态存在,而新相还不能生成。这是由于当一个新相形成时,它是以一微小液滴或微小晶粒出现,由于颗粒很小,因此其饱和蒸气压与饱

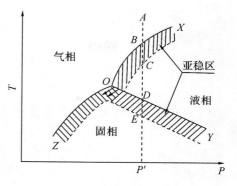

图 8-7 单元系统相变过程图

和溶解度远高于平面状态的蒸汽压和溶解度,在相平衡温度下,这些微粒还未达到饱和而重新蒸发和溶解。

由此得出:① 亚稳区具有不平衡状态的特征,是物相在理论上不能稳定存在,而实际上却能稳定存在的区域;② 在亚稳区内,物系不能自发产生新相,要产生新相,必然要越过亚稳区,这就是过冷却的原因;③ 在亚稳区内虽然不能自发产生新相,但是当有外来杂质存在时,或在外界能量影响下,也有可能在亚稳区内形成新相,此时使亚稳区缩小。

2. 相变过程推动力

相变过程的推动力是相变过程前后自由能的差值:$\Delta G_{T,P} < 0$,过程自发进行;$\Delta G_{T,P} = 0$,过程达到平衡。

(1)相变过程的温度条件。由热力学可知,在等温等压下有

$$\Delta G = \Delta H - T\Delta S$$

在平衡条件下 $\Delta G = 0$,则有 $\Delta H - T\Delta S = 0$

$$\Delta S = \Delta H / T_0 \tag{8-2}$$

式中,T_0 为相变的平衡温度;ΔH 为相变热。

若在任意一温度 T 的不平衡条件下,则有

$$\Delta G = \Delta H - T\Delta S \neq 0$$

若 ΔH 与 ΔS 不随温度而变化,将式(8-2)代入上式得

$$\Delta G = \Delta H - T\Delta H/T_0 = \Delta H \frac{T_0 - T}{T_0} = \Delta H \frac{\Delta T}{T_0} \tag{8-3}$$

由式(8-3)可见,相变过程要自发进行,必须有 $\Delta G < 0$,则 $\Delta H \frac{\Delta T}{T_0} < 0$。若相变过程放热(如凝聚过程、结晶过程等)$\Delta H < 0$,要使 $\Delta G < 0$,必须有 $\Delta T > 0$,$\Delta T = T_0 - T > 0$ 即 $T_0 > T$,这表明在该过程中系统必须"过冷却",或者说系统实际温度比理论相变温度还要低,才能使相变过程自发进行。若相变过程吸热(如蒸发、熔融等)$\Delta H > 0$,要满足 $\Delta G < 0$ 这一条件则必须 $\Delta T < 0$,即 $T_0 < T$,这表明系统要发生相变过程必须"过热"。由此得出结论:相变驱动力可以表示为过冷度(过热度)的函数,因此相平衡理论温度与系统实际温度之差即为该相变过程的推动力。

(2)相变过程的压力和浓度条件。从热力学知道,在恒温可逆不做有用功时,有

$$\mathrm{d}G = V\mathrm{d}P$$

对理想气体而言,有

$$\Delta G = \int V\mathrm{d}P = \int \frac{RT}{P}\mathrm{d}P = RT\ln P_2/P_1$$

当过饱和蒸汽压力为 P 的气相凝聚成液相或固相(其平衡蒸汽压力为 P_0)时,有

$$\Delta G = RT\ln P_0/P \qquad\qquad (8-4)$$

要使相变能自发进行,必须 $\Delta G < 0$,即 $P > P_0$,也即要使凝聚相变自发进行,系统的饱和蒸气压应大于平衡蒸气压 P_0。这种过饱和蒸汽压差就是凝聚相变过程的推动力。

对熔液而言,可以用浓度 c 代替压力 P,式(8-4)写成:

$$\Delta G = RT\ln c_0/c \qquad\qquad (8-5)$$

若是电解质溶液还要考虑电离度 a,即 1 mol 能离解出 a 个离子,有

$$\Delta G = aRT\ln\frac{c_0}{c} = aRT\ln\left(1 + \frac{\Delta c}{c}\right) \approx aRT \cdot \frac{\Delta c}{c} \qquad\qquad (8-6)$$

式中,c_0 为饱和溶液浓度;c 为过饱和溶液浓度。

要使相变过程自发进行,应使 $\Delta G < 0$,式(8-6)右边 a、R、T、c 都为正值,要满足这一条件必须 $\Delta c < 0$,即 $c > c_0$,液相要有过饱和浓度,它们之间的差值 $c - c_0$ 即为这一相变过程的推动力。

综上所述,相变过程的推动力应为过冷度、过饱和浓度、过饱和蒸气压,即相变时系统的温度、浓度和压力与相平衡时的温度、浓度和压力之差。

3. 晶核形成条件

均匀单相并处于稳定条件下的熔体或溶液,一旦进入过冷却或过饱和状态,系统就具有结晶的趋向,但此时所形成的新相的晶胚十分微小,其溶解度很大,很容易溶入母相溶液(熔体)中。只有当新相的晶核变成足够大时,它才不会消失而继续长大形成新相。那么,至少要多大的晶核才不会消失而形成新相呢?

当一个熔体(溶液)冷却发生相转变时,则系统由一相变成两相,这就使体系在能量上出现两个变化,一是系统中一部分原子(离子)从高自由能状态(例如液态)转变为低自由能的另一状态(例如晶态),这就使系统的自由能减少(ΔG_1);另一是由于产生新相,形成了新的界面(例如固-液界面),这就需要作功,从而使系统的自由能增加(ΔG_2)。因此系统在整个相变过程中自由能的变化(ΔG)应为此两项的代数和,即

$$\Delta G = \Delta G_1 + \Delta G_2 = V\Delta G_V + A\gamma \qquad\qquad (8-7)$$

式中,V 为新相的体积;ΔG_V 为单位体积中旧相和新相之间的自由能之差 $G_{液} - G_{固}$;A 为新相总表面积;γ 为新相界面能。

若假设生成的新相晶胚呈球形,则式(8-7)可写作

$$\Delta G = \frac{4}{3}\pi r^3 n\Delta G_V + 4\pi r^2 n\gamma \qquad\qquad (8-8)$$

式中,r 为球形晶胚半径;n 为单位体积中半径为 r 的晶胚数。

将式(8-3)代入式(8-8)得:

$$\Delta G = \frac{4}{3}\pi r^3 n\Delta H\Delta T/T_0 + 4\pi r^2 n\gamma \qquad\qquad (8-9)$$

由式(8-9)可见 ΔG 是晶胚半径 r 和过冷度 ΔT 的函数。图8-8表示 ΔG 与晶胚半径 r 的

关系。系统自由能 ΔG 是由两项之和决定的。图中曲线 ΔG_1 为负值,它表示由液态转变为晶态时,自由能是降低的。图中曲线 ΔG_2 表示新相形成的界面自由能,它为正值。当新相晶胚十分小(r 很小)和 ΔT 也很小时,也即系统温度接近于 T_0(相变温度)时,$\Delta G_1 < \Delta G_2$。如图中在 T_3 温度时,ΔG 随 r 增加而增大并始终为正值。当温度远离 T_0,即温度下降,并且晶胚半径逐渐增大,ΔG 开始随 r 增大而增加,接着随 r 增加而降低,此时 $\Delta G \sim r$ 曲线出现峰值如图 8-8 中的 T_1,T_2 温度时。在这两条曲线峰值的左侧,ΔG 随 r 增大而增加,即 $\Delta G > 0$,此时系统内产生的新相是不稳定的。反之在曲线峰值的右侧,ΔG 随新相晶胚的长大而减少,即 $\Delta G < 0$,故此晶胚在母相中能稳定存在,并继续长大。显然,相对于曲线峰值的晶胚半径 r_k 是划分这两个不同过程的界限,r_k 称为临界半径。从图 8-8 还可以看到,在

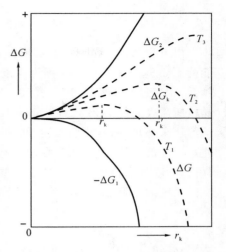

图 8-8 晶核大小与自由能的关系

低于熔点的温度下 r_k 才能存在,而且温度愈低,r_k 值愈小。图中 $T_3 > T_2 > T_1$,$r_{k2} > r_{k1}$。r_k 值可以通过求曲线的极值来确定,即

$$\mathrm{d}(\Delta G)/\mathrm{d}r = 4\pi n \frac{\Delta H \Delta T}{T_0} r^2 + 8\pi\gamma nr = 0$$

$$r_k = -\frac{2\gamma T_0}{\Delta H \Delta T} = -2\gamma/\Delta G_V \qquad (8-10)$$

从式(8-10)可以得出:

(1)r_k 是新相可以长大而不消失的最小晶胚半径,r_k 值愈小,表示新相愈易形成。r_k 与温度的关系是系统温度接近相变温度时,即 $\Delta T \to 0$,则 $r_k \to \infty$。这表示析晶相变在熔融温度时,要求 r_k 无限大,显然析晶不可能发生。ΔT 愈大则 r_k 愈小,相变愈易进行。

(2)在相变过程中,γ 和 T_0 均为正值,析晶相变系放热过程,则 $\Delta H < 0$,若要式(8-10)成立(r_k 永远为正值),则 $\Delta T > 0$,也即 $T_0 > T$,这表明系统要发生相变必须过冷,而且过冷度愈大,则 r_k 值就愈小。例如铁,当 $\Delta T = 10 \ ^\circ\mathrm{C}$ 时,$r_k = 0.04 \ \mu m$,临界核胚将由 1 700 万个晶胞所组成。而当 $\Delta T = 100 \ ^\circ\mathrm{C}$ 时,$r_k = 0.004 \ \mu m$,即由 1.7 万个晶胞就可以购成一个临界核胚。从熔体中析晶,一般 r_k 值在 10 ～ 100 nm 的范围内。

(3)由式(8-10)指出,影响 r_k 的因素有物系本身的性质如 γ 和 ΔH,以及外界条件如 ΔT 两类。晶核的界面能降低和相变热 ΔH 增加均可使 r_k 变小,有利于新相形成。

(4)相应于临界半径 r_k 时系统中单位体积的自由能变化可计算如下。以方程(8-10)代入方程(8-9),得

$$\Delta G_k = -\frac{32}{3}\frac{\pi n\gamma^3}{\Delta G_V^2} + 16\frac{\pi n\gamma^3}{\Delta G_V^2} = \frac{1}{3}\left(\frac{16\pi n\gamma^3}{\Delta G_V^2}\right) \qquad (8-11)$$

式(8-11)中第二项为

$$A_k = 4\pi r_k^2 n = 16\frac{\pi n\gamma^2}{\Delta G_V^2} \qquad (8-12)$$

因此可得

$$\Delta G_k = \frac{1}{3} A_k \gamma \tag{8-13}$$

由方程(8-13)可见,要形成临界半径大小的新相,则需要对系统做功,其值等于新相界面能的1/3。这个能量(ΔG_k)称为成核位垒。它是描述相变发生时所必须克服的位垒。这一数值越低,相变过程越容易进行。式(8-13)还表明,液-固相之间的自由能差值只能供给形成临界晶核所需表面能的2/3。而另外的$1/3(\Delta G_k)$,对于均匀成核而言,则需依靠系统内部存在的能量起伏来补足。通常我们描述系统的能量均为平均值,但从微观角度看,系统内不同部位由于质点运动的不均衡性,而存在能量起伏,动能低的质点偶尔较为集中,即引起系统局部温度的降低,为临界晶核的产生创造了必要条件。

系统内能形成 r_k 大小的粒子数 n_k 可用下式描述,有

$$\frac{n_k}{n} = \exp\left(-\frac{\Delta G_k}{RT}\right) \tag{8-14}$$

式中,n_k/n 表示半径大于和等于 r_k 大小粒子的分数。

由此式可见,ΔG_k愈小,具有临界半径 r_k 的粒子数愈多。

二、液-固相变过程动力学

1. 晶核形成过程动力学

晶核形成过程是析晶的第一步,它分为均匀成核和非均匀成核两类。所谓均匀成核是指晶核从均匀的单相熔体中产生的几率是处处相同的。非均匀成核是指借助于表面、界面、微裂纹、器壁以及各种催化位置等而形成晶核的过程。

(1) 均匀成核。当每相中产生临界核胚以后,必须从母相中将原子或分子一个个逐步加到核胚上,使其生长成稳定的晶核。因此成核速率除了取决于单位体积母相中核胚的数目以外,还取决于母相中原子或分子加到核胚上的速率,可以表示为

$$I_V = \nu n_i n_k \tag{8-15}$$

式中,I_V 为成核速率,指单位时间、单位体积中所生成的晶核数目,其单位通常是晶核个数/s·cm³;ν 为单个原子或分子同临界晶核碰撞的频率;n_i 为临界晶核周界上的原子或分子数。

碰撞频率 ν 表示为

$$\nu = \nu_0 \exp(-\Delta G_m/RT) \tag{8-16}$$

式中,ν_0 为原子或分子的跃迁频率;ΔG_m 为原子或分子跃迁新旧界面的迁移活化能。因此成核速率可以写成:

$$I_V = \nu_0 n_i n \exp\left(-\frac{\Delta G_k}{RT}\right)\exp\left(-\frac{\Delta G_m}{RT}\right)$$
$$= B\exp\left(-\frac{\Delta G_k}{RT}\right)\exp\left(-\frac{\Delta G_m}{RT}\right) = PD \tag{8-17}$$

式中,P 为受核化位垒影响的成核因子,$P = B\exp\left(-\frac{\Delta G_k}{RT}\right)$;$D$ 为受原子扩散影响的成核因子,$D = \exp\left(-\frac{\Delta G_m}{RT}\right)$;$B$ 为常数。

式(8-17)表示成核速率随温度变化的关系。当温度降低,过冷度增大时,由于 $\Delta G_K \propto \frac{1}{\Delta T^2}$,因而成核位垒下降,成核速率增大,直至达到最大值。若温度继续下降,液相黏度增加,原

子或分子的扩散速率下降，ΔG_m 增大，使 D 因子剧烈下降，导致 I_v 降低，成核速率 I_v 与温度的关系应是曲线 P 和 D 的综合结果，如图 8-9 中 I_v 曲线所示。在温度低时，D 项因子抑制了 I_v 的增长；温度高时，P 项因子抑制了 I_v 的增长。只有在合适的过冷度下，P 因子与 D 因子的综合结果，使 I_v 有最大值。

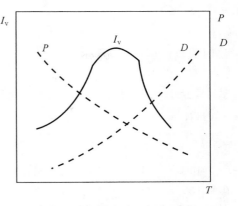

图 8-9　成核速率与温度的关系

（2）非均匀成核。熔体过冷或液体过饱和后不能立即成核的主要障碍是晶核要形成液-固相界面需要能量。如果晶核依附于已有的界面上（如容器壁、杂质粒子、结构缺陷、气泡等）来形成，则高能量的晶核与液体的界面被低能量的晶核与成核基体之间的界面所取代。显然，这种界面的代换比界面的创立所需的能量要少。因此，成核基体的存在可降低成核位垒，使非均匀成核能在较小的过冷度下进行。

非均匀成核的临界位垒 ΔG_k^* 在很大程度上取决于接触角 θ 的大小。

当新相的晶核与平面成核基体接触时，形成的接触角为 θ，如图 8-10 所示。晶核形成一个具有临界大小的球冠粒子，假设核的形状为球体的一部分，其曲率半径为 R，核在固体界面上的半径为 r，液体-核（LX）、核-固体（XS）和液体-固体（LS）的界面能分别为 γ_{LX}，γ_{XS} 和 γ_{LS}，液体-核界面的面积为 A_{LX}，形成这种晶核所引起的界面自由能变化为

$$\Delta G_S = \gamma_{LX} A_{LX} + \pi r^2 (\gamma_{XS} - \gamma_{LS})$$

当形成新界面 LX 和 XS 时，液固界面（LS）面积减少 πr^2。假如 $\gamma_{LS} > \gamma_{XS}$，则 ΔG_S 小于 $\gamma_{LX} A_{LX}$，说明在固体上形成晶核所需的总表面能小于均匀成核所需要的能量。接触角 θ 和界面能的关系为

$$\cos\theta = (\gamma_{LS} - \gamma_{XS}) / \gamma_{LX}$$

可得

$$\Delta G_S = \gamma_{LX} A_{LX} - \pi r^2 \gamma_{LS} \cos\theta$$

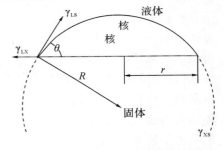

图 8-10　非均匀成核的球帽状模型

故图 8-10 中假设的球冠的体积为

$$V = \pi r R^3 \frac{2 - 3\cos\theta + \cos^3\theta}{3}$$

球冠的表面积为

$$A = 2\pi R^2 (1 - \cos\theta)$$

与固体接触面的半径为

$$r = R\sin\theta$$

对于不均匀成核系统自由焓变化的计算，也是由相变时自由焓的降低和新生相界面能的增加两项组成。

将上式代入求 $d(\Delta G_k)/dr$ 的公式中，可以得出不均匀成核的临界半径，有

$$R^* = -\frac{2\gamma_{LX}^3}{\Delta G_V}$$

同样将它处理后，得

$$\Delta G_k^* = \frac{16\pi\gamma_{LX}^3}{3(\Delta G_V)^2}\frac{(2+\cos\theta)(1-\cos\theta)^2}{4} = \Delta G_k f(\theta)$$

这时成核位垒为

$$\Delta G_k^* = \Delta G_k f(\theta) \qquad (8-18)$$

式中,ΔG_k^* 为非均匀成核时自由能变化(临界成核位垒);ΔG_k 为均匀成核时自由能变化。$f(\theta)$ 为

$$f(\theta) = \frac{(2+\cos\theta)(1-\cos\theta)^2}{4} \qquad (8-19)$$

由式(8-18)可见,在成核基体上形成晶核时,成核位垒应随着接触角 θ 的减小而下降。若 $\theta = 180°$,则 $\Delta G_k^* = \Delta G_k$;若 $\theta = 0°$,则 $\Delta G_k^* = 0$。由于 $f(\theta) \leqslant 1$,所以非均匀成核比均匀成核的位垒低,析晶过程容易进行,而润湿的非均匀成核又比不润湿的位垒更低,更易形成晶核。因此在生产实际中,为了在制品中获得晶体,往往选定某种成核基体加入到熔体中去。例如在铸石生产中,一般用铬铁砂作为成核基体。在陶瓷结晶釉中,常加入硅酸锌和氧化锌作为核化剂。

非均匀晶核形成速率为

$$I_s = B_s \exp\left(-\frac{\Delta G_k^* + \Delta G_m}{RT}\right) \qquad (8-20)$$

式中,ΔG_k^* 为非均匀成核位垒;B_s 为常数。

I_s 与均匀成核速率(I_V)公式极为相似,只是以 ΔG_k^* 代替 ΔG_k,用 B_s 代替 B 而已。

2. 晶体生长过程动力学

在稳定的晶核形成后,母相中的质点按照晶体格子构造不断地堆积到晶核上去,使晶体得以生长。晶体生长速率 u 受温度(过冷度)和浓度(过饱和度)等条件所控制。它可以用物质扩散到晶核表面的速度和物质由液态转变为晶体结构的速度来确定,下面讨论理想生长过程的晶体生长速率。图8-11所示为析晶时液-固界面的能垒图。图中 q 为液相质点通过相界面

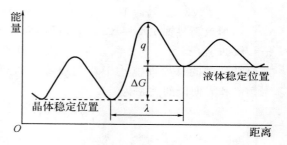

图 8-11　液-固相界面能垒示意图

迁移到固相的扩散活化能。ΔG 为液体与固体自由能之差,即析晶过程自由能的变化;$\Delta G + q$ 为质点从固相迁移到液相所需的活化能;λ 为界面层厚度。质点由液相向固相迁移的速率应等于界面的质点数目 n 乘以跃迁频率,并应符合波尔兹曼能量分布定律,即

$$Q_{L\to S} = n\nu_0 \exp(-q/RT)$$

从固相到液相的迁移率应为

$$Q_{S\to L} = n\nu_0 \exp\left(-\frac{\Delta G + q}{RT}\right)$$

所以粒子从液相到固相的净速率为

$$Q = Q_{L\to S} - Q_{S\to L} = n\nu_0 \exp\left(-\frac{q}{RT}\right)\left[1 - \exp\left(-\frac{\Delta G}{RT}\right)\right]$$

晶体生长速率是以单位时间内晶体长大的线性长度来表示的,因此也称为线性生长速率,用 u 表示。

$$u = Q\lambda = n\nu_0\lambda\exp\left(-\frac{q}{RT}\right)\left[1 - \exp\left(-\frac{\Delta G}{RT}\right)\right] \qquad (8-21)$$

式中,λ 为界面层厚度,约为分子直径大小。又因为 $\Delta G = \Delta H \Delta T / T_0$,$T_0$ 为晶体的熔点。$\nu_0 \exp(-q/RT)$ 为液-晶相界面迁移的频率因子,可用 ν 表示。$B = n\lambda$,这样式(8-21)表示为

$$u = B\nu \left[1 - \exp\left(-\frac{\Delta H \Delta T}{RTT_0}\right) \right] \qquad (8-22)$$

当过程离开平衡态很小时,即 $T \to T_0$,$\Delta G \ll RT$,则上式可写成:

$$u \approx B\nu \left(\frac{\Delta H \Delta T}{RTT_0}\right) \approx B\nu \frac{\Delta H}{RT_0^2} \Delta T \qquad (8-23)$$

这就是说,此时晶体生长速率与过冷度 ΔT 呈线性关系。

当过程离平衡态很远,即 $T \ll T_0$ 时,则 $\Delta G \gg RT$,方程(8-22)可以写为 $u \approx B\nu(1-0) = B\nu$。即此时晶体生长速率达到了极限值,在 10^{-5} cm/s 的范围内。

生长速率与过冷度的关系图,如图 8-12 所示。在熔点时生长速率为零。开始时生长速率随着过冷度增加而增加,由于进一步过冷,黏度增加使相界面迁移的频率因子 ν 下降,故导致生长速率下降。u-ΔT 曲线所以出现峰值是由于在高温阶段主要由液相变成晶相的速率控制,增大过冷度,对该过程有利,故生长速率增加;在低温阶段,过程主要由通过相界面的扩散所控制,低温对扩散不利,故生长速率减慢,这与图 8-9 的晶核形成速率与过冷

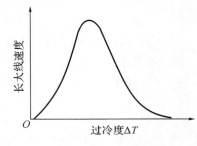

图 8-12 晶体生长速率与过冷度的关系

度的关系相似,只是其最大值较晶核形成速率的最大值所对应的过冷度更小而已。

3. 总的结晶速率

结晶过程包括成核和晶体生长两个过程,若考虑总的相变速度,则必须将这两个过程结合起来。总的结晶速度常用结晶过程中已经结晶出的晶体体积占原来液体体积的分数和结晶时间(t)的关系来表示。

假如将一物相 α 快速冷却到与它平衡的新相 β 的稳定区,并将它维持一定的时间 t,则生成新相的体积为 V_β,原始相余下的体积为 V_α。

$$
\begin{array}{ccc}
\alpha \text{ 相} & \to & \beta \text{ 相} \\
t = 0 & V & 0 \\
t = \tau & V_\alpha = V - V_\beta & V_\beta
\end{array}
$$

在 $\mathrm{d}t$ 时间内形成新相的粒子数 N_τ 为

$$N_\tau = I_V V_\alpha \mathrm{d}t \qquad (8-24)$$

式中,I_V 为形成新相核的速度,即单位时间、单位体积内形成新相的颗粒数。

又假设形成的新相为球状;u 为新相生长速率,即单位时间内球形颗粒半径的增长;u 为常数,不随时间 t 而变化。

在 $\mathrm{d}t$ 时间内,新相 β 形成的体积 $\mathrm{d}V_\beta$ 等于在 $\mathrm{d}t$ 时间内形成新相 β 的颗粒数 N_τ 与一个新相 β 颗粒体积 V^β 的乘积,即

$$\mathrm{d}V_\beta = V^\beta N_\tau \qquad (8-25)$$

经过 t 时间,有

$$V^\beta = \frac{4}{3}\pi r^3 = \frac{4}{3}\pi(ut)^3 \qquad (8-26)$$

将式(8-24)、式(8-26)代入式(8-25),得

$$dV_\beta = \frac{4}{3}\pi u^3 t^3 I_V V_\alpha dt \tag{8-27}$$

在相转变开始阶段 $V_\alpha \approx V$,则有

$$dV_\beta \approx \frac{4}{3}\pi u^3 t^3 I_V V dt$$

在 t 时间内产生新相的体积分数为

$$V_\beta / V = \frac{4}{3}\pi \int_0^t I_V u^3 t^3 dt \tag{8-28}$$

又在相转变初期 I_V 和 u 为常数,与 t 无关,则

$$V_\beta / V = \frac{4}{3}\pi I_V u^3 \int_0^t t^3 dt = \frac{1}{3}\pi I_V u^3 t^4 \tag{8-29}$$

式(8-29)是析晶相变初期的近似速度方程,随着相变过程的进行,I_V 与 u 并非都与时间无关,而且 V_α 也不等于 V,所以该方程会产生偏差。

阿弗拉米(M. Avrami)1939 年对相变动力学方程作了适当的校正,导出公式,有

$$V_\beta / V = 1 - \exp\left[-\frac{1}{3}\pi u^3 I_V t^4\right] \tag{8-30}$$

在相变初期,转化率较小时则方程(8-30)可写成:

$$V_\beta / V \approx \frac{1}{3}\pi u^3 I_V t^4$$

可见在这种特殊条件下式(8-30)可还原为式(8-29)。

克拉斯汀(I. W. Christion)在 1965 年对相变动力学方程作了进一步修正,考虑到时间 t 对新相核的形成速率 I_V 及新相的生长速度 u 的影响,导出如下的公式:

$$V_\beta / V = 1 - \exp(-Kt^n) \tag{8-31}$$

式中,V_β / V 为相转变的转变率;n 通常称为阿弗拉米指数;K 是包括新相核形成速率及新相的生长速度的系数。

当 I_V 随时间 t 减少时,阿弗拉米指数可取 $3 \leqslant n \leqslant 4$ 之间;而 I_V 随 t 增大时,可取 $n > 4$。阿弗拉米方程可用来研究两类相变,其一是属于扩散控制的转变,另一类是峰窝状转变,其典型代表为多晶转变。

4. 析晶过程

当熔体过冷却到析晶温度时,由于粒子动能的降低,液体中粒子的"近程有序"排列得到了延伸,为进一步形成稳定的晶核准备了条件。这就是"核胚",也有人称之为"核前群"。在一定条件下,核胚数量一定,一些核胚消失,另一些核胚又会出现。温度回升,核胚解体。如果继续冷却,可以形成稳定的晶核,并不断长大形成晶体。因而析晶过程是由晶核形成过程和晶粒长大过程共同构成的。这两个过程都各自需要有适当的过冷却程度,但并非过冷度愈大,温度愈低,愈有利于这两个过程的进行。因为成核与生长

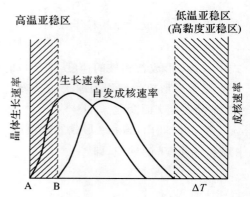

图 8-13 过冷度对晶核生成及晶体
生长速度的影响

都受着两个互相制约的因素的共同影响。一方面,当过冷度增大,温度下降,熔体质点动能降低,粒子间吸引力相对增大,因而容易聚结和附在晶核表面上,有利晶核形成。另一方面,由于过冷度增大,熔体黏度增加,粒子不易移动,从熔体中扩散到晶核表面也困难,对晶核形成和长大过程都不利,尤其对晶粒长大过程影响更甚。由此可见,过冷却程度 ΔT 对晶核形成和长大速率的影响必有一最佳值。若以 ΔT 对成核和生长速率的影响作图,见图 8-13。从图中可以看出:① 过冷度过大或过小对成核与生长速率均不利,只有在一定的过冷度下才能有最大的成核和生长速率。图中对应有 I_V 和 u 的两个峰值。从理论上来说峰值的过冷度可以用 $\partial I_V/\partial T = 0$ 和 $\partial u/\partial T = 0$ 来求得。由于 $I_V = f_1(T)$,$u = f_2(T)$,$f_1(T) \neq f_2(T)$,因此成核速率和生长速率两条曲线的峰值往往不重叠。而且成核速率曲线的峰值一般位于较低温度处。② 成核速率与晶体生长速率两曲线的重叠区通常称为析晶区。在这一区域内,两个速率都有一个较大的数值,所以最有利于析晶。③ 图中 T_M(A 点)为熔融温度;两侧阴影区是亚稳区。高温亚稳区表示理论上应该析出晶体,而实际上却不能析晶的区域。B 点对应的温度为初始析晶温度。在 T_M 温度(相当于图中 A 点),$\Delta T \to 0$,而 $r_k \to \infty$,此时无晶核产生。而此时如有外加成核剂存在,晶体仍能在成核剂上成长,因此晶体生长速率在高温亚稳区内不为零,其曲线起始于 A 点。图中右侧为低温亚稳区;在此区域内,由于速率太低,黏度过大,以致质点难以移动而无法成核与生长。在此区域内不能析晶而只能形成过冷液体 — 玻璃体。④ 成核速率与晶体生长速率两曲线峰值的大小、它们的相对位置(即曲线重叠面积的大小)、亚稳区的宽狭等都是由系统本身性质所决定的,而它们又直接影响析晶过程及制品的性质。如果成核与生长曲线重叠面积大,析晶区宽,则可以用控制过冷度大小来获得数量和尺寸不等的晶体。若 ΔT 大,控制在成核率较大处析晶,则往往容易获得晶粒多而尺寸小的细晶,如搪瓷中 TiO_2 析晶;若 ΔT 小,控制在生长速率较大处析晶,则容易获得晶粒少而尺寸大的粗晶,如陶瓷结晶釉中的大晶花。如果成核与生长两曲线完全分开而不重叠,则无析晶区,该熔体易形成玻璃而不易析晶;若要使其在一定的过冷度下析晶,一般采用移动成核曲线的位置,使它向生长曲线靠拢。可以用加入适当的核化剂,使成核位垒降低,用非均匀成核代替均匀成核,使两曲线重叠而容易析晶。

熔体形成玻璃正是由于过冷熔体中晶核形成最大速率所对应的温度低于晶体生长最大速率所对应的温度所致。当熔体冷却到生长速率最大处,成核速率很小;当温度降到最大成核速率时,生长速率又很小;因此,两曲线重叠区愈小,愈易形成玻璃。反之,重叠区愈大,则容易析晶而难于玻璃化。由此可见,要使自发析晶能力大的熔体形成玻璃,只有采取增加冷却速度以迅速越过析晶区的方法,使熔体来不及析晶而玻璃化。

5. 影响析晶能力的因素

(1)熔体组成。不同组成的熔体其析晶本领各异,析晶机理也有所不同。从相平衡观点出发,熔体系统中组成愈简单,则当熔体冷却到液相线温度时,化合物各组成部分相互碰撞排列成一定晶格的几率愈大,这种熔体也愈容易析晶。同理,相应于相图中一定化合物组成的玻璃也较易析晶。当熔体组成位于相图中的相界线上,特别是在低共熔点上时,因系统要同时析出两种以上的晶体,在初期形成晶核结构时相互产生干扰,从而降低玻璃的析晶能力。因此从降低熔制温度和防止析晶的角度出发,玻璃的组分应考虑多组分,并且其组成应尽量选择在相界线或共熔点附近。

(2)熔体的结构。从熔体结构分析,还应考虑熔体中不同质点间的排列状态及其相互作用的化学键强度和性质。非晶态物理学家干福熹认为熔体的析晶能力主要决定于以下方面的因素:

1)熔体结构网络的断裂程度。网络断裂愈多,熔体愈易析晶。在碱金属氧化物含量相同时,阳离子对熔体结构网络的断裂作用大小决定于其离子半径。例如,一价离子中随半径增大而析晶本领增加,即 $Na^+ < K^+ < Cs^+$。而在熔体结构网络破坏比较严重时,加入中间体氧化物可使断裂的硅氧四面体重新相互连接,从而熔体析晶能力下降。例如,在含钡硼酸盐玻璃 $60B_2O_3 \cdot 10R_mO_n \cdot 20BaO$ 中添加网络外氧化物如 K_2O、CaO、SrO 等可促使熔体析晶能力增加,而添加中间体氧化物如 Al_2O_3、BeO 等则使析晶能力减弱。

2)熔体中所含网络变性体及中间体氧化物的作用。电场强度较大的网络变性体离子由于对硅氧四面体的配位要求,使近程有序范围增加,容易产生局部积聚现象,因此含有电场强度较大的($Z/r^2 > 1.5$)网络变性离子(如 Li^+,Mg^{2+},La^{3+},Zr^{4+} 等)的熔体皆易析晶。当阳离子的电场强度相同时,加入易极化的阳离子(如 Pd^{2+} 及 Bi^{3+} 等)使熔体析晶能力降低。添加中间体氧化物如 Al_2O_3、Ge_2O_3 等时,由于四面体 $[AlO_4]^{5-}$,$[GaO_4]^{4-}$ 等带有负电,吸引了部分网络变性离子使积聚程度下降,因而熔体析晶能力也减弱。

以上两种因素应全面考虑。当熔体中碱金属氧化物含量高时,前一因素对析晶起主要作用;当碱金属氧化物含量不多时,则后一因素影响较大。

(3)界面情况。虽然晶态比玻璃态更稳定,具有更低的自由能。但由过冷熔体变为晶态的相变过程却不会自发进行。如果要使这过程得以进行,必须消耗一定的能量以克服由亚稳的玻璃态转变为稳定的晶态所需越过的势垒。从这个观点看,各相的分界面对析晶最有利。在它上面较易形成晶核。所以存在相分界面是熔体析晶的必要条件。又如微分相液滴、微小杂质、坩埚壁、玻璃-空气界面等均可以是相分界面。

(4)外加剂。微量外加剂或杂质会促进晶体的生长,因为外加剂在晶体表面上引起的不规则性犹如晶核的作用。熔体中的杂质还会增加界面处的流动度,使晶格更快地定向。

第四节 液-液相变

长期以来,人们都认为玻璃是均匀的单相物质。随着结构分析技术的发展,积累了愈来愈多的关于玻璃内部不均匀性的资料。例如分相现象首先在硼硅酸盐玻璃中发现,用 75% SiO_2、20% B_2O_3 和 5% Na_2O 熔融并形成玻璃,再在 500~600 ℃ 范围内进行热处理,结果使玻璃分成了两个截然不同的相,一相几乎是纯 SiO_2,而另一相富含 Na_2O 和 B_2O_3。这种玻璃经酸处理除去 Na_2O 和 B_2O_3 后,可以制得包含 4~15 nm 微孔的纯 SiO_2 多孔玻璃。目前已发现在 30 nm 到 100 nm 范围内的亚微观结构是很多玻璃系统的特征,并已在硅酸盐、硼酸盐、硫族化合物和熔盐玻璃中观察到这种结构。因此,分相是玻璃形成过程中的普遍现象,它对玻璃的结构和性质有重大影响。

一、液相的不混溶现象(玻璃的分相)

一个均匀的玻璃相在一定的温度和组成范围内有可能分成两个互不溶解或部分溶解的玻璃相(或液相),并相互共存,这种现象称为玻璃的分相(或称液相不混溶现象)。

在硅酸盐或硼酸盐熔体中,发现在液相线以上或以下有两类液相的不混溶区。

如在 MgO - SiO_2 系统中,液相线以上出现的相分离现象,如图 8-14 所示。在 T_1 温度时,任何组成都是均匀熔体;在 T_2 温度时,原始组成 C_0 分为组成为 C^α 和 C^β 的两个熔融相。

常见的另一类液-液不混溶区是出现在 S 形液相线以下，如 Na_2O，Li_2O，K_2O 和 SiO_2 的二元系统。图 8-15(b)为 Na_2O 和 SiO_2 二元系统在液相线以下的分相区。在 T_K 温度以上（图中约 850 ℃），任何组成都是单一均匀的液相，在 T_K 温度以下该区又分为两部分。

(1)亚稳定区（成核-生长区）。图 8-15(b)中有剖面线的区域。如系统组成点落在①区域的 C_1 点，在 T_1 温度时不混溶的第二相（富 SiO_2 相）通过成核—生长而从母液（富 Na_2O 相）中析出。颗粒状的富 SiO_2 相在母液中是不连续的。颗粒尺寸约在 3～15 nm 左右，其亚微观结构如图 8-15(c)所示。若组成点落在该区的 C_3 点，在温度 T_1 时同样通过成核—生长从富 SiO_2 的母液中析出富 Na_2O 的第二相。

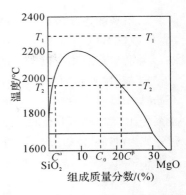

图 8-14　MgO-SiO_2 系统中富 SiO_2 部分的不混溶区

(2)不稳区（Spinodal）。当组成点落在②区如图 8-15 的 C_2 点时，在温度 T_1 时熔体迅速分为两个不混溶的液相。相的分离不是通过成核-生长，而是通过浓度的波形起伏，相界面开始时是弥散的，但逐渐出现明显的界面轮廓。在此时间内相的成分在不断变化，直至达到平衡值为止。析出的第二相（富 Na_2O 相）在母液中互相贯通、连续，并与母液交织而成为两种成分不同的玻璃。其亚微观结构如图 8-15(c)所示。

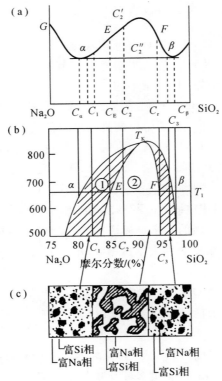

图 8-15　Na_2O-SiO_2 系统分相区

(a)自由能-组成图；(b)分相区；(c)各分相区的亚微观结构

从相平衡角度考虑,相图上平衡状态下析出的固态都是晶体,而在不混溶区中析出的是富 Na_2O 或富 SiO_2 的非晶态固体。严格地说不应该用相图表示,因为析出产物不是处于平衡状态。为了示意液相线以下的不混溶区,一般在相图中用虚线画出分相区。

图 8-16 所示为两种分相过程浓度剖面示意图。从图中可以看出,对于成核-生长过程,相变开始时形成一体积很小的"核胚",与母相中物质的平均浓度 c_0 相比,新相"核胚"中的物质浓度 c'_a 发生突变,两者之间有明显的界面。但在整个相变过程中 c'_a 不再随时间变化,在"核胚"形成后,相变过程成为"核胚"体积长大的过程。此外,在相变过程中,在新相表面的母相物质浓度 c_a 始终保持低于母相物质的平均浓度 c_0,因此,相变过程中母相物质向新相表面的扩散过程是一正扩散过程。

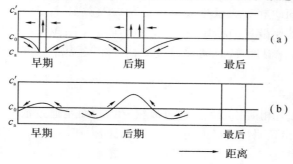

图 8-16   两种分相过程浓度剖面示意图
(a)成核-生长;(b)不稳分解

对于不稳分解过程,在相变初期,新相与母相浓度的差异很小,随着相变过程的进行,浓度差异逐步增大,直至最终达到平衡。但从相变发生的范围看,相变从一开始就发生在整个范围,而不像成核生长过程,只形成一体积很小的"核胚"。因此,相变过程是新相中物质浓度不断变化的过程。由于新相表面的母相物质浓度高于母相物质的平均浓度 c_0,在相变过程中,母相物质向新相表面的扩散过程是从低浓度向高浓度的扩散,即为负扩散过程。

图 8-15 中液相线以下不混溶区的确切位置可以从一系列热力学活度数据根据自由能-组成的关系式推算出来。图 8-15(a)即为 Na_2O-SiO_2 二元系统在温度 T_1 时的自由能(G)-组成(C)曲线。曲线由两条正曲率曲线和一条负曲率曲线组成。$G-C$ 曲线存在一条公切线 $\alpha\beta$。根据吉布斯(Gibbs)自由能-组成曲线建立相图的两条基本原理:①在温度、压力和组成不变的条件下,具有最小的 Gibbs 自由能的状态是最稳定的。②当两相平衡时,两相的自由能-组成曲线上具有公切线,切线上的切点分别表示两平衡相的成分。现分析图 8-15(a)$G-C$ 曲线各部分如下:

(1)当组成落在 75 mol%SiO_2 与 C_α 之间,由于 $(\partial^2 G/\partial C^2)_{T,P} > 0$,存在富 Na_2O 单相均匀熔体,在热力学上有最低的自由能。同理,当组成在 C_β 与 100% SiO_2 之间时,富 SiO_2 相均匀熔体单相是稳定的。

(2)组成在 $C_\alpha \rightarrow C_E$ 之间,虽然 $(\partial^2 G/\partial C^2)_{T,P} > 0$,但由于有 $\alpha\beta$ 公切线存在。这时分成 C_α 和 C_β 两相比均匀单相有更低的自由能。因此分相比单相更稳定。如组成点在 C_1,则富 SiO_2 相(成分为 C_β)自母液富 Na_2O 相(成分为 C_α)中析出。两相的组成分别在 C_α 和 C_β 上读得,两相的比例由 C_1 在公切线 $\alpha\beta$ 上的位置,根据杠杆规则读得。

(3)当组成在 E 点和 F 点。这是两条正曲率曲线与负曲率曲线相交的点,称为拐点。用数

学式表示为 $(\partial^2 G/\partial C^2)_{T,P} = 0$。即组成发生起伏时系统的化学位不发生变化。在此点为亚稳和不稳分相区的转折点。

（4）组成在 $C_E \rightarrow C_F$ 之间，由于 $(\partial^2 G/\partial C^2)_{T,P} < 0$，因此是热力学不稳定区。当组成落在 C_2 时，由于 $G_{C_2'} \gg G_{C_2''}$，能量上差异很大，分相动力学障碍小，分相很易进行。

由以上分析可知，一个均一相对于组成微小起伏的稳定性或亚稳性的必要条件之一是相应的化学位随组分的变化应该是正值，至少为零。$(\partial^2 G/\partial C^2)_{T,P} \geqslant 0$ 可以作为一种判据来判断由于过冷所形成的液相（熔融体）对分相是亚稳的还是不稳的。当 $(\partial^2 G/\partial C^2)_{T,P} > 0$ 时，系统对微小的组成起伏是亚稳的，分相如同析晶中的成核-生长，需要克服一定的成核位垒才能形成稳定的核。而后新相再得到扩大。如果系统不足以提供此位垒，系统不分相而呈亚稳态。当 $(\partial^2 G/\partial C^2)_{T,P} < 0$ 时，系统对微小的组成起伏是不稳定的。组成起伏由小逐渐增大，初期新相界面弥散，因而不需要克服任何位垒，分相的发生是必然的。

如果将 T_K 温度以下，每个温度的自由能-组成曲线的各个切点轨迹相连，即得出亚稳分相区的范围。若把各个曲线的拐点轨迹相连，即得不稳分相区的范围。两种分相的比较见表 8-1。

表 8-1　成核-长大分相与不稳分相的比较

分相类型	成核-长大分相	不稳分相
热力学	$(\partial^2 G/\partial C^2)_{T,P} > 0$	$(\partial^2 G/\partial C^2)_{T,P} < 0$
成分	第二相组成不随时间变化	第二相组成随时间而向两个极端组成变化，直达平衡
形貌	第二相分离成孤立的球形颗粒	第二相为高度连续性的蠕虫状颗粒
有序	颗粒尺寸和位置是无序的	在尺寸和间距上是有序的
界面	分相开始有界面突变	分相开始界面是弥散的逐渐明显
能量	有分相位垒	无位垒
扩散	正扩散	负扩散
时间	时间长，动力学障碍大	时间极短，无动力学障碍

分相原来是冶金学家所熟悉和研究的相变现象，吉布斯曾在一个多世纪以前就详细讨论过其热力学理论。直至 20 世纪 20 年代分相理论才开始引用到硅酸盐系统中来。当时主要研究液相线以上的稳定分相，其兴趣仍在于探索玻璃形成区及其应用。因为这种液-液稳定分相使玻璃分层或乳浊。这是人们用肉眼或光学显微镜即可以观察到的现象。例如 MgO，CaO，SrO，ZnO，NiO 的富 SiO_2 二元系统熔融时，可以分为两种液相。特纳（Turner）等在 1926 年首先指出硼硅酸盐玻璃中存在着明显的微分相现象。直至 1952 年鲍拉依－库酉茨（Poray-Ko-shits）应用 X 射线小角散射技术测得了玻璃中的微分相尺寸。随后 1956 年欧拜里斯（Ober-lies）获得了第一张硼硅酸钠玻璃中微分相的电子显微镜照片。电子显微镜的应用使玻璃分相研究得到迅速发展。近年来大量研究工作表明，许多硅酸盐、硼酸盐、硫系化合物及氟化物等玻璃中都存在分相现象，从而进一步揭示了玻璃结构和化学组成的微不均匀性，促使玻璃结构理论朝着更能反映其内部本质的方向发展。

玻璃分相及其形貌几乎对玻璃的所有性质都会发生或大或小的影响。例如凡是与迁移性能有关的性质，如黏度、电导、化学稳定性等都与玻璃分相及其形貌有很大的关系。在 Na_2O

－SiO₂系统玻璃中，当富钠相连续时，其电阻和黏度低，而当富硅相连续时其电阻与黏度均可高几个数量级，其电阻近似于高 SiO₂ 端组成玻璃的数值。经研究发现，玻璃态的分相过程总是发生在核化和晶化之前，分相为析晶成核提供了驱动力；分相产生的界面为晶相成核提供了有利的成核位。总之，玻璃分相是一个广泛而又十分有意义的研究课题，它对充实玻璃结构理论、改进生产工艺、制造激光、光敏、滤色、微晶玻璃和玻璃层析等方面都具有重要意义。

二、分相的结晶化学观点

玻璃分相的热力学和动力学的分析只是从物质微观结构的宏观属性来研究分相现象。虽然热力学理论逻辑性强、简捷并带有普遍性；动力学观点包含大量实验依据，能符合实际过程，但它们无法从玻璃结构中不同质点的排列状态以及相互作用的化学键强度和性质去深入了解玻璃分相的原因。

关于用结晶化学观点解释分相原因的理论有能量观点、静电键观点、离子势观点，这方面理论尚在发展中，这里仅作简单介绍。

玻璃熔体中离子间相互作用程度与静电键 E 的大小有关。$E = Z_1 Z_2 e^2 / r_{1,2}$，其中 Z_1、Z_2 是离子 1 和 2 的电价，e 是电荷，$r_{1,2}$ 是两个离子的间距。例如玻璃熔体中 Si－O 间键能较强，而 Na－O 间键能相对较弱；如果除 Si－O 键外还有另一个阳离子与氧的键能也相当高时，就容易导致不混溶。这表明分相结构取决于这两者间键力的竞争。具体说，如果外加阳离子在熔体中与氧形成强键，以致氧很难被硅夺去，在熔体中表现为独立的离子聚集体。这样就出现了两个液相共存，一种是含少量 Si 的富 R－O 相，另一种是含少量 R 的富 Si－O 相，造成熔体的不混溶。若对于氧化物系统，键能公式可以简化为离子电势 Z/r，其中 r 是阳离子半径。表 8－2 列出了不同阳离子的 Z/r 值以及它们和 SiO₂ 一起熔融时的液相曲线类型。S 形液相线表示有亚稳不混溶。从表中还可以看出随 Z/r 的增加不混溶趋势也加大，如 Sr^{2+}，Ca^{2+}，Mg^{2+} 的 Z/r 较大，故可导致熔体分相；而 K^+，Cs^+，Rb^+ 的 Z/r 小，故不易引起熔体分相。其中 Li^+ 因半径小使 Z/r 值较大，因而使含锂的硅酸盐熔体产生分相而呈乳光现象。由表 8－2 可说明，含有不同离子系统的液相线形状与分相有很大关系。

表 8－2　离子势和液相曲线的类型

阳离子	Cs^+	Rb^+	K^+	Na^+	Li^+	Ba^{2+}	Sr^{2+}	Ca^{2+}	Mg^{2+}
Z	1	1	1	1	1	2	2	2	2
Z/r	0.61	0.67	0.75	1.02	1.28	1.40	1.57	1.89	2.56
曲线类型	近直线			S 形线			不混溶		

图 8－17 所示为液－液不相混溶区的三种可能的位置，即图（a）与液相线相交（形成一个稳定的二液区）；图（b）与液相线相切；图（c）在液相线之下（完全是亚稳的）。当不混溶区接近液相线时（见图（a）（b）），液相线将有倒 S 形或有趋向于水平的部分。因此，可

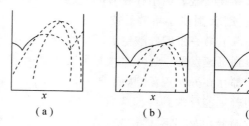

（a）　　　　（b）　　　　（c）

图 8－17　液相不相混溶区的三种可能位置

以根据相图中液相线的坡度来推知液相不混溶区的存在及可能的位置。例如,对于一系列二元碱土金属和碱金属氧化物与二氧化硅组成的系统,其组成为 55～100 mol％ SiO₂ 之间的液相线如图 8-18 所示。由图可见,MgO-SiO₂、CaO-SiO₂ 及 SrO-SiO₂ 系统显示出稳定的液相不混溶性;而 BaO-SiO₂、Li₂O-SiO₂、Na₂O-SiO₂ 及 K₂O-SiO₂ 系统显示出液相线的倒 S 形有依次减弱的趋势,这就说明,当后一类系统在连续降温时,将出现一个亚稳不混溶区。由于这类系统的黏度随着温度的降低而增加,可以预期在形成玻璃时,BaO-SiO₂ 系统发生分相的范围最大,而 K₂O-SiO₂ 系统为最小。实际工作中如将组成为 5～10 mol％BaO 的 BaO-SiO₂ 系统急冷后也不易得到澄清玻璃而呈乳白色,然而在 K₂O-SiO₂ 系统中还未发现乳光。这种液相线平台愈宽,分相愈严重的现象和液相线 S 形愈宽,亚稳分相区组成范围愈宽的结论是一致的。

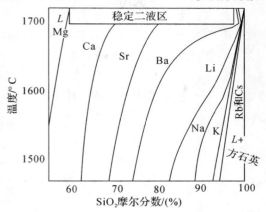

图 8-18　碱土金属和碱金属氧化物与二氧化硅组成的系统的液相线

液相线的倒 S 形状可以作为液-液亚稳分相的一个标志,这是与特定温度下,系统的自由能-组成变化关系有一定的联系。

由此可见,从热力学相平衡角度分析所得到的一些规律可以用离子势观点来解释,也就是说离子势差别(场强差)愈大,愈趋于分相。沃伦和匹卡斯(Pincas)曾指出,当离子的离子势 $Z/r > 1.40$ 时(如 Mg,Ca,Sr),系统的液相区中会出现一个圆顶形的不混溶区域;而若 Z/r 在 1.40 和 1.00 之间(例如 Ba,Li,Na),液相线便呈倒 S 形,这是系统中发生亚稳分相的特征; $Z/r < 1.00$ 时(例如 K,Rb,Cs),系统不会发生分相。

随着实验数据的不断积累,目前许多最重要的二元体系中的微分相区域边界线都可以近似地确定了,例如 Al₂O₃-SiO₂ 和 TiO₂-SiO₂ 系统的微分相区。TiO₂-SiO₂ 系统有个很宽的分相区,如在其中加入碱金属氧化物会扩大系统的不混溶性,这就是 TiO₂ 能有效地作为许多釉、搪瓷和玻璃-陶瓷成核剂的原因。由于玻璃形成条件以及很可能还由于玻璃制造条件的不同,分相边界曲线间差别颇大。然而从已发表的大量电子显微镜研究结果表明,大多数普通玻璃系统中,分相现象是十分普遍的。目前玻璃的不混溶性和分相理论的研究正在日益深入,人们利用这些玻璃组成和结构的变化制造出愈来愈多的新型特殊功能材料,它将对玻璃科学的发展和材料应用领域的开拓有极其重要的意义。

课 后 习 题

8-1　解释下列名词:

一级相变与二级相变,玻璃析晶与玻璃分相,均匀成核与非均匀成核,马氏体相变。

8-2　如果液态中形成一个边长为 a 的立方体晶核时,其自由焓 ΔG 将写成什么形式?求出此时晶核的临界立方体边长 a_K 和临界核化自由焓 ΔG_a,若形成的晶核为球形,哪一种形状的 ΔG 大,为什么?

8-3 为什么在成核生长机理相变中,要有一点过冷或过热才能发生相变?什么情况下需要过冷,什么情况下需要过热?

8-4 由 A 向 B 转变的相变中,单位体积自由能变化 ΔG_v 在 1 000 ℃ 时为 -419 kJ/mol;在 900 ℃ 时为 $-2\,093$ kJ/mol,设 A-B 间界面能为 0.5 N/m 求:(1)在 900 ℃ 和 1000 ℃ 时的临界半径;(2)在 1 000 ℃ 进行相变时所需的能量。

8-5 什么是亚稳分相和旋节分相?并从热力学、动力学、形貌等方面比较这两种分相过程。简述如何用实验方法区分这两种过程。

第九章 材料的烧结

烧结是无机材料等材料制备过程中的一个重要工序。烧结的目的是把粉状物料转变为致密体。这种烧结致密体是一种多晶材料,其显微结构由晶体、玻璃体和气孔所组成,烧结过程直接影响显微结构中的晶粒尺寸和分布、气孔尺寸和分布以及晶界体积分数等。无机材料的性能不仅与材料组成(化学组成和矿物组成)有关,还与材料的显微结构有密切的关系。配方相同而晶粒尺寸不同的两个烧结体,由于晶粒在长度或宽度方向上某些参数的叠加,晶界出现的频率不同,从而引起材料性能的差异。材料的断裂强度(σ)与晶粒尺寸(G)有以下函数关系:

$$\sigma = f(G^{-1/2})$$

因此,细小晶粒有利于强度的提高。材料的电学和磁学参数在很宽的范围内受晶粒尺寸的影响。为提高导磁率希望晶粒择优取向,要求晶粒大而定向。除晶粒尺寸外,显微结构中的气孔常成为应力的集中点而影响材料的强度;气孔又是光散射中心而使材料不透明;气孔又对畴壁运动起阻碍作用而影响铁电性和磁性等,而烧结过程可以通过控制晶界移动而抑制晶粒的异常生长或通过控制表面扩散、晶界扩散和晶格扩散而充填气孔,用改变显微结构的方法使材料性能改善。因此,当配方、原料粒度、成型等工序完成以后,烧结是使材料获得预期的显微结构以使材料性能充分发挥的关键工序。由此可见,了解粉末烧结过程的现象和机理,了解烧结动力学及影响烧结因素对控制和改进材料的性能有着十分重要的实际意义。

第一节 烧结的基本概念

一、烧结的特点

粉料成型后形成具有一定外形的坯体,坯体内一般包含百分之几十的气体(约 35%～60%),而颗粒之间只有点接触(见图 9-1 的(a)),在高温下发生的主要变化是:颗粒间接触面积扩大;颗粒聚集;颗粒中心距逼近(见图 9-1(b));逐渐形成晶界;气孔形状变化;体积缩小;从连通的气孔变成各自孤立的气孔并逐渐缩小,以致最后大部分甚至全部气孔从晶体中排除,这就是烧结所包含的主要物理过程。这些物理过程随烧结温度的升高而逐渐推进。同时,粉末压块的性质也随着这些物理过程的进展而出现坯体收缩、气孔率下降、致密度提高、强度增加、电阻率下降等变化。

根据烧结粉末体所出现的宏观变化,可以认为,一种或多种固体(金属、氧化物、氮化物、黏土、……)粉末经过成型,在加热到一定温度后开始收缩,在低于熔点温度下变成致密、坚硬的烧结体,这种过程称为烧结。

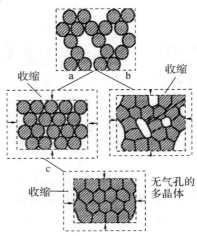

图 9-1　烧结现象示意图

a—气体以开口气孔排除；b—气体封闭在闭口气孔内；c—无闭口气孔的烧结体

　　这样的定义仅仅描述了坯体宏观上的变化,而对烧结本质的揭示仍是很不够的。近年来在国际烧结学术讨论会上,一些学者认为,为了揭示烧结的本质,必须强调粉末颗粒表面的黏结和粉末内部物质的传递和迁移。因为只有物质的迁移才能使气孔充填和强度增加。他们研究和分析了黏着和凝聚的烧结过程后认为,由于固态中分子(或原子)的相互吸引,通过加热,使粉末体产生颗粒黏结,经过物质迁移使粉末体产生强度并导致致密化和再结晶的过程称为烧结。

　　由于烧结体宏观上出现体积收缩,致密度提高和强度增加,因此烧结程度可以用坯体收缩率、气孔率、吸水率或烧结体的体积密度与理论密度之比(相对密度)等指标来衡量。

　　(1)烧结与烧成。烧成包括多种物理和化学变化。例如脱水、坯体内气体分解、多相反应和熔融、溶解、烧结等。而烧结仅仅指粉料成型体经加热而致密化的简单物理过程,显然烧成的含义及包括的范围更宽,一般都发生在多相系统内。而烧结仅仅是烧成过程中的一个重要部分。

　　(2)烧结和熔融。烧结是在远低于固态物质的熔融温度下进行的。烧结和熔融这两个过程都是由原子热振动而引起的,但熔融时全部组元都转变为液相,而烧结时至少有一个组元是处于固态的。泰曼发现烧结温度(T_S)和熔融温度(T_m)的关系有下述规律:

金属粉末　　　　$T_S \approx (0.3 \sim 0.4) T_m$

盐　　类　　　　$T_S \approx 0.57 T_m$

硅　酸　盐　　　$T_S \approx (0.8 \sim 0.9) T_m$

　　(3)烧结与固相反应。这两个过程均在低于材料熔点或熔融温度之下进行。并且在过程的自始至终都至少有一相是固态。两个过程的不同之处是固相反应必须至少有两个组元参加(如 A 和 B),并发生化学反应,最后生成化合物 AB。AB 的结构与性能不同于 A 与 B。而烧结可以只有单组元,或者两组元参加,但两组元之间并不发生化学反应。仅仅是在表面能驱动下,由粉末体变成致密体。从结晶化学观点看,烧结体除可见的收缩外,微观晶相组成并未变化,仅仅是晶相显微组织上排列致密和结晶程度更完善。当然随着粉末体变为致密体,物理性能也随之有相应的变化。实际生产中往往不可能是纯物质的烧结。例如纯氧化铝烧结时,除了为促进烧结而人为地加入一些添加剂外,往往"纯"原料氧化铝中还或多或少含有杂质。少量添加剂与杂质的存在,就出现了烧结的第二组元、甚至第三组元,因此固态物质烧结时,就会同时伴随发生固相反应或局部熔融出现液相。实际生产中,烧结、固相反应往往是同时穿插进行的。

二、烧结过程推动力

粉体颗粒表面能是烧结过程推动力。

为了便于烧结,通常都是将物料制备成超细粉末,粉末越细比表面积越大,表面能就越高,颗粒表面活性也越强,成型体就越容易烧结成致密的陶瓷。烧结过程推动力的表面能具体表现在烧结过程中的能量差、压力差、空位差。

1. 能量差

能量差是指粉状物料的表面能与多晶烧结体的晶界能之差。

粉料在粉碎与研磨过程中消耗的机械能以表面能形式贮存在粉体中,又由于粉碎引起晶格缺陷。据测定 MgO 通过振动磨研磨 120 min 后内能增加 10 kJ/mol。一般粉末体表面积在 $1\sim10$ m^2/g。由于表面积大而使粉体具有较高的活性,粉末体与烧结体相比是处在能量不稳定状态。任何系统降低能量是一种自发趋势。根据近代烧结理论的研究认为:粉状物料的表面能大于多晶烧结体的晶界能,这就是烧结的推动力。粉末经烧结后晶界能取代了表面能,这是多晶材料稳定存在的原因。

粒度为 1 μm 的材料烧结时所发生的自由能降低约为 8.3 J/g。而 α-石英转变为 β-石英时能量变化为 1.7 kJ/mol,一般化学反应前后能量变化达 200 kJ/mol。因此烧结推动力与相变和化学反应的能量相比还是极小的。所以烧结在常温下难以进行,必须对粉体加以高温,才能促使粉末体转变为烧结体。

目前常用晶界能 γ_{GB} 和表面能 γ_{SV} 的比值来衡量烧结的难易,某材料的 γ_{GB}/γ_{SV} 愈小愈容易烧结,反之难烧结。为了促进烧结必须使 $\gamma_{SV}\gg\gamma_{GB}$。一般 Al$_2O_3$ 粉的表面能约为 1 J/m^2,而晶界能为 0.4 J/m^2,两者之差较大比较容易烧结。而一些共价键化合物(例如 Si$_3$N$_4$、SiC、AlN 等),它们的 γ_{GB}/γ_{SV} 比值高,烧结推动力小,因而不易烧结。清洁的 Si$_3$N$_4$ 粉末 γ_{SV} 为 1.8 J/m^2,但它极易在空气中被氧污染而使 γ_{SV} 降低;同时由于共价键材料原子之间强烈的方向性而使晶界能 γ_{GB} 增高。

固体表面能一般不等于其表面张力,但当界面上原子排列是无序的,或在高温下烧结时,这两者仍可当作数值相同来对待。

2. 压力差

颗粒弯曲的表面上与烧结过程出现的液相接触会产生压力差。粉末体紧密堆积以后,烧结产生的液相,在这些颗粒弯曲的表面上由于液相表面张力的作用而造成的压力差为

$$\Delta p = 2\gamma/r \tag{9-1}$$

式中 γ 为粉末体表面张力(液相表面张力与表面能相同);r 为粉末的球形半径。

若为非球形曲面,可用两个主曲率半径 r_1 和 r_2 表示,有

$$\Delta p = \gamma/(1/r_1 + 1/r_2) \tag{9-2}$$

以上两个公式表明,弯曲表面上的附加压力与球形颗粒(或曲面)的曲率半径成反比,与粉

料表面张力成正比。由此可见,粉料愈细,由曲率而引起的烧结动力愈大。

若有 Cu 粉颗粒,其半径 $r=10^{-4}$ cm,表面张力 $\gamma=1.5$ N/m,由式(9-1)可以算得 $\Delta p=2\gamma/r=3\times10^6$ J/m。由此可引起体系每摩尔自由能变化

$$dG=V\Delta p=7.1 \text{ cm}^3/\text{mol}\times3\times10^6 \text{ J/m}=21.3 \text{ J/mol}$$

由此可见,烧结中由于表面能而引起的推动力还是很小的。

3. 空位差

颗粒表面上的空位浓度与内部的空位浓度之差称空位差。

颗粒表面上的空位浓度一般比内部空位浓度大,两者之差可以由下式描述:

$$\Delta c=\frac{\gamma\delta^3}{\rho RT}c_0 \tag{9-3}$$

式中,Δc 为颗粒内部与表面的空位差;γ 为表面能;δ^3 为空位体积;ρ 为曲率半径;c_0 为平表面的空位浓度。

粉料越细,ρ 曲率半径就越小,颗粒内部与表面的空位浓度差就越大;同时,粉料越细,表面能也越大,由式(9-3)可知空位浓度差 Δc 就越大,烧结推动力就越大。所以,空位浓度差 Δc 导致内部质点向表面扩散,推动质点迁移,可以加速烧结。

三、烧结模型

烧结是一个古老的工艺过程,人们很早就利用烧结来生产陶瓷、水泥、耐火材料等,但关于烧结现象及其机理的研究还是从 1922 年才开始的。当时是以复杂的粉末团块为研究对象。直至 1949 年,库津斯基(G. C. Kuczynski)提出孤立的两个颗粒或颗粒与平板的烧结模型,为研究烧结机理开拓了新的方法。陶瓷或粉末冶金的粉体压块是由很多细粉颗粒紧密堆积起来的,由于颗粒大小不一,形状不一,堆积紧密程度不一,因此无法进行如此复杂压块的定量化研究。而双球模型便于测定原子的迁移量,从而更易定量地掌握烧结过程并为进一步研究物质迁移的各种机理奠定基础。

G. C. Kuczynski 提出粉末压块是由等径球体作为模型。随着烧结的进行,各接触点处开始形成颈部,并逐渐扩大,最后烧结成一个整体。由于各颈部所处的环境和几何条件相同,所以只需确定二个颗粒形成的颈部的成长速率就基本代表了整个烧结初期的动力学关系。

在烧结时,由于传质机理各异而引起颈部增长的方式不同,因此双球模型的中心距可以有二种情况,一种是中心距不变(见图9-2(a));另一种是中心距缩短(见图9-2(b))。

图9-2介绍了三种模型,并列出了由简单几何关系计算得到的颈部曲率半径 ρ,颈部体积 V,颈部表面积 A 与颗粒半径 r 和接触颈部半径 x 之间的关系(假设烧结初期 r 变化很小,$x\gg\rho$)。

以上三个模型对烧结初期一般是适用的,但随着烧结的进行,球形颗粒逐渐变形,因此在烧结中、后期应采用其他模型。

描述烧结的程度或速率一般用颈部生长率 x/r 和烧结收缩率 $\Delta L/L_0$ 来表示,因实际测量 x/r 比较困难,故常用烧结收缩率 $\Delta L/L_0$ 来表示烧结的速率。对于模型(见图9-2(a))虽然存在颈部生长率 x/r,但烧结收缩率 $\Delta L/L_0=0$;对于模型(见图9-2(b)),烧结时两球靠近,中心距缩短,设两球中心之间缩短的距离为 ΔL,如图9-3所示。则

$$\frac{\Delta L}{L_0}=\frac{r-(r+\rho)\cos\varphi}{r} \tag{9-4}$$

式中，L_0 为两球初始时的中心距离 $(2r)$，烧结初期 φ 很小，$\cos\varphi \approx 1$，则上式变为

$$\frac{\Delta L}{L_0} = \frac{r - r - \rho}{r} = -\frac{\rho}{r} = -\frac{x^2}{4r^2} \tag{9-5}$$

式中，负号表示 $\Delta L/L_0$ 是一个收缩过程，所以上式可写为

$$\frac{\Delta L}{L_0} = -\frac{x^2}{4r^2} \tag{9-6}$$

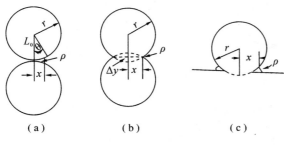

（a）　　　　（b）　　　　　（c）

图 9-2　烧结模型

(a) $\rho = x^2/2r$，$A = \pi^2 x^3/r$，$V = \pi x^4/2r$；

(b) $\rho = x^2/4r$，$A = \pi^2 x^3/2r$，$V = \pi x^4/4r$；

(c) $\rho = x^2/2r$，$A = \pi x^3/r$，$V = \pi x^4/2r$；

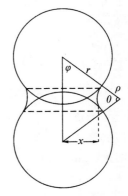

图 9-3　两球颈部生长示意图

第二节　固相烧结

单一粉末体的烧结常常属于典型的固态烧结。固态烧结的主要传质方式有：蒸发－凝聚、扩散传质等。

一、蒸发-凝聚传质

1. 概念

在高温过程中，由于表面曲率不同，必然在系统的不同部位其饱和蒸气压是不同的，于是通过气相有一种传质趋势，这种传质过程仅仅在高温下蒸气压较大的系统内进行，如氧化铅、氧化铍和氧化铁的烧结。这是烧结中定量计算最简单的一种传质方式，也是了解复杂烧结过程的基础。

蒸发-凝聚传质采用的模型如图 9-4 所示。在球形颗粒表面有正曲率半径，而在两个颗粒联接处有一个小的负曲率半径的颈部，根据开尔文公式可以得出，物质将从饱和蒸气压高的凸形颗粒表面蒸发，通过气相传递而凝聚到饱和蒸气压低的凹形颈部，从而使颈部逐渐被填充。

2. 颈部生产速率关系式

根据图 9-4 所示，球形颗粒半径和颈部半径 x 之间的开尔文关系式为

$$\ln p_1/p_0 = \frac{\gamma M}{dRT}\left(\frac{1}{\rho} + \frac{1}{x}\right) \tag{9-7}$$

式中，p_1 为曲率半径，为 ρ 处的蒸气压；p_0 为球形颗粒表面的蒸气压；γ 为表面张力；d 为密度。

式（9-7）反映了蒸发－凝聚传质产生的原因（曲率半径差别）和条件（颗粒足够小时压差

才显著）。同时也反映了颗粒曲率半径与相对蒸气压差的定量关系。只有当颗粒半径在 10 μm 以下，蒸气压差才较明显地表现出来。而约在 5 μm 以下时，由曲率半径差异而引起的压差已十分显著，因此一般粉末烧结过程较合适的粒度至少为 10 μm。

在式(9-7)中，由于压力差 $p_0 - p_1$ 是很小的，由高等数学可知，当 y 充分小时，$\ln(1+y) \approx y$，则有

$$\ln p_1/p_0 = \ln(1 + \Delta p/p_0) \approx \Delta p/p_0$$

又由于 $x \gg \rho$，式(9-7)又可写作：

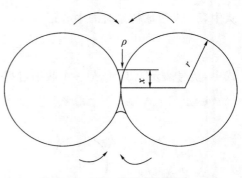

图 9-4　蒸发-凝聚传质模型

$$\Delta p \approx \frac{M\gamma p_0}{dRT}\frac{1}{\rho} \tag{9-8}$$

式中，Δp 为负曲率半径颈部和接近于平面的颗粒表面上的饱和蒸气压之间的压差。

根据气体分子运动论可以推出物质在单位面积上凝聚速率正比于平衡气压和大气压差的朗格缪尔（Langmuir）公式为

$$U_m = \alpha \left(\frac{M}{2\pi RT}\right)^{1/2}\Delta p \qquad (\text{g/cm}^2 \cdot \text{s}) \tag{9-9}$$

式中，U_m 为凝聚速率，每秒每平方厘米上凝聚的克数；α 为调节系数，其值接近于 1；Δp 为凹面与平面之间的蒸气压差。

当凝聚速率等于颈部体积增加时则有

$$U_m A/d = dV/dt \qquad (\text{cm}^3/\text{s}) \tag{9-10}$$

根据烧结模型图 9-2(a)中，相应的颈部曲率半径 ρ、颈部表面积 A 和体积 V 代入式(9-10)，并将式(9-9)代入式(9-10)得

$$\frac{\gamma M p_0}{d\rho RT}\left(\frac{M}{2\pi RT}\right)^{1/2}\frac{\pi^2 x^3}{r}\frac{1}{d} = \frac{d\left(\frac{\pi x^4}{2r}\right)}{dx}\frac{dx}{dt} \tag{9-11}$$

将式(9-11)移项并积分，可以得到球形颗粒接触面积颈部生长速率关系式为

$$x/r = \left[\frac{3\sqrt{\pi}\gamma M^{3/2} p_0}{\sqrt{2}R^{3/2}T^{3/2}d^2}\right]^{1/3}r^{-2/3}t^{1/3} \tag{9-12}$$

此方程得出了颈部半径(x)和影响生长速率的其它变量(r, p_0, t)之间的相互关系。

3. 实验证实

肯格雷（Kingery）等曾以氯化钠球进行烧结试验。图 9-5 所示为 NaCl 球在 725 ℃烧结时的 $\lg\frac{x}{r}$ 对 $\lg t$ 的实验关系。氯化钠在烧结温度下有颇高的蒸气压。实验证明式(9-12)是正确的。从方程(9-12)可见，在烧结初期接触颈部的生长 x/r 随时间(t)的 1/3 次方而变化。蒸发-凝聚传质的烧结，颈部增长只在开始时比较显著，随着烧结的进行，颈部增长很快就停止了。因此对这类传质过程用延长烧结时间不能达到促进烧结的效果。从工艺控制角度考虑，两个重要的变量是原

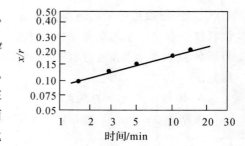

图 9-5　NaCl 球烧结时颈部增长率和时间的关系（$T=725$ ℃）

料起始粒度(r)和烧结温度(T)。粉末的起始粒度愈小,烧结速率愈大。由于饱和蒸气压(P_0)随温度而呈指数地增加,因而提高温度对烧结有利。

4. 蒸发-凝聚传质的特点

蒸发-凝聚传质的特点是烧结时颈部区域扩大,球的形状改变为椭圆,气孔形状改变,但球与球之间的中心距不变,也就是在这种传质过程中坯体不发生收缩。气孔形状的变化对坯体一些宏观性质有可观的影响,但不影响坯体密度。气相传质过程要求把物质加热到可以产生足够蒸气压的温度。对于几微米的粉末体,要求蒸气压最低为 $1\sim10$ Pa,才能看出传质的效果。而烧结氧化物材料往往达不到这样高的蒸气压,如 Al_2O_3 在 1200 ℃时蒸气压只有 10^{-41} Pa,因而一般硅酸盐材料的烧结中这种传质方式并不多见。但近年来一些研究报道,ZnO 在 1 100 ℃以上烧结和 TiO_2 在 1 300~1350 ℃烧结时,发现符合式(9-12)的烧结速率方程。

二、扩散传质

在大多数固体材料中,由于高温下蒸气压低,则传质更易通过固态内质点扩散过程来进行。

1. 颈部应力分析

烧结的推动力是如何促使质点在固态中发生迁移的呢?库津斯基(Kuczynski)1949 年提出颈部应力模型。假定晶体是各向同性的。图 9-6 所示为两个球形颗粒的接触颈部,从其上取一个弯曲的曲颈基元 $ABCD$,ρ 和 x 为两个主曲率半径。假设指向接触面颈部中心的曲率半径 x 具有正号,而颈部曲率半径 ρ 为负号。又假设 x 与 ρ 各自间的夹角均为 θ,作用在曲颈基元上的表面张力 F_x 和 F_ρ 可以通过表面张力的定义来计算。由图可见:

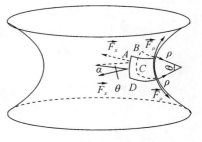

图 9-6　作用在颈部表面的力

$$\vec{F}_x = \gamma\,\overline{AD} = \gamma\,\overline{BC}$$

$$\vec{F}_\rho = -\gamma\,\overline{AB} = \gamma\,\overline{DC}$$

$$\overline{AD} = \overline{BC} = 2\left(\rho\sin\frac{\theta}{2}\right) = 2\rho\cdot\frac{\theta}{2} = \rho\theta$$

$$\overline{AB} = \overline{DC} = x\theta$$

由于 θ 很小,所以 $\sin\theta = \theta$,因而得到:$\vec{F}_x = \gamma\rho\theta$;$\vec{F}_\rho = \gamma x\theta$

作用在垂直于 $ABCD$ 元上的力 $\vec{F}$ 为

$$\vec{F} = 2\left[\vec{F}_x\sin\frac{\theta}{2} + \vec{F}_\rho\sin\frac{\theta}{2}\right]$$

将 $\vec{F}_x$ 和 $\vec{F}_\rho$ 代入上式,并考虑 $\sin\frac{\theta}{2} = \frac{\theta}{2}$,可得

$$\vec{F} = \gamma\theta^2(\rho - x)$$

$ABCD$ 元的面积 $= \overline{AD}\cdot\overline{AB} = \rho\theta\cdot x\theta = \rho x\theta^2$。则作用在面积元上的应力为

$$\sigma = \frac{F}{A} = \frac{\gamma\theta^2(\rho - x)}{x\rho\theta^2} = \gamma\left(\frac{1}{x} - \frac{1}{\rho}\right) \approx -\frac{\gamma}{\rho} \qquad (x \gg \rho) \qquad (9-13)$$

式(9-13)表明作用在颈部的应力主要由 F_ρ 产生,F_x 可以忽略不计。从图 9-5 与式(9-13)可见 σ_ρ 是张应力,从颈部表面沿半径指向外部,如图 9-7 所示。两个相互接触的晶粒

系统处于平衡,如果将两晶粒看作弹性球模型,根据应力分布分析可以预料,颈部的张应力 σ_ρ 由两个晶粒接触中心处的同样大小的压应力 σ_2 平衡,这种应力分布如图 9-7 所示。

若有两颗粒直径均为 2 μm,接触颈部半径 x 为 0.2 μm,此时颈部表面的曲率半径 ρ 约为 0.001~0.01 μm。若表面张力为 72 J/m^2。由式(9-13)可计算得 $\sigma_\rho \approx 10^9 \sim 10^{10}$ N/m^2。

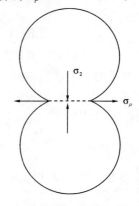

在烧结前的粉末体如果是由同径颗粒堆积而成的理想紧密堆积,颗粒接触点上最大压应力相当于外加一个静压力。在真实系统中,由于球体尺寸不一、颈部形状不规则,堆积方式不相同等原因,使接触点上应力分布产生局部剪切应力。因此在剪切应力作用下可能出现晶粒彼此沿晶界剪切滑移,滑移方向由不平衡的剪切应力方向而定。烧结开始阶段,在这种局部剪切应力和流体静压力影响下,颗粒间出现重新排列,从而使坯体堆积密度提高,气孔率降低,坯体出现收缩,但晶粒形状没有变化,颗粒重排不可能导致气孔完全消除。

图 9-7 作用在颈部表面的最大应力

2. 颈部空位浓度分析

在扩散传质中要达到颗粒中心距离缩短必须有物质向气孔迁移,气孔作为空位源,空位进行反向迁移。颗粒点接触处的应力促使扩散传质中物质的定向迁移。

现在通过晶粒内不同部位空位浓度的计算来说明晶粒中心靠近的机理。

在无应力的晶体内,空位浓度 C_0 是温度的函数,可写作

$$c_0 = \frac{n_o}{N} = \exp\left(\frac{E_v}{kT}\right) \qquad (9-14)$$

式中,N 为晶体内原子总数;n_0 为晶体内空位数;E_v 为空位生成能。

颗粒接触的颈部受到张应力,而颗粒接触中心处受到压应力。由于颗粒间不同部位所受的应力不同,所以不同部位形成空位所作的功也有差别。

在颈部区域和颗粒接触区域由于有张应力和压应力的存在,而使空位形成所作的附加功为

$$E_t = -\gamma/p\Omega = -\sigma\Omega, \qquad E_c = \gamma/p\Omega = \sigma\Omega \qquad (9-15)$$

式中,E_t,E_c 分别为颈部受张应力和压应力时,形成体积为 Ω 空位所做的附加功。

在颗粒内部无应力区域形成空位所作功为 E_v。因此在颈部或接触点区域形成一个空位所作的功 $E_v{}'$ 为

$$E_v' = E_v \pm \sigma\Omega \qquad (9-16)$$

在压应力区(接触点) $\qquad E_v{}' = Ev + \sigma\Omega$

在张应力区(颈表面) $\qquad E_v{}' = E_v - \sigma\Omega$

由式(9-16)可见,在不同部位形成一个空位所作的功的大小次序为:张应力区<无应力区<压应力区,由于空位形成功不同,因而引起不同区域的空位浓度差异。

若 c_c、c_0、c_t 分别代表压应力区、无应力区和张应力区的空位浓度。则

$$c_c = \exp\left(-\frac{E_v'}{kT}\right) = \exp\left[-\frac{E_v + \sigma\Omega}{kT}\right] = c_0\exp\left(-\frac{\sigma\Omega}{kT}\right)$$

若 $\sigma\Omega/kT \ll 1$,则 $\exp\left(-\dfrac{\sigma\Omega}{kT}\right) = 1 - \dfrac{\sigma\Omega}{kT}$,有

$$c_c = c_0 \left(1 - \frac{\sigma\Omega}{kT}\right) \tag{9-17}$$

同理：

$$c_t = c_0 \left(1 + \frac{\sigma\Omega}{kT}\right) \tag{9-18}$$

由式(9-16)和式(9-17)可以得到，颈部表面与接触中心处之间空位浓度的最大差值为

$$\Delta_1 c = c_t - c_c = 2c_0 \frac{\sigma\Omega}{kT} \tag{9-19}$$

由式(9-17)可以得到，颈部表面与颗粒内部之间空位浓度的差值为

$$\Delta_2 c = c_t - c_0 = c_0 \frac{\sigma\Omega}{kT} \tag{9-20}$$

由以上计算可见，$c_t > c_0 > c_c$，$\Delta_1 c > \Delta_2 c$。这表明颗粒不同部位空位浓度不同，颈表面张应力区空位浓度大于晶粒内部，受压应力的颗粒接触中心空位浓度最低。空位浓度差是颈至颗粒接触点大于颈至颗粒内部。系统内不同部位空位浓度的差异对扩散时空位的迁移方向是十分重要的。扩散首先从空位浓度最大的部位（颈部表面）向空位浓度最低的部位（颗粒接触点）进行，其次是颈部向颗粒内部扩散、空位扩散即原子或离子的反向扩散。因此，扩散传质时，原子或离子由颗粒接触点向颈部迁移，达到气孔充填的结果。

3. 扩散传质途径

扩散传质途径如图9-8所示。从图中可以看到扩散可以沿颗粒表面进行，也可以沿着两颗粒之间的界面进行或在晶粒内部进行，我们分别称为表面扩散、界面扩散和体积扩散。不论扩散途径如何，扩散的终点是颈部。烧结初期物质迁移路线见表9-1。

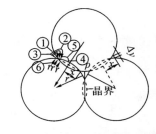

图9-8 烧结初期物质的迁移路线

当晶格内结构基元（原子或离子）移至颈部，原来结构基元所占位置成为新的空位，晶格内其他结构基元补充新出现的空位，就这样以这种"接力"的方式物质向内部传递而空位向外部转移。空位在扩散传质中可以在以下三个部位消失，自由表面、内界面（晶界）和位错。随着烧结进行，晶界上的原子（或离子）活动频繁，排列很不规则，因此晶格内空位一旦移动到晶界上，结构基元的排列只需稍加调整空位就易消失。随着颈部填充和颗粒接触点处结构基元的迁移出现了气孔的缩小和颗粒中心距逼近。表现在宏观上则为气孔率下降和坯体的收缩。

表9-1 烧结初期物质迁移路线

编 号	迁移路线	迁移开始点	迁移结束点
①	表面扩散	表面	颈部
②	晶格扩散	表面	颈部
③	气相转移	表面	颈部
④	晶界扩散	晶界	颈部
⑤	晶格扩散	晶界	颈部
⑥	晶格扩散	位错	颈部

扩散传质过程按烧结温度及扩散进行的程度可分为烧结初期、中期和后期三个阶段。

初期:在烧结初期,表面扩散的作用较显著。表面扩散开始的温度远低于体积扩散。例如 Al_2O_3 的体积扩散约在 900 ℃ 开始(即 $0.5\ T_m$),表面扩散约 330 ℃。烧结初期坯体内有大量连通气孔,表面扩散使颈部充填(此阶段 $x/r < 0.3$)和促使孔隙表面光滑,以及气孔球形化。由于表面扩散对孔隙的消失和烧结体的收缩无显著影响,因而这阶段坯体的气孔率大,收缩约在 1% 左右。

由式(9-20)得知颈部与晶粒内部空位浓度差为

$$\Delta_2 c = c_0 \sigma \Omega,\ 代入\ \sigma = \gamma/\rho,\ 得:$$
$$\Delta c = c_0 \gamma \Omega/\rho \tag{9-21}$$

在此空位浓度差下,每秒内从每厘米周长上扩散离开颈部的空位扩散流量 J,可以用图解法确定并由下式给出:

$$J = 4D_v \Delta c \tag{9-22}$$

式中,D_v 为空位扩散系数,假如 D^* 为自扩散系数,则 $D_v = D^*/\Omega c_0$。

颈部总长度为 $2\pi x$,每秒钟颈部周长上扩散出去的总体积为 $J \cdot 2\pi x \cdot \Omega$,由于空位扩散速度等于颈部体积增长的速度,即

$$J 2\pi x \Omega = dV/dx \qquad (cm^2/s) \tag{9-23}$$

将式(9-21)、式(9-22)代入式(9-23),然后积分,得

$$x/r = (160D^* r\Omega/kT)^{1/5} r^{-3/5} t^{1/5} \tag{9-24a}$$
$$x/r = kr^{-3/5} t^{1/5} \tag{9-24b}$$

在扩散传质时除颗粒间接触面积增加外,颗粒中心距逼近的速率为

$$\frac{d(2\rho)}{dt} = \frac{d(x^2/2r)}{dt}$$

计算后得

$$\Delta V/V = 3\Delta L/L = 3(5r\Omega D^*/kT)^{2/5} r^{-6/5} t^{2/5} = 3k_1 r^{-6/5} t^{2/5} \tag{9-25}$$

式(9-24)和式(9-25)是扩散传质初期动力学公式。这两个公式的正确性已由实验所证实。科布尔(Coble)分析了图 9-8 几种可能的扩散途径,并对氧化铝和氟化钠进行烧结试验,结果证实颗粒间接触部位(x/r)随时间的 1/5 次方而增长。坯体的线收缩($\Delta L/L$)正比于时间的 2/5 次方。

当以扩散传质为主的烧结中,由方程(9-24)和方程(9-25)出发,从工艺角度考虑,在烧结时需要控制的主要变量有:

(1)烧结时间:由于接触颈部半径(x/r)与时间的 1/5 次方成正比,颗粒中心距逼近与时间的 2/5 次方成正比,这两个关系可以由 Al_2O_3 和 NaF 试块在一定温度下烧结的线收缩与时间关系的实验来证实(见图 9-9),即致密化速率随时间增长而稳定下降,并产生一个明显的终点密度。从扩散传质机理可知,随细颈部扩大,曲率半径增大,传质的推动力——空位浓度差逐渐减小。因此以扩散传质为主要传质手段的烧结,用延长烧结时间来达到坯体致密化的目的是不妥当的。对这一类烧结宜采用较短的保温时间,如 99.99% 的 Al_2O_3 陶瓷保温时间约 1~2 h,不宜过长。

(2)原料的起始粒度:由式(9-24)可见,$x/r \propto r^{-3/5}$,即颈部增长约与粒度的 3/5 次方成反比。这说明大颗粒原料在很长时间内也不能充分烧结,而小颗粒原料在同样时间内致密化速率很高。因此在扩散传质的烧结过程中,起始粒度的控制是相当重要的。

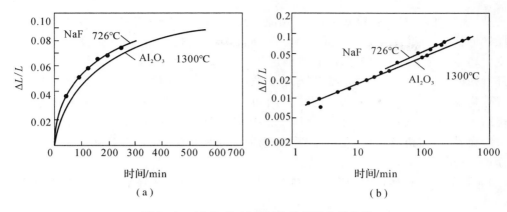

图 9 - 9　Al_2O_3 和 NaF 试块的烧结收缩曲线

（3）温度对烧结过程有决定性的作用。由式(9-25)，温度(T)出现在分母上，似乎温度升高，$\Delta L/L$、x/r 会减小。但实际上温度升高，自扩散系数 $D^* = D_0 \exp(-Q/RT)$，自扩散系数 D^* 明显增大；因此升高温度必然加快烧结的进行。

如果将式(9-24)、式(9-25)中各项可以测定的常数归纳起来，可以写成：

$$Y^P = Kt \tag{9-26}$$

式中，Y 为烧结收缩率此 $\Delta L/L$；K 为烧结速率常数；当温度不变时，界面张力 γ、扩散系数 D^* 等均为常数。在此式中颗粒半径 r 也归入 K 中；t 为烧结时间。将式(9-26)取对数，得

$$\log Y = \frac{1}{P}\log t + K' \tag{9-27}$$

用收缩率 Y 的对数和时间对数作图，应得一条直线，其截距为 K'（截距 K' 随烧结温度升高而增加），而斜率为 $1/P$（斜率不随温度变化）。

烧结速率常数与温度的关系和化学反应速率常数与温度的关系一样，也服从阿仑尼乌斯方程，即

$$\ln K = A - Q/RT \tag{9-28}$$

式中 Q 为相应的烧结过程激活能，A 为常数。在烧结实验中通过式(9-28)可以求得 Al_2O_3 烧结的扩散激活能为 690 kJ/mol。

在以扩散传质为主的烧结过程中，除体积扩散外，质点还可以沿表面、界面或位错等处进行多种途径的扩散。这样相应的烧结动力学公式也不相同。库钦斯基综合各种烧结过程的典型方程为

$$\left(\frac{x}{r}\right)^n = \frac{F_{(T)}}{r^m}t \tag{9-29}$$

式中，$F_{(T)}$ 是温度的函数。在不同的烧结机理中，包含不同的物理常数。例如扩散系数、饱和蒸气压、粘滞系数和表面张力等。这些常数均与温度有关。各种烧结机理的区别反映在指数 m 与 n 的不同上，其值见表 9-2。

表 9 - 2　指数 m 和 n 的值

传质方式	黏性流动	蒸发—凝聚	体积扩散	晶界扩散	表面扩散
m	1	1	3	2	3
n	2	3	5	6	7

中期:烧结进入中期,颗粒开始黏结,颈部扩大,气孔由不规则形状逐渐变成由三个颗粒包围的圆柱形管道,气孔相互联通。晶界开始移动。晶粒正常生长。这一阶段以晶界和晶格扩散为主。坯体气孔率降低为5％左右,收缩达$80\%\sim90\%$。

经过初期烧结后,由于颈部生长使球形颗粒逐渐变成多面体形。此时晶粒分布及空间堆积方式等均很复杂,使定量描述更为困难。科布尔(Coble)提出了一个简单的多面体模型。他假设烧结体此时由众多个十四面体堆积而成。十四面体顶点是四个晶粒交汇点,每个边是三个晶粒的交界线,它相当于圆柱形气孔通道,成为烧结时的空位源。空位从圆柱形空隙向晶粒接触面扩散,而原子反向扩散使坯体致密。

Coble根据十四面体模型确定了烧结中期坯体气孔率(P_c)随烧结时间(t)变化的关系式:

$$P_c = \frac{10\pi D^* \Omega \gamma}{KTL^3}(t_f - t) \qquad (9-30)$$

式中,L为圆柱形空隙的长度,t为烧结时间,t_f为烧结进入中期的时间。由式(9-30)可见,烧结中期气孔率与时间t成一次方关系。因而烧结中期致密化速率较快。

后期:烧结进入后期,气孔已完全孤立,气孔位于4个晶粒包围的顶点。晶粒已明显长大。坯体收缩达$90\%\sim100\%$。

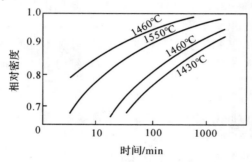

图9-10 Al_2O_3烧结中后期坯体的致密化

从十四面体模型来看,气孔已由圆柱形孔道收缩成位于十四面体的24个顶点处的孤立气孔。根据此模型Coble导出了烧结后期坯体气孔率(P_t)为

$$P_t = \frac{6\pi D^* \Omega \gamma}{\sqrt{2} KTL^3}(t_f - t) \qquad (9-31)$$

式(9-31)表明,烧结中期和烧结后期并无显著差异,当温度和晶粒尺寸不变时,气孔率随烧结时间而线性地减少。图9-10表示Al_2O_3烧结至理论密度的95％以前,坯体密度与时间近似呈直线关系。

第三节 液相烧结

一、液相烧结的特点

凡是有液相参与的烧结过程称为液相烧结。

由于粉末中总含有少量杂质,因而大多数材料在烧结中都会或多或少地出现液相。即使在没有杂质的纯固相系统中,高温下还会出现"接触"熔融现象。因而纯粹的固态烧结实际上不易实现。在无机材料制造过程中,液相烧结的应用范围很广泛。如长石质瓷、水泥熟料、高温材料(如氮化物、碳化物)等都采用液相烧结原理。

液相烧结与固态烧结的共同之点是烧结的推动力都是表面能,烧结过程也是由颗粒重排、气孔填充和晶粒生长等阶段组成。不同点是:由于流动传质速率比扩散快,因而液相烧结的致密化速率高,可使坯体在比固态烧结温度低得多的情况下获得致密的烧结体。此外,液相烧结过程的速率与液相的数量、液相性质(黏度、表面张力等)、液相与固相的润湿情况、固相在液相中的溶解度等有密切的关系。因此影响液相烧结的因素比固相烧结更为复杂,这为定量研究带来了困难。液相烧结根据液相数量及液相性质可分为以下两类三种情况,见表 9 - 3。

表 9 - 3　液相烧结类型

类　型	条　件	液相数量	烧结模型	传质方式
I	$\theta_{LS}>90°,C=0$	少	双球	扩散
II	$\theta_{LS}<90°$	少	Kingery*	溶解-沉淀
	$C>0$	多	LSW**	

表中 θ_{LS}—固液润湿角;C—固相在液相中的溶解度。

Kingery 液相烧结模型,在液相量较少时,溶解-沉淀传质过程发生在晶粒接触界面处溶解,通过液相传递扩散到球形晶粒自由表面上沉积。

LSW(Lifshitz-Slyozov-Wagner)模型,当坯体内有大量液相而且晶粒大小不等时,由于晶粒间曲率差导致使小晶粒溶解,通过液相传质到大晶粒上沉积。

二、流动传质

(一)黏性流动

1. 黏性流动传质

在高温下依靠黏性液体流动而致密化是大多数硅酸盐材料烧结的主要传质过程。

在液相烧结时,由于高温下黏性液体(熔融体)出现牛顿型流动而产生的传质称为黏性流动传质(或黏性蠕变传质)。

在固态烧结时,晶体内的晶格空位在应力作用下,由空位的定向流动引起的形变称为黏性蠕变(Vieous Creep)或纳巴罗-赫林(Nabarro-Herring)蠕变。它与由空位浓度差而引起的扩散传质的区别在于黏性蠕变是在应力作用下,整排原子沿着应力方向移动,而扩散传质仅是一个质点的迁移。

黏性蠕变是通过黏度(η)把黏性蠕变速率与应力联系起来,有

$$\varepsilon=\sigma/\eta \tag{9-32}$$

式中,ε 为黏性蠕变速率,σ 为应力,由计算可得烧结系统的宏观黏度 $\eta=KTd^2/8D^*\Omega$,其中 d 为晶粒尺寸,因而 ε 可写作:

$$\varepsilon=8D^*\Omega\sigma/KTd^2 \tag{9-33}$$

对于无机材料粉体的烧结,将典型数据代入上式($T=2000$ K,$D^*=10^{-2}$ cm²/s,$\Omega=1\times10^{-24}$ cm³)可以发现,当扩散路程分别为 0.01,0.1,1 和 10 μm 时,对应的宏观黏度分别为 10^8,10^{10},10^{13} 和 10^{14} dPa·s,而烧结时宏观黏度的数量级为 $10^8\sim10^9$ dPa·s,由此推演,在烧结时黏性蠕变传质起决定性作用的仅是限于路程为 $0.01\sim0.1$ μm 数量级的扩散,即通常限

于晶界区域或位错区域,尤其是在无外力作用下,烧结晶态物质形变只限于局部区域。然而当烧结体内出现液相时,由于液相中扩散系数比结晶体中大几个数量级,因而整排原子的移动甚至整个颗粒的形变也是能发生的。

2. 黏性流动初期

1945 年弗伦克尔提出具有液相的黏性流动烧结模型,见图 9-2(b),模拟了两个晶体粉末颗粒烧结的早期黏结过程。在高温下物质的黏性流动可以分为两个阶段:首先是相邻颗粒接触面增大,颗粒黏结直至孔隙封闭。然后封闭气孔的黏性压紧,残留闭气孔逐渐缩小。

黏性流动的烧结可以用两个等径液滴的结合、兼并过程为模型。设两液滴相互接触的瞬间,因流动、变形并形成半径为 x 的接触面积。为了简化,令此时液滴半径保持不变。且可以类比,两个球形颗粒在高温下彼此接触时,空位在表面张力作用下也可能发生类似的流动变形,形成圆形的接触面,这时系统总体积不变,但总表面积和表面能减少了。而减少了的总表面能,应等于黏性流动引起的内摩擦力或变形所消耗的功。在一定温度下,弗兰克尔导出接触面积的成长速率为

$$x^2 = \frac{3r\gamma}{2\eta}t \qquad (9-34)$$

则接触面半径增长率 x/r 为

$$\frac{x}{r} = \left(\frac{3\gamma}{2\eta}\right)^{\frac{1}{2}} r^{-\frac{1}{2}} t^{\frac{1}{2}} \qquad (9-35)$$

式中,r 为颗粒半径;x 为颈部半径;η 为液体黏度;γ 为液一气表面张力;t 为烧结时间。

式(9-35)表明,按黏性流动烧结时,接触面积大小与时间成比例,其半径增长率 x/r 则与时间的平方根成比例。烧结收缩可由模型的几何关系求出,有

$$\frac{\Delta L}{L_0} = \frac{3\gamma}{4r\eta}t \qquad (9-36)$$

式(9-36)说明收缩率正比于表面张力、反比于黏度和颗粒尺寸。但此式仅适用于黏性流动烧结初期。

3. 黏性流动全过程的烧结速率公式

随着烧结的进行,坯体中的小气孔经过长时间烧结后,会逐渐缩小形成半径为 r_0 的封闭气孔(见图 9-11),从而改变了动力学条件,但机理仍然不变。这时每个闭口孤立气孔内外部都有一个压力差 $\frac{2\gamma}{r_0}$ 作用于它,相当于作用在坯体外面使其致密的一个正压。麦肯基(J. K. Mackenzie)等推导了带有相等尺寸的孤立气孔的黏性流动坯体内的收缩率关系式。

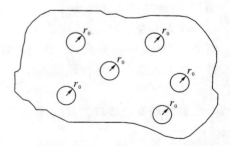

图 9-11　烧结后期坯体中的气孔

设 θ 为相对密度,即体积密度 d/理论密度 d_0;n 为单位体积内气孔的数目。n 与气孔尺寸 r_0 及 θ 有以下关系:

$$n \times \frac{4}{3}\pi r_0^3 = \frac{\text{气孔体积}}{\text{固体体积}} = \frac{1-\theta}{\theta} \qquad (9-37)$$

$$n^{1/3} = \left(\frac{1-\theta}{\theta}\right)^{1/3} \left(\frac{3}{4\pi}\right)^{1/3} \frac{1}{r_0} \qquad (9-38)$$

由此可以得出此阶段烧结时相对密度变化速率为

$$\frac{\mathrm{d}\theta}{\mathrm{d}t} = \frac{3}{2}\left(\frac{4\pi}{3}\right)^{\frac{1}{3}} n^{\frac{1}{3}} \frac{r}{\eta}(1-\theta)^{\frac{2}{3}}\theta^{\frac{1}{3}} \qquad (9-39)$$

将式(9-38)代入,并取 $0.41r = r_0$ 代入得

$$\mathrm{d}\theta/\mathrm{d}t = \frac{3\gamma}{2r\eta}(1-\theta) \qquad (9-40)$$

式(9-40)是适合黏性流动传质全过程的烧结速率公式。此式表明黏度越小,颗粒半径 r 越小,烧结就越快。此外,致密化速度尚与表面张力有关,但因表面张力对组成并不敏感,故通常不是重要的因素。图 9-12 所示为钠钙硅酸盐玻璃在不同温度下相对密度和时间的关系,图中实线是由方程(9-40)计算而得。起始烧结速率用虚线表示,它是由方程(9-36)计算而得。由图可见随着温度升高,因黏度降低而导致致密化速率迅速提高。图中圆点是实验结果,与实线很吻合,说明式(9-40)能用于黏性流动的致密化过程。此外式(9-40)也可应用于普通瓷器的烧成过程。

由黏性流动传质动力学公式可以看出决定烧结速率的三个主要参数是:颗粒起始粒径、黏度和表面张力。颗粒尺寸从 $10\ \mu m$ 减小至 $1\ \mu m$,烧结速率增大 10 倍。黏度和黏度随温度的迅速变化是需要控制的最重要因素。一个典型的钠钙硅玻璃,若温度变化 $100\ ℃$,黏度约变化 $1\ 000$ 倍。如果某种坯体烧结速率太低,可以采用加入液相黏度较低的组分来提高。对于常见的硅酸盐玻璃其表面张力不会因组分的变化而有很大的改变。

(二)塑性流动

当坯体中液相含量很少时,高温下流动传质不能看成是纯牛顿型流动,而是属于塑性流动类型。也即只有作用力超过其屈服值(f)时,流动速率才与作用的剪切应力成正比。此时式(9-40)改变为

$$\frac{\mathrm{d}\theta}{\mathrm{d}t} = \frac{3\gamma}{2\eta}\frac{1}{r}(1-\theta)\left[1 - \frac{fr}{\sqrt{2}\gamma}\ln\left(\frac{1}{1-\theta}\right)\right] \qquad (9-41)$$

式中,η 是作用力超过 f 时液体的黏度;r 为颗粒原始半径。f 值愈大,烧结速率愈低。当屈服值 $f=0$ 时,式(9-41)即为式(9-40)。当方括号中的数值为零时,$\mathrm{d}\theta/\mathrm{d}t$ 也趋于零。此时即为终点密度。为了尽可能达到致密烧结,应选择最小的 r、η 和较大的 γ。

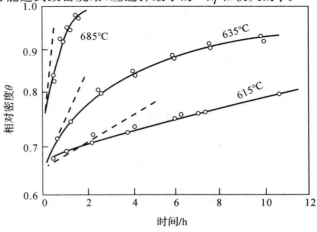

图 9-12 钠钙硅酸盐玻璃在不同温度下的致密化

在固态烧结中也存在着塑性流动。在烧结早期,表面张力较大,塑性流动可以靠位错的运动来实现;而烧结后期,在低应力作用下靠空位自扩散而形成黏性蠕变,高温下发生的蠕变是以位错的滑移或攀移来完成的。塑性流动机理目前应用在热压烧结的动力学过程中是很成功的。

三、溶解-沉淀传质

在有固液两相的烧结中,当固相在液相中有可溶性,这时烧结传质过程就由部分固相溶解,而在另一部分固相上沉积,直至晶粒长大和获得致密的烧结体。研究表明,发生溶解-沉淀传质的条件有:①显著数量的液相;②固相在液相内有显著的可溶性;③液体润湿固相。

溶解-沉淀传质过程的推动力仍是颗粒的表面能,只是由于液相润湿固相,每个颗粒之间的空间都组成了一系列的毛细管,表面张力以毛细管力的方式使颗粒拉紧。毛细管中的溶体起着把分散在其中的固态颗粒结合起来的作用。毛细管力的数值为 $\Delta P = 2\gamma_{\mathrm{LV}}/r$($r$ 是毛细管半径),微米级颗粒之间约有 $0.1 \sim 1\ \mu\mathrm{m}$ 直径的毛细管,如果其中充满硅酸盐液相,毛细管压力达 $1.23 \sim 12.3\ \mathrm{MPa}$。可见毛细管压力所造成的烧结推动力是很大的。

溶解-沉淀传质过程是以下面的方式进行的:首先随着烧结温度升高,出现足够量液相。分散在液相中的固体颗粒在毛细管力的作用下,颗粒相对移动,发生重新排列,颗粒的堆积更紧密。第二,被薄的液膜分开的颗粒之间搭桥,在那些点接触处有高的局部应力导致塑性变形和蠕变,促进颗粒进一步重排。第三,由于较小的颗粒或颗粒接触点处溶解,通过液相传质,而在较大的颗粒或颗粒的自由表面上沉积从而出现晶粒长大和晶粒形状的变化,同时颗粒不断进行重排而致密化。最后,如果固液不完全润湿,此时形成固体骨架的再结晶和晶粒长大。

现将颗粒重排和溶解-沉淀两个阶段分述如下:

1. 颗粒重排

固相颗粒在毛细管力的作用下,通过黏性流动或在一些颗粒间的接触点上由于局部应力的作用而进行重新排列,结果得到了更紧密的堆积。在这阶段可粗略地认为,致密化速率是与黏性流动相应,线收缩与时间约略地呈线性关系:

$$\Delta L/L \propto t^{1+x} \tag{9-42}$$

式中的指数 $1+x$ 的意义是约大于 1,这是考虑到烧结进行时,被包裹的小尺寸气孔减小,作为烧结推动力的毛细管压力增大,所以略大于 1。

颗粒重排对坯体致密度的影响取决于液体的数量。如果液相数量不足,则液相既不能完全包围颗粒,也不能填充粒子间空隙。当液相由甲处流到乙处后,在甲处留下空隙。这时能产生颗粒重排但不足以消除气孔。当液相数量超过颗粒边界薄层变形所需的量时,在重排完成后,固体颗粒约占总体积的 $60\% \sim 70\%$,多余液相可以进一步通过流动传质、溶解-沉淀传质达到填充气孔的目的。这样可使坯体在这一阶段的烧结收缩率达总收缩率的 60% 以上。

颗粒重排促进致密化的效果还与固-液二面角及固-液润湿性能有关。当二面角愈大,熔体对固体的润湿性能愈差时,对致密化愈是不利。

2. 熔解-沉淀传质

溶解-沉淀传质根据液相数量的不同可以有 Kingery 模型(颗粒在接触点处溶解,到自由表面上沉积)或 LSW 模型(小晶粒溶解至大晶粒处沉淀)。其原理都是由于颗粒接触点处(或小晶粒)在液相中的溶解度大于自由表面(或大晶粒)处的溶解度。这样就在两个对应部位上

产生化学位梯度 $\Delta\mu$。$\Delta\mu = RT\ln a/a_0$，a 为凸面处(或小晶粒处)离子活度，a_0 为平面处(或大晶粒处)离子活度。化学位梯度使物质发生迁移，通过液相传递而导致晶粒生长和坯体致密化。

Kingery 运用与固相烧结动力学公式类似的方法，并作了合理的分析导出了溶解-沉淀过程的收缩率为(按图 9-2(b)模型)：

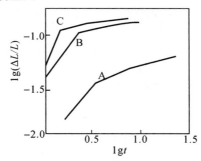

图 9-13　MgO+2%(质量分数)高岭土在 1730 ℃下的烧结情况
烧结前 MgO 的粒度为：A—3 μm，B—1 μm，C—0.52 μm

$$\Delta L/L = \Delta\rho/r = \left(\frac{K\gamma_{LV}\delta DC_0V_0}{RT}\right)^{1/3} r^{-4/3} t^{1/3} \qquad (9-43)$$

式中，$\Delta\rho$ 为中心距收缩的距离；K 为常数；γ_{LV} 为液-气表面张力；D 为被溶解物质在液相中的扩散系数；δ 为颗粒间液膜的厚度；C_0 为固相在液相中的溶解度；V_0 为液相体积；r 为颗粒起始粒度；t 为烧结时间。

式(9-43)中 $\gamma_{LV},\delta,D,C_0,V_0$ 均是与温度有关的物理量，因此当烧结温度和起始粒度固定以后，上式可改写为

$$\Delta L/L = Kt^{1/3} \qquad (9-44)$$

由式(9-43)和式(9-44)可以看出溶解-沉淀的致密化速率约略与时间 t 的 1/3 次方成正比。影响溶解-沉淀传质过程的因素还有：颗粒的起始粒度、粉末特性(溶解度、润湿性能)、液相数量、烧结温度等。由于固相在液相中的溶解度、扩散系数以及固液润湿性能等目前几乎没有确切的数值可以利用，因此液相烧结的研究远比固相烧结更为复杂。

图 9-13 列出了 MgO+2%(质量分数)高岭土在 1 730 ℃时测得的 $\log\Delta L/L \sim \log t$ 的关系图。由图可以明显看出液相烧结三个不同的传质阶段。开始阶段直线斜率约为 1，符合颗粒重排过程即方程(9-42)；第二阶段直线斜率约为 1/3，符合方程(9-44)即为溶解-沉淀传质过程；最后阶段曲线趋于水平。说明致密化速率更缓慢，坯体已接近于终点密度。此时在高温反应产生的气泡包入液相中形成封闭气孔，只有依靠扩散传质充填气孔，若气孔内的气体不溶入液相，则随着烧结温度的升高，气泡内气压增高，抵消了表面张力的作用，烧结就停止了。

从图 9-13 中还可以看出，在这类烧结中，起始粒度对促进烧结有显著作用。图中粒度是 A>B>C，而 $\Delta L/L$ 是 C>B>A。溶解-沉淀传质中，Kingery 模型与 LSW 模型两种机理在烧结速率上的差异为

$$(dV/dt)_K : (dV/dt)_{LSW} = \delta/h : 1$$

式中，δ 为两颗粒间液膜的厚度，一般估计约为 10^{-3} μm；h 为两颗粒中心相互接近的程度，h 随烧结进行很快达到和超过 1 μm，因此 LSW 机理烧结速率往往比 Kingery 机理大几个数量级。

四、各种传质机理分析比较

在本章第二三节中分别讨论了 4 种烧结传质过程,在实际的固相或液相烧结中,这四种传质过程可以单独进行或几种传质同时进行。但每种传质的产生都有其特有的条件。现用表 9 - 4 对各种传质过程进行综合比较。

表 9 - 4　各种传质产生的原因、条件、特点等综合比较

传质方式	蒸发-凝聚	扩　散	流　动	溶解-沉淀
原因	压力差 Δp	空位浓度差 ΔC	应力-应变	溶解度 Δc
条件	$\Delta p > 10 \sim 1\text{Pa}$ $r < 10\ \mu m$	$\Delta C > n_0 / N$ $r < 5\ \mu m$	黏性流动黏度小 塑性流动 $\tau > f$	可观的液相量; 固相在液相中溶解度大; 固-液润湿
特点	凸面蒸发-凹面凝聚 $\Delta L/L = 0$	空位与结构基元相对扩散; 中心距缩短	流动同时引起颗粒重排; $\Delta L/L \propto t$,致密化速率高	接触点溶解到平面上沉淀, 小晶粒处溶解到大晶粒处沉积; 传质同时又是晶粒生长过程
公式	$\dfrac{x}{r} = Kr^{-2/3}t^{1/3}$ $\Delta L/L = 0$	$\dfrac{x}{r} = Kr^{-3/5}t^{1/5}$ $\Delta L/L = Kr^{-6/5}t^{2/5}$	$\dfrac{\mathrm{d}\theta}{\mathrm{d}t} = k(1-\theta)/r$ $\Delta L/L = kr^{-1}t$	$\dfrac{x}{r} = kr^{-2/3}t^{1/6}$ $\Delta L/L = kr^{-4/3}t^{1/3}$
工艺控制	温度(蒸气压)、粒度	温度(扩散系数)、粒度	黏度、粒度	温度(溶解度)、液相数量、黏度、粒度

从固态烧结和有液相参与的烧结过程传质机理的讨论可以看出,烧结无疑是一个很复杂的过程。前面的讨论主要是限于单元纯固态烧结或纯液相烧结,并假定在高温下不发生固相反应,纯固态烧结时不出现液相,此外在作烧结动力学分析时是以十分简单的两颗粒圆球模型为基础。这样就把问题简化了许多。这对于纯固态烧结的氧化物材料和纯液相烧结的玻璃料来说,情况还是比较接近的。从科学的观点看,把复杂的问题作这样的分解与简化,以求得比较接近的定量了解是必要的。但从制造材料的角度看,问题常常要复杂得多,就以固态烧结而论,实际上经常是几种可能的传质机理在互相起作用,有时是一种机理起主导作用,有时则是几种机理同时出现,有时条件改变了传质方式也随之变化。例如 BeO 材料的烧结,气氛中的水汽就是一个重要的因素。在干燥气氛中,扩散是主导的传质方式。当气氛中水汽分压很高时,则蒸发—凝聚变为传质的主导方式。又例如长石瓷或滑石瓷都是有液相参与的烧结,随着烧结进行,往往是几种传质交替发生的。

再如近年来研究较多的氧化钛的烧结,韦脱莫尔(Whitmore)等研究 TiO_2 在真空中的烧结得出符合体积扩散传质的结果,并认为氧空位的扩散是控制因素。但又有些研究者将氧化钛在空气和湿氢条件下烧结,测得出与塑性流动传质相符的结果。并认为大量空位产生位错从而导致塑性流动。事实上空位扩散和晶体内塑性流动并不是没有联系的。塑性流动是位错运动的结果。而一整排原子的运动(位错运动)可能同样会导致点缺陷的消除。处于晶界上的气孔,在剪切应力下也可能通过两个晶粒的相对滑移,在晶界吸收空位(来自气孔表面)而把气孔消除。从而使这两个机理又能在某种程度上协调起来。

　　总之,烧结体在高温下的变化是很复杂的,影响烧结体致密化的因素也是众多的。产生典型的传质方式都是有一定条件的。因此必须对烧结全过程的各个方面(原料、粒度、粒度分布、杂质、成型条件、烧结气氛、温度、时间、……)都有充分的了解,才能真正掌握和控制整个烧结过程。

第四节　晶粒生长与二次再结晶

　　晶粒生长与二次再结晶的过程往往与烧结中、后期的传质过程是同时进行的。

　　晶粒生长是无应变的材料在热处理时,平衡晶粒尺寸在不改变其分布的情况下,连续增大的过程。

　　初次再结晶是在已发生塑性形变的基质中出现新生的无应变晶粒的成核和生长过程。这个过程的推动力是基质塑性变形所增加的能量。储存在形变基质里的能量约 $0.4 \sim 4.2$ J/g。虽然此数值与熔融热相比是很小的(熔融热是此值的 1 000 倍或更多倍),但它提供了足以使晶界移动和晶粒长大的能量。初次再结晶在金属中较为重要。硅酸盐材料在热加工时塑性形变较小。

　　二次再结晶(或称晶粒异常生长和晶粒不连续生长)是少数巨大晶粒在细晶粒消耗时的异常长大过程。

一、晶粒生长

　　在烧结的中、后期,细晶粒要逐渐长大,而一些晶粒生长过程也是另一部分晶粒缩小或消灭的过程。其结果是平均晶粒尺寸都增长了。这种晶粒长大并不是小晶粒的相互黏结,而是晶界移动的结果。在晶界两边物质的吉布斯自由能之差是使界面向曲率中心移动的驱动力。小晶粒生长为大晶粒,则使界面面积和界面能降低,如果晶粒尺寸由 1 μm 变化到 1 cm,对应的能量变化约为 $0.42 \sim 21$ J/g 。

　　1. 晶界能与晶界移动

　　图 9-14 所示为两个晶粒之间的晶界结构,弯曲晶界两边各为一晶粒,小圆代表各个晶粒中的原子。对凸面晶粒表面 A 处与凹面晶粒的 B 处而言,曲率较大的 A 点自由能高于曲率小的 B 点,位于 A 点晶粒内的原子必然有向能量低的位置跃迁的自发趋势。当 A 点原子到达 B 点并释放出 ΔG^* (如图 9-14(b))的能量后就稳定在 B 晶粒内。如果这种跃迁不断发生,晶界就向着 A 晶粒的曲率中心不断推移,导致 B 晶粒长大而 A 晶粒缩小。直至晶界平直化,界面两侧的吉布斯自由能相等为止。由此可见晶粒生长是晶界移动的结果,而不是简单的小晶粒之间的黏结。

　　2. 晶界移动的速率

　　晶粒生长取决于晶界移动的速率。

　　如图 9-14(a)中,A,B 晶粒之间由于曲率不同而产生的压差为

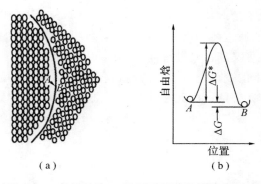

图 9 - 14　晶界结构(a)及原子跃迁的能量变化(b)

$$\Delta p = \gamma \left(\frac{1}{r_1} + \frac{1}{r_2} \right)$$

式中,γ 为表面张力;r_1、r_2 为曲面的主曲率半径。

由热力学可知,当系统只做膨胀功时,有

$$\Delta G = -S\Delta T + V\Delta p$$

当温度不变时,有

$$\Delta G = V\Delta p = \gamma \overline{V} \left(\frac{1}{r_1} + \frac{1}{r_2} \right)$$

式中,ΔG 为跨越一个弯曲界面的自由能变化;$\overline{V}$ 为摩尔体积。

粒界的移动速率还与原子跃过粒界的速率有关。原子由 $A \rightarrow B$ 的频率 f 为原子振动频率(ν)与获得 $\triangle G^*$ 能量的粒子的几率(P)的乘积。

$$f = P\nu = \nu \exp(\Delta G^* / RT)$$

由于可跃迁的原子的能量是量子化的,即 $E = h\gamma$,一个原子平均振动能量 $E = kT$,则有

$$\nu = E/h = kT/h = RT/Nh$$

其中:h 为普朗克常数,k 为波尔兹曼常数,N 为阿弗加德罗常数,R 为气体常数。因此,原子由 $A \rightarrow B$ 跳跃频率为

$$f_{AB} = \frac{RT}{Nh} \exp\left(-\frac{\Delta G^*}{RT} \right)$$

原子由 $B \rightarrow A$ 跳跃频率为

$$f_{BA} = \frac{RT}{Nh} \exp\left(-\frac{\Delta G^* + \Delta G}{RT} \right)$$

粒界的移动速率 $\nu = \lambda f$,λ 为每次跃迁的距离,有

$$\nu = \gamma(f_{AB} - f_{BA}) = \frac{RT}{Nh} \lambda \exp\left(-\frac{\Delta G^*}{RT} \right) \left[1 - \exp\left(-\frac{\Delta G}{RT} \right) \right]$$

化简得

$$\nu = \frac{RT}{Nh} \lambda \left[\frac{\gamma \overline{V}}{RT} \left(\frac{1}{r_1} + \frac{1}{r_2} \right) \right] \exp\left(-\frac{\Delta S}{R} \right) \left(-\frac{\Delta H^*}{RT} \right) \qquad (9-45)$$

由式(9-45)式得出:晶粒生长速率随温度成指数规律增加。因此晶界移动的速率是与晶界曲率以及系统的温度有关。温度升高和曲率半径愈小,晶界向其曲率中心移动的速率也愈快。

3. 晶粒长大的几何学原则

由许多颗粒组成的多晶体界面移动情况如图 9-15 所示。所有晶粒长大的几何学情况可以从三个一般性原则推知：

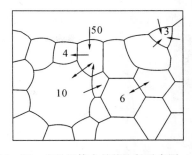

图 9-15 多晶坯体中晶粒生长示意图

(1)晶界上有晶界能的作用，因此晶粒形成一个在几何学上与肥皂泡沫相似的三维阵列。

(2)晶粒边界如果都具有基本上相同的表面张力，则界面间交角成120°，晶粒呈正六边形。实际的多晶系统中多数晶粒间界面能不等。因此从一个三界汇合点延伸至另一个三界汇合点的晶界都具有一定曲率，表面张力将使晶界移向其曲率中心。

(3)在晶界上的第二相夹杂物(杂质或气泡)，如果它们在烧结温度下不与主晶相形成液相，则将阻碍晶界移动。

从图 9-15 看出，大多数晶界都是弯曲的。从晶粒中心往外看，大于六条边时边界向内凹，由于凸面的界面能大于凹面，因此晶界向凸面曲率中心移动。结果小于六条边的晶粒缩小，甚至消失，而大于六条边的晶粒长大。总的结果是平均晶粒增长。

4. 晶粒长大平均速率

晶界移动速度与弯曲晶界的半径成反比，因而晶粒长大的平均速度与晶粒的直径成反比。晶粒长大定律为

$$dD/dt = K/D$$

式中，D 为时间 t 时的晶粒直径；K 为常数。积分后得

$$D^2 - D_0^2 = Kt \qquad (9-46)$$

式中，D_0 为时间 $t=0$ 时的晶粒平均尺寸。当达到晶粒生长后期，$D \gg D_0$，此时式(9-46)为 $D = Kt^{1/2}$。用 $\log D$ 对 $\log t$ 作图得到直线，其斜率为 1/2。然而一些氧化物材料的晶粒生长实验表明，直线的斜率常常在 1/2～1/3。且经常还更接近于 1/3。主要原因是晶界移动时遇到杂质或气孔而限制了晶粒的生长。

5. 晶粒生长的影响因素

(1)夹杂物如杂质、气孔等阻碍作用。从理论上说，经相当长时间的烧结后，应当从多晶材料烧结至一个单晶。但实际上由于存在第二相夹杂物(如杂质、气孔等)的阻碍作用，使晶粒长大受到阻止。晶界移动时遇到夹杂物(见图 9-16)，晶界为了通过夹杂物，界面能就被降低，降低的量正比于夹杂物的横截面积。通过障碍以后，弥补界面又要付出能量，结果使界面继续前进的能力减弱，界面变得平直，晶粒生长就逐渐停止。

在烧结体中晶界移动可以通过 7 种方式进行，如图 9-17 所示。随着烧结的进行，气孔往往位于晶界上或三个晶粒交汇点上。气孔在晶界上是随晶界移动还是阻止晶界移动，这与晶界曲率有关，也与气孔直径、数量、气孔作为空位源向晶界扩散的速度、气孔内气体压力大小、包围气孔的晶粒数等因素有关。当气孔汇集在晶界上时，晶界移动会出现以下情况，如图 9-18 所示。在烧结初期，晶界上气孔数目很多，气孔牵制了晶界的移动。如果晶界移动速率为 V_b，气孔移动速率为 V_p，此时气孔阻止晶界移动，因而 $V_b = 0$(见图 9-18(a))。烧结中、后期，温度控制适当，气孔逐渐减少，可以出现 $V_b = V_p$，此时晶界带动气孔以正常速度移动，使气

孔保持在晶界上(见图9-18(b)),气孔可以利用晶界作为空位传递的快速通道而迅速汇集或消失。图9-19说明气孔随晶界移动而聚集在三晶粒交汇点的情况。

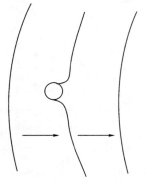

1—气孔靠晶格扩散迁移；2—气孔靠表面扩散迁移；
3—气孔靠气相传递；4—气孔靠晶格扩散聚合；
5—气孔靠晶界扩散聚合；6—单相晶界本征迁移；
7—存在杂质牵制晶界移动

图9-16　界面通过夹杂物时形状的变化　　　　图9-17　β-晶界移动方式示意图

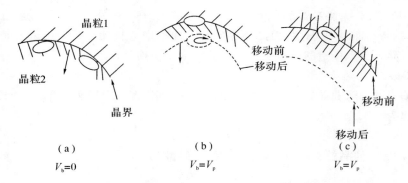

（a）　　　　　　　　（b）　　　　　　　（c）
$V_b=0$　　　　　　　$V_b=V_p$　　　　　　$V_b=V_p$

图9-18　晶界移动遇到气孔时的情况

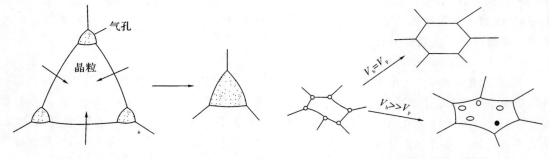

图9-19　气孔在三晶粒交汇点聚集　　　　图9-20　晶界移动与坯体致密化关系

当烧结达到$V_b=V_p$时,烧结过程已接近完成。严格控制温度是十分重要的。继续维持$V_b=V_p$,气孔易迅速排除而实现致密化,如图9-20所示。此时烧结体应适当保温,如果再继续升高温度,由于晶界移动速率随温度而呈指数增加,必然导致$V_b\gg V_p$,晶界越过气孔而向曲率中心移动,一旦气孔包入晶体内部(见图9-20),只能通过体积扩散来排除,这是十分困难的。在烧结初期,当晶界曲率很大和晶界迁移驱动力也大时,气孔常常被遗留在晶体内,结果在个别大晶粒中心会留下小气孔群。烧结后期,若局部温度过高和以个别大晶粒为核出现二次再结晶,由于晶界移动太快,也会把气孔包入晶粒内,晶粒内的气孔不仅使坯体难以致密化,而且还会严重影响材料的各种性能。因此,烧结中控制晶界的移动速率是十分重要的。

(2)晶界上液相的影响。约束晶粒生长的另一个因素是有少量液相出现在晶界上。少量液相使晶界上形成两个新的固-液界面,从而界面移动的推动力降低和扩散距离增加。因此少量液相可以起到抑制晶粒长大的作用。例如 95% Al_2O_3 中加入少量石英、黏土,使之产生少量硅酸盐液相,阻止晶粒异常生长。但当坯体中有大量液相时,可以促进晶粒生长和出现二次再结晶。

(3)晶粒生长极限尺寸。气孔在烧结过程中能否排除,除了与晶界移动速率有关外,还与气孔内压力的大小有关。随着烧结的进行,气孔逐渐缩小,而气孔内的气压不断增高,当气压增加至 $2\gamma/r$ 时,即气孔内气压等于烧结推动力,此时烧结就停止了。如果继续升高温度,气孔内的气压大于 $2\gamma/r$,这时气孔不仅不能缩小,反而膨胀,对致密化不利。烧结如果不采取特殊措施是不可能达到坯体完全致密化的。如要获得接近理论密度的制品,必须采用气氛或真空烧结和热压烧结等方法。

在晶粒正常生长过程中,由于夹杂物对晶界移动的牵制而使晶粒大小不能超过某一极限尺寸。采纳(Zener)曾对极限晶粒直径 D_l 作了粗略的估计。D_l 含义是晶粒正常生长时的极限尺寸,D_l 由下式决定,有

$$D_l \propto d/f \tag{9-47}$$

式中,d 是夹杂物或气孔的平均直径;f 是夹杂物或气孔的体积分数。D_l 在烧结过程中是随 d 和 f 的改变而变化。当 f 愈大时则 D_l 将愈小,当 f 一定时,d 愈大则晶界移动时与夹杂物相遇的机会愈小,于是晶粒长大而形成的平均晶粒尺寸就愈大。烧结初期,坯体内有许多小而数量多的气孔,因而 f 相当大,此时晶粒的起始尺寸 D_0 总大于 D_l,这时晶粒不会长大。随着烧结的进行,小气孔不断沿晶界聚集或排除,d 由小增大,f 由大变小,D_l 也随之增大,当 $D_l > D_0$ 时,晶粒开始均匀生长。烧结后期,一般可以假定气孔的尺寸为晶粒初期平均尺寸的 $1/10$,$f=d/D_l=d/10d=0.1$。这就表示烧结达到气孔的体积分数为 10% 时,晶粒长大就停止了。这也是普通烧结中坯体终点密度低于理论密度的原因。

二、二次再结晶

1. 二次再结晶概念

当正常的晶粒生长由于夹杂物或气孔等的阻碍作用而停止以后,如果在均匀基相中有若干大晶粒,如图 9-15 所示 50 个边的晶粒,这个晶粒的边界比邻近晶粒的边界多,晶界曲率也较大,以致于晶界可以越过气孔或夹杂物而进一步向邻近小晶粒曲率中心推进,而使大晶粒成为二次再结晶的核心,不断吞并周围小晶粒而迅速长大,直至与邻近大晶粒接触为止。

2. 二次再结晶的推动力

二次再结晶的推动力是大晶粒晶面与邻近高表面能和小曲率半径的晶面相比有较低的表面能,在表面能驱动下,大晶粒界面向曲率半径小的晶粒中心推进,以致造成大晶粒进一步长大与小晶粒的消失。

3. 晶粒生长与二次再结晶的区别

晶粒生长与二次再结晶的区别在于前者坯体内晶粒尺寸均匀地生长,服从式(9-47)。而二次再结晶是个别晶粒异常生长,不服从式(9-47)。晶粒生长是平均尺寸增长,不存在晶核,

界面处于平衡状态,界面上无应力。二次再结晶的大晶粒界面上有应力存在。晶粒生长时气孔都维持在晶界上或晶界的交汇处,二次再结晶时气孔被包裹到晶粒内部。

4. 二次再结晶影响因素

(1)晶粒晶界数。大晶粒的长大速率开始取决于晶粒的边缘数。如果坯体中原始晶粒尺寸是均匀的,在烧结时,晶粒长大按式(9-46)进行,直至达到式(9-47)的极限尺寸为止。此时烧结体中每个晶粒的晶界数为3～7或3～8个。晶界弯曲率都不大,不能使晶界越过夹杂物运动,则晶粒生长停止了。如果烧结体中有大于晶界数为10的大晶粒,在细晶粒基体中,少数晶粒比平均晶粒尺寸大,这些大晶粒成为二次再结晶的晶核。当长大达到某一程度时,大晶粒直径(d_g)远大于基质晶粒直径(d_m),即 $d_g \gg d_m$,大晶粒长大的驱动力随着晶粒长大而增加,晶界移动时快速扫过气孔,在短时间内第一代小晶粒为大晶粒吞并,而生成含有封闭气孔的大晶粒。这就导致不连续的晶粒生长。

(2)起始物料颗粒的大小。当由细粉料制成多晶体时,则二次再结晶的程度取决于起始粉料颗粒的大小,粗的起始粉料相对的晶粒长大要小得多,如图9-21为氧化铍晶粒相对生长率与原始粒度的关系,由图可推算出:起始粒度为 2 μm,二次再结晶后晶粒尺寸为 60 μm;而起始粒度为 10 μm ,二次再结晶的粒度约为 30 μm。

(3)工艺因素。从工艺控制考虑,造成二次再结晶的原因主要是原始粒度不均匀、烧结温度偏高和烧结速率太快。其它还有坯体成型压力不均匀,局部有不均匀液相等。图9-22表明原始颗粒尺寸分布对烧结后多晶结构的影响。在原始粉料很细的基质中夹杂个别粗颗粒,最终晶粒尺寸比原始粉料粗而均匀的坯体要粗大得多。

为避免气孔封闭在晶粒内,避免晶粒异常生长,应防止致密化速率太快。在烧结体达到一定的体积密度以前,应该用控制温度来抑制晶界移动速率。例如 $MgO \cdot Al_2O_3$ 材料在烧结时,坯体密度达到理论密度的 94% 以前,致密化速率应以 $1.7 \times 10^{-3}/min$ 为宜。

5. 控制二次再结晶的方法

防止二次再结晶的最好方法是引入适当的添加剂,它能抑制晶界迁移,有效地加速气孔的排除。如 MgO 加入 Al_2O_3 中可制成达理论密度的制品。Y_2O_3 加入 ThO_2 中或 ThO_2 加入 CaO 中等等。当采用晶界迁移抑制剂时,晶粒生长公式(9-46)应写成以下形式:

$$G^3 - G_0^3 = Kt \tag{9-48}$$

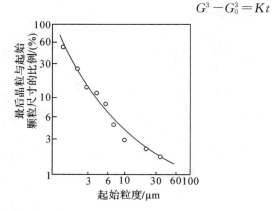

图9-21 BeO 在 2 000 ℃下保温 0.5 h 晶粒
生长率与原始粒径的关系

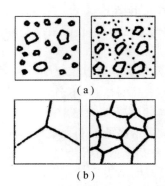

图9-22 粉料粒度分布对多晶结构影响
(a)烧结前;(b)烧结后

烧结体中出现二次再结晶,由于大晶粒受到周围晶界应力的作用或由于本身易产生缺陷,结果常在大晶粒内出现隐裂纹,导致材料机械、电性能恶化。因而工艺上需采取适当的措施防止其发生。但在硬磁铁氧体 $BaFe_{12}O_{14}$ 的烧结中,在形成择优取向方面利用二次再结晶是有益的,在成型时通过高强磁场的作用,使颗粒取向,烧结时控制大晶粒为二次再结晶的核,从而得到高度取向、高导磁率的材料。

三、晶界在烧结中的作用

晶界是多晶体中不同晶粒之间的交界面,据估计晶界宽度约为 5～60 nm。晶界上原子排列疏松混乱,在烧结传质和晶粒生长过程中晶界对坯体致密化起着十分重要的作用。

晶界是气孔(空位源)通向烧结体外的主要扩散通道。在烧结过程中坯体内空位流与原子流利用晶界作相对扩散,如图 9-23 所示。空位经过无数个晶界传递最后排泄出表面,同时导致坯体的收缩。接近晶界的空位最易扩散至晶界,并于晶界上消失,如图 9-23 所示。

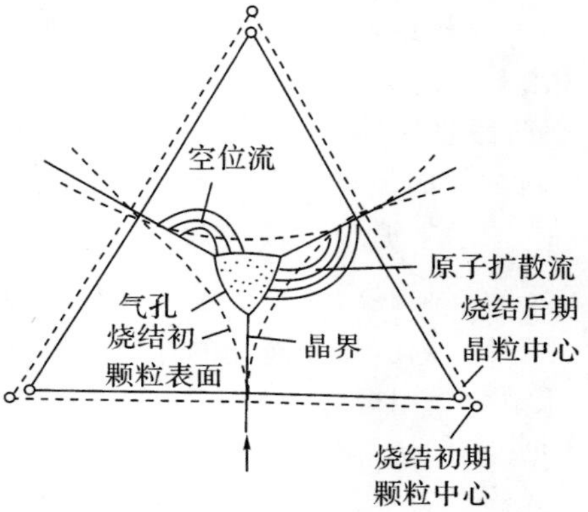

由于烧结体中气孔形状是不规则的,晶界上气孔的扩大、收缩或稳定与表面张力、润湿角、包围气孔的晶粒数有关,还与晶界迁移率、气孔半径、气孔内气压高低等因素有关。

在离子晶体中,晶界是阴离子快速扩散的通道。离子晶体的烧结与金属材料不同。阴、阳离子必须同时扩散才能导致物质的传递与烧结。究竟何种离子的扩散

图 9-23　气孔在晶界上排除和收缩模型

决定着烧结速率,目前尚不能作肯定的回答。一般地说阴离子体积大,扩散总比阳离子慢。烧结速率一般由阴离子扩散速率控制。一些实验表明,在氧化铝中,O^{2-} 在 20～30 μm 多晶体中自扩散系数比在单晶体中约大两个数量级,而 Al^{3+} 离子自扩散系数则与晶粒尺寸无关。Coble等提出在晶粒尺寸很小的多晶体中,O^{2-} 依靠晶界区域所提供的通道而大大加速其扩散速度,并有可能 Al^{3+} 的体积扩散成为控制因素。

晶界上溶质的偏聚可以延缓晶界的移动,加速坯体致密化。为了从坯体中完全排除气孔,获得致密的烧结体,空位扩散必须在晶界上保持相当高的速率。只有通过抑制晶界的移动才能使气孔在烧结的始终都保持在晶界上,避免晶粒的不连续生长。利用溶质易在晶界上偏析的特征,在坯体中添加少量溶质(烧结助剂),就能达到抑制晶界移动的目的。

晶界对扩散传质烧结过程是有利的。在多晶体中晶界阻碍位错滑移,因而对位错滑移传质不利。由于晶界组成、结构和特性是一个比较复杂的问题,晶界范围仅几十个原子间距,因研究手段的限制,其特性还有待进一步探索。

第五节　影响烧结的因素

一、原始粉料的粒度

无论在固态烧结或液态烧结中,细颗粒由于增加了烧结的推动力,缩短了原子扩散距离和

提高了颗粒在液相中的熔解度而导致烧结过程的加速。如果烧结速率与起始粒度的 1/3 次方成比例,从理论上计算,当起始粒度从 2 μm 缩小到 0.5 μm,烧结速率增加 64 倍。这结果相当于粒径小的粉料烧结温度降低 150～300 ℃。

有资料报导 MgO 的起始粒度为 20 μm 以上时,即使在 1 400 ℃下保持很长时间,相对密度仅能达 70% 而不能进一步致密化;若粒径在 20 μm 以下,温度为 1 400 ℃或粒径在 1 μm 以下,温度为 1 000 ℃时,烧结速度很快;如果粒径在 0.1 μm 以下时,其烧结速率与热压烧结相差无几。

从防止二次再结晶考虑,起始粒径必须细而均匀,如果细颗粒内有少量大颗粒存在,则易发生晶粒的异常生长而不利烧结。一般氧化物材料最适宜的粉末粒度为 0.05～0.5 μm。

原料粉末的粒度不同,烧结机理有时也会发生变化。例如 AlN 的烧结,据报道当粒度为 0.78～4.4 μm 时,粗颗粒按体积扩散机理进行烧结,而细颗粒则按晶界扩散或表面扩散机理进行烧结。

二、外加剂的作用

在固相烧结中,少量外加剂(烧结助剂)可与主晶相形成固溶体促进缺陷增加;在液相烧结中,外加剂能改变液相的性质(如黏度、组成等),因而都能起促进烧结的作用。外加剂在烧结体中的作用现分述如下。

1. **外加剂与烧结主体形成固溶体**

当外加剂与烧结主体的离子大小、晶格类型及电价数接近时,它们能互溶形成固溶体,致使主晶相晶格畸变、缺陷增加,便于结构基元移动而促进烧结。一般地说它们之间形成有限置换型固溶体比形成连续固溶体更有助于促进烧结。外加剂离子的电价和半径与烧结主体离子的电价、半径相差愈大,使晶格畸变程度增加,促进烧结的作用也愈明显。例如 Al_2O_3 烧结时,加入 3% Cr_2O_3 形成连续固溶体可以在 1 860 ℃下烧结,而加入 1%～2% TiO_2,只需在 1 600 ℃左右就能致密化。

2. **外加剂与烧结主体形成液相**

外加剂与烧结体的某些组分生成液相,由于液相中扩散传质阻力小、流动传质速度快,因而降低了烧结温度和提高了坯体的致密度。例如在制造 95% Al_2O_3 材料时,一般加入 CaO、SiO_2,在 CaO:SiO_2=1 时,由于生成 $CaO - Al_2O_3 - SiO_2$ 液相,而使材料在 1540 ℃即能烧结。

3. **外加剂与烧结主体形成化合物**

在烧结透明的 Al_2O_3 制品时,为抑制二次再结晶,消除晶界上的气孔,一般加入 MgO 或 MgF_2。高温下形成镁铝尖晶石($MgAl_2O_4$)而包裹在 Al_2O_3 晶粒表面,抑制晶界移动速率,充分排除晶界上的气孔,对促进坯体致密化有显著作用。

4. **外加剂阻止多晶转变**

ZrO_2 由于有多晶转变,体积变化较大而使烧结发生困难,当加入 5% CaO 以后,Ca^{2+} 离子进入晶格置换 Zr^{4+} 离子,由于电价不等而生成阴离子缺位固溶体,同时抑制晶型转变,使致密化易于进行。

5. **外加剂起扩大烧结范围的作用**

加入适当外加剂能扩大烧结温度范围,给工艺控制带来方便。例如锆钛酸铅材料的烧结范围只有 20～40 ℃,如加入适量 La_2O_3 和 Nb_2O_5 以后,烧结范围可以扩大到 80 ℃。

必须指出的是外加剂只有加入量适当时才能促进烧结,如不恰当地选择外加剂或加入量过多,反而会引起阻碍烧结的作用,因为过多量的外加剂会妨碍烧结相颗粒的直接接触,影响传质过程的进行。Al_2O_3 烧结时加入 $2\%MgO$ 使 Al_2O_3 烧结活化能降低到 398 kJ/mol,比纯 Al_2O_3 活化能 502 kJ/mol 低,因而促进烧结过程。而加入 $5\%MgO$ 时,烧结活化能升高到 545 kJ/mol,则起抑制烧结的作用。

烧结加入何种外加剂,加入量多少较合适,目前尚不能完全从理论上解释或计算,还应根据材料性能要求通过试验来决定。

三、烧结温度和保温时间

在晶体中晶格能愈大,离子结合也愈牢固,离子的扩散也愈困难,所需烧结温度也就愈高。各种晶体键合情况不同,因此烧结温度也相差很大,即使对同一种晶体烧结温度也不是一个固定不变的值。提高烧结温度无论对固相扩散或对溶解-沉淀等传质都是有利的。但是单纯提高烧结温度不仅浪费燃料,很不经济,而且还会促使二次再结晶而使制品性能恶化。在有液相的烧结中,温度过高使液相量增加,黏度下降,而使制品变形。因此不同制品的烧结温度必须仔细试验来确定。

由烧结机理可知,只有体积扩散导致坯体致密化,表面扩散只能改变气孔形状而不能引起颗粒中心距的逼近,因此不出现致密化过程。在烧结高温阶段主要以体积扩散为主,而在低温阶段以表面扩散为主。如果材料的烧结在低温时间较长,不仅不能引起致密化反而会因表面扩散改变了气孔的形状而给制品性能带来了损害。因此从理论上分析应尽可能快地从低温升到高温以创造体积扩散的条件。高温短时间烧结是制造致密陶瓷材料的好方法,但还要结合考虑材料的传热系数、二次再结晶温度、扩散系数等各种因素,合理制定烧结温度。

四、盐类的选择及其煅烧条件

在通常条件下,原始配料均以盐类形式加入,经过加热后以氧化物形式发生烧结。盐类具有层状结构,当将其分解时,这种结构往往不能完全破坏,原料盐类与生成物之间若保持结构上的关联性,那么盐类的种类、分解温度和时间将影响烧结氧化物的结构缺陷和内部应变,从而影响烧结速率与性能。

1. 煅烧条件

关于盐类的分解温度与生成氧化物性质之间的关系有大量的研究报道。例如 $Mg(OH)_2$ 分解温度与生成的 MgO 性质的关系如图 9-24 和 9-25 所示。由图 9-24 可见,低温下煅烧所得的 MgO,其晶格常数较大,结构缺陷较多,随着煅烧温度升高,结晶性较好,烧结温度相应提高。图 9-25 表明随着 $Mg(OH)_2$ 煅烧温度的变化,烧结表观活化能 E 及频率因子 A 的变化。实验结果显示在 900 ℃下煅烧 $Mg(OH)_2$ 所得到的烧结活化能最小,烧结活性较高。可以认为,煅烧温度愈高,烧结性愈低的原因是由于 MgO 的结晶良好,活化能增高。

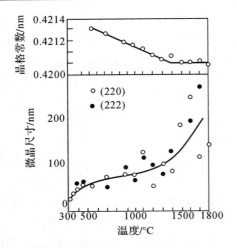

图 9 - 24 Mg(OH)$_2$ 分解温度与生成的 MgO 的晶格常数及晶粒尺寸的关系

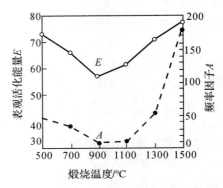

图 9 - 25 Mg(OH)$_2$ 分解温度与所得 MgO 形成体相对于扩散烧结的表观活化能和频率因子的关系

2. 盐类的选择

随着原料盐种类的不同,例如用不同的镁化合物分解所制得活性 MgO 的烧结性能有明显差别,由碱式碳酸镁、醋酸镁、草酸镁、氢氧化镁制得的 MgO,其烧结体可以分别达到理论密度的 82%～93%,而由氯化镁、硝酸镁、硫酸镁等制得的 MgO,在同样条件下烧结,仅能达到理论密度的 50%～66%。如果对煅烧获得的 MgO 性质进行比较,则可以看出,用能够生成粒度小、晶格常数较大、微晶较小、结构松弛的 MgO 的原料盐来获得活性 MgO,其烧结性良好;反之,用生成结晶性较高,粒度大的 MgO 的原料盐来制备 MgO,其烧结性差。

五、气氛的影响

烧结气氛一般分为氧化、还原和中性三种,在烧结中气氛的影响是很复杂的。

一般地说,在由扩散控制的氧化物烧结中,气氛的影响与扩散控制因素有关,与气孔内气体的扩散和溶解能力有关。例如 Al$_2$O$_3$ 材料是由阴离子(O^{2-})扩散速率控制烧结过程,当它在还原气氛中烧结时,晶体中的氧从表面脱离,从而在晶格表面产生很多氧离子空位,使 O^{2-} 扩散系数增大导致烧结过程加速。用透明氧化铝制造的钠光灯管必须在氢气炉内烧结,就是利用加速 O^{2-} 扩散,使气孔内气体在还原气氛下易于逸出的原理来使材料致密从而提高透光度。若氧化物的烧结是由阳离子扩散速率控制,则在氧化气氛中烧结,表面积聚了大量氧,使阳离子空位增加,则有利于阳离子扩散的加速而促进烧结。

进入封闭气孔内气体的原子尺寸愈小愈易于扩散。气孔消除也愈容易。如象氩或氮那样的大分子气体,在氧化物晶格内不易自由扩散最终残留在坯体中。但若像氢或氦那样的小分子气体,扩散性强,可以在晶格内自由扩散,因而烧结与这些气体的存在无关。

当样品中含有铅、锂、铋等易挥发物质时,控制烧结时的气氛更为重要。如锆钛酸铅材料烧结时,必须要控制一定分压的铅气氛,以抑制坯体中铅的大量逸出。并保持坯体严格的化学组成,否则将影响材料的性能。

关于烧结气氛的影响常会出现不同的结论。这与材料的组成,烧结条件,外加剂种类和数量等因素有关,必须根据具体情况慎重选择。

六、成型压力的影响

粉料成型时必须加一定的压力,除了使其具有一定形状和一定强度外,同时也给烧结创造了颗粒间紧密接触的条件,使其烧结时扩散阻力减小。一般地说,成型压力愈大,颗粒间接触愈紧密对烧结愈有利。但若压力过大使粉料超过塑性变形限度,就会发生脆性断裂。适当的成型压力可以提高生坯的密度,而生坯的密度与烧结体的致密化程度有正比关系。

影响烧结的因素除了以上六点以外,还有生坯内粉料的粒度分布、粉料的堆积程度、加热速度、保温时间等。影响烧结的因素很多,而且相互之间的关系也较复杂,在研究烧结时如果不充分考虑这众多的因素,并给予恰当地运用,就不能获得具有重复性和高致密度的制品。并进一步对烧结体的显微结构和机、电、光、热等性质产生显著的影响。

由此可以看出,要获得一个好的烧结材料,必须对原料粉末的尺寸、形状、结构和其它物性有充分的了解,并对工艺制度控制与材料显微结构形成的相互联系进行综合考察,只有这样才能真正理解烧结过程。

第六节　几种烧结方法简介

陶瓷粉料经成型后,一般还需经干燥、机械加工及表面处理等过程,制得素坯半成品。这种半成品经过热处理使其获得所需显微结构和性质（如密度、强度）,这一过程称之为烧成。烧成过程包括三个阶段:①前期为黏结剂等有机添加剂的氧化、挥发过程,这一阶段也称之为素烧或预烧,这一阶段的温度较低,素坯显微结构变化不大;②制品被烧结,主要表现为在一定的烧结温度时显微结构发育、致密化及强度的获得等;③冷却,冷却时可能有退火等步骤。

第二阶段是真正的烧结过程。烧结的最重要标志是制品显微结构的发育。对一些传统陶瓷或耐火材料,显微结构的发育主要是颗粒间的桥连、接合、聚结并使坯体获得一定强度,但制品烧成过程中一直是多孔的,即基本上无致密化作用。但这些制品也被认为是"烧结了的"。大多数情况下,伴随烧结过程制品体积收缩,密度提高,气孔率下降。尤其对现代陶瓷材料,制品密度的提高是显微结构发育的最重要标志之一。对高性能结构陶瓷而言,致密化是烧结的最主要的目的之一,所以这种情况下致密化和烧结几乎是同义词。然而必须指出的是,现代陶瓷烧结过程中,显微结构的发育除致密化过程外,晶粒生长、晶界形成及其性质,缺陷的形成及其性质等等,同样具有重要意义。

一、无压烧结方法

无压烧结是一种常规的烧结方法,它是指在常压下,通过对制品加热而烧结的一种方法,这是目前最常用,也是最简单的一种烧结方式。

无压烧结主要采用电加热法。电加热发热体根据不同要求有三种:耐热合金电阻丝,最高加热温度 1100 ℃,一般使用温度≤1000 ℃;碳化硅电阻棒,加热最高温度 1550 ℃,一般使用温度≤1450 ℃;二硅化钼电阻棒,在氧化性气氛中最高使用温度 1700 ℃,一般使用温度≤1600 ℃,在还原性气氛中 1700 ℃可较长时间使用;石墨发热体在非氧化性气氛中可使用最高温度达 2000 ℃。

无压烧结法是一种最基本的烧结方式。这种方法不仅简单易行,而且适用于不同形状、大小物件的烧制,温度制度便于控制。正是由于在无压烧结过程中,对烧结致密化过程的控制手段只有温度及升温速度二个参数,故对烧结过程中物体的致密化过程、显微结构发育等的研究最具意义,研究得最为活跃。无压烧结性能的优劣也与素坯的性质,或者说粉体性质密切相关。因而使用这种烧结方法,要获得良好的烧结体(高密度、晶粒细、可控缺陷),必须对整个粉料制备、表征过程、成型过程和烧结过程作详细研究。

二、压力烧结

压力烧结是在加热烧结时对被烧结体施加一定的压力促使其致密化的一种烧结方法,这种方法是无压烧结的发展。在无压烧结中,出于温度制度是唯一可控制的因素,因而对材料致密化的控制相对比较困难,为了得到较高密度,常需使用很高温度,结果导致晶粒过分长大或异常生长,使烧结体性能下降。所以用无压烧结的方法要实现高致密度,同时晶粒几乎不生长的目的是很困难的。压力烧结则是在加热的同时施加压力,样品的致密化主要依靠在外加压力作用下物质的迁移而完成,故烧结温度往往比无压烧结低约 200 ℃或更多,可在其晶粒几乎不生长或很少生长的情况下得到接近于理论密度的致密陶瓷材料。

对于用无压烧结难以使其致密化的非氧化物陶瓷(如 Si_3N_4,SiC 等),压力烧结方法更显示其优越性。由于非氧化物表面张力小、扩散系数低,故常压下即使使用很高的温度也难以致密。另外,某些非氧化物,如 Si_3N_4 在一定温度(1650 ℃)以上即分解,无压烧结更为困难,故此时压力烧结成为最有力的致密化手段。热压烧结不仅可提高致密度,还可大大减少 Si_3N_4 烧结时液相的使用量,从而有利于其高温力学性能的提高。

1. 热压烧结

在烧结的同时加上一定的外压力称为热压烧结。普通烧结(无压烧结)的制品一般还存在小于 5%的气孔。这是因为一方面随着气孔的收缩,气孔中的气压逐渐增大而抵消了作为烧结推动力的界面能的作用;另一方面封闭气孔只能由晶格内扩散物质填充。为了克服这两个弱点而制备高致密度的材料,可以采用热压烧结。

BeO 的热压烧结与普通烧结对坯体密度的影响如图 9-26 所示。采用热压后制品密度可达理论密度的 99%甚至 100%。尤其对以共价键结合为主的材料如碳化物、硼化物、氮化物等,由于它们在烧结温度下有高的分解压力和低的原子迁移率,因此用无压烧结是很难使其致密化的。例如 BN 粉末,用等静压在 200 MPa 压力下成型后,在 2 500 ℃下无压烧结相对密度为 66%,而采用压力为 25 MPa,在 1700 ℃下热压烧结能制得相对密度为 97%的 BN 材料。由此可见热压烧结对提高材料的致密度和降低烧结温度有显著的效果。一般无机非金属材料的普通烧结温度 $T_S \approx 0.7 \sim 0.8 T_m$(熔点),而热

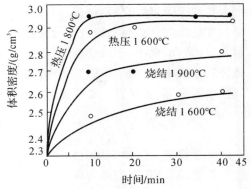

图 9-26 普通烧结与热压烧结的比较

压烧结温度 $T_{HP} \approx 0.5 \sim 0.6 T_m$。但以上关系也并非绝对,$T_{HP}$ 与压力有关。如 MgO 的熔点为 280 0 ℃,用 0.05 μm 的 MgO 在 140 MPa 压力下仅在 800 ℃就能烧结,此时 T_{HP} 约为 0.29 T_m。

实际应用对材料提出各种苛刻的要求,而热压烧结在制造无气孔多晶透明无机材料方面以及控制材料显微结构上与无压烧结相比,有无可比拟的优越性,因此热压烧结的适用范围也越来越广泛。

热压烧结是一种单向加压的压力烧结方法。热压烧结中加热方法仍为电加热法,加压方式为油压法,模具根据不同要求可使用石墨模具或氧化铝模具。通常使用的石墨模具必须在非氧化性气氛中使用,使用压力可达 70 MPa。石墨模具制作简单,成本较低。氧化铝模具使用压力可达 200 MPa,适用于氧化气氛,但制作困难,成本高,寿命低。

热压烧结的发展方向是高压及连续。高压乃至超高压装置用于难烧结的非氧化物,以及立方氮化硼、金刚石的合成及烧结。连续热压的发展则为热压方法的工业化创造条件。

2. 高温等静压烧结

尽管热压烧结有众多的优点,但由于是单向加压,故制得的样品形状简单,一般为片状或环状。另外对于非等轴晶系的样品热压后片状或柱状晶粒取向严重。

高温等静压是结合了热压法和无压烧结方法两者优点的陶瓷烧结方法,与传统无压烧结和普通单向热压烧结相比,高温等静压法不仅能像热压烧结那样提高致密度,抑制晶粒生长,提高制品性能,而且还能像无压烧结方法那样制造出形状十分复杂的产品,还可以实现金属—陶瓷间的封接。如封装得当,可获得表面光洁度很高的产品,从而减少或避免机械加工。

炉腔往往制成柱状,内部可通高压气氛,气体为压力传递介质,发热体则为电阻发热体。目前的高温等静压装置压力可达 200 MPa,温度可达 2 000 ℃ 或更高。由于高温等静压烧结时气体是承压介质,而陶瓷粉料或素坯中气孔是连续的,故样品必须封装,否则高压气体将渗入样品内部而使样品无法致密化。

高温等静压还可用于已进行过无压烧结样品的后处理,用以进一步提高样品致密度和消除有害缺陷。高温等静压与热压法一样,已成功地用于多种结构陶瓷,如 Al_2O_3、Si_3N_4、SiC、$Y-TZP$ 等的烧结或后处理。

三、等离子体烧结

以上介绍的两种常用的烧结方法主要通过温度、压力和时间几个参数控制烧结过程。但在烧结升温过程中,加热升温是依靠发热体对样品的对流、辐射加热,故其升温速度一般较慢,小于 50 ℃/min。由于快速升温对烧结和显微结构的发展有利,人们一直试图获得极高的升温速度。而高速升温用常规的电加热法是无法实现的。等离子体加热可获得电加热法所无法达到的极高的升温速率。

所谓等离子体烧结是指利用气体放电时形成的高温和电子能量以及可控气氛对材料进行烧结。由于等离子体瞬间即可达到高温,其升温速度可达 1000 ℃/min 以上,所以等离子体烧结技术是一种比较新的实验室用快速高温烧结技术。这一方法于 1968 年被首次用于 Al_2O_3 陶瓷的烧结,经过 20 多年的发展,这种方法现已成功地用于各种精细陶瓷,如 Al_2O_3、$Y_2O_3 - ZrO_2$、MgO、SiC 等的烧结。

等离子体烧结的特点:

(1)气氛温度高,升温速度快。温度可达 2 000 ℃ 或更高,升温速率可达 100 ℃/s。

(2)烧结速度快,线收缩速率可达 $(1\sim4)\%/s$,即约半分钟之内即可将样品烧结。

(3)烧结速度快,有效地抑制了样品的晶粒生长,但同时可能造成样品内外温度梯度及显微结构的不均匀。

(4)过快的升温和收缩可能使一些热膨胀系数较大、收缩量较大的物件在升温收缩过程中开裂。

(5)根据等离子体形状,目前以烧结棒状或管状($\varphi < 15$ mm)样品较为合适。

(6)等离子体加热的特点除对流外,粒子对表面轰击和粒子(离子)于样品表面复合对样品加热起很大作用。

1. 样品制备及要求

用等离子体烧结的试样,目前多为长柱状或管状,直径小于 15 mm,常用 5～10 mm。试样可直接用等静压制备,也可用浇注法制备。

试样必须保持干燥,具备较高强度和素坯密度。如试样素坯密度过低,则往往需要预烧并使其部分致密化,减少烧成时收缩量和开裂的可能性。试样尺寸不仅受等离子体等温区大小的限制,实际上更主要受到热冲出的制约。由于样品推入等离子体时,样品受等离子体包裹部分有极高的升温速率,而等离子体外的样品则温度基本没有上升,故样品不同部分温差很大,热冲击也大。另外如样品素坯密度过低,强度低,膨胀系数过高,则由于热冲击引起的应力和导致破坏的可能性也大。所以要烧制尺寸较大的样品,不仅要有较大的等离子区,样品推进速度快,还必须制得较高密度和强度的素坯样品,这对膨胀系数较高（如 Y – TZP）的材料尤为如此。

2. 试样在等离子体中的加热

等离子体放电区温度达数千度,气体部分以离子状态存在。试样在放电区由于受到强对流传热和各种组分(离子、原子、电子等)在表面处冲击,复合而得以加热。由于等离子体温度高,热流量大,故升温速度高,随温度升高试样表面的辐射程度加剧,最终可达到某一加热与热损失的平衡并保持一定温度。一般的试样可达 1 600～1 900 ℃的温度。由于气体温度远高于试样温度,故试样温度主要与气流情况（气体种类、压力）及输入功率有关。1 600～1 900 ℃是较易达到的温度,也是较易控制的温度区间。更高温度时由于热损失增大难以进一步升温,更低温度时对等离子体的控制和调节不易。温度测量一般使用光学温度计,故温度测量和控制精度不佳。

四、微波烧结

微波烧结也是陶瓷的快速烧结方法,微波烧结法区别于其他方法的最大特点是其独特的加热机理。所谓微波烧结,是利用微波直接与物质粒子(分子、离子)相互作用,利用材料的介电损耗使样品直接吸收微波能量从而得以加热烧结的一种新型烧结方法。

1. 微波烧结技术的特点

微波烧结技术的研究起始于 20 世纪 70 年代。在 20 世纪 80 年代中期以前,由于微波装置的局限,微波烧结研究主要局限于一些容易吸收微波,烧结温度低的陶瓷材料,如 $BaTiO_3$ 等。随着研究的深入和实验装置的改进(如单模式腔体的出现),1986 年前后微波烧结开始在一些现代高技术陶瓷材料的烧结中得到应用,近几年来已经用微波成功地烧结了许多种不同的高技术陶瓷材料,如氧化铝、氧化钇稳定氧化锆、莫来石、氧化铝－碳化钛复合材料等。另外微波烧结装置还可用于陶瓷间的直接焊接。各种微波烧结装置相继问世,从高功率多模式腔体(数千瓦至上百千瓦)到小功率($\leqslant 1\ 000$ W)的单模式腔体,频率从 915 kHz 至 60 GHz。此外对微波烧结的理论研究也在不断深入,如微波场中样品内部电场、磁场分布、样品微波加热升温特性、温场分布等的研究。但总的说来,微波烧结的研究目前仍处实验阶段。

微波烧结有以下特点:

(1)独特的加热机制。微波烧结是通过微波与材料直接作用而升温的,与一般的传热(对流、辐射)完全不同。样品自身可被视作热源,在热过程中样品一方面吸收微波能,另一方面通过表面辐射等方式损失能量。

(2)这一独特的加热机制使得材料升温不仅取决于微波系统特性如频率等,还与材料介电特性,如介电损耗有关,介电损耗越高,升温速率越快。

(3)特殊的升温过程。由于材料介电损耗还与温度有关,故材料升温过程中,低温时介电损耗低故升温速度慢;一定温度时,由于介电损耗随温度升高而增大,故升温速度加快;更高温度时由于热损失的原因,升温速度减慢。一般平均升温速率约 500 ℃/min。

(4)由于很高的升温速率引起与等离子体烧结相似的问题,如温度分布不均,热应力较大,样品尺寸受限制等。

(5)可降低烧结温度,抑制晶粒生长等。

2. 微波场中材料的升温

微波加热的本质是材料中分子或离子等与微波电磁场的相互作用。高频交变电场下,材料内部的极性分子、偶极子、离子等随电场的变化剧烈运动,各组元之间产生碰撞、摩擦等内耗作用使微波能转变成了热能,对于不同的介质,微波与之相互作用的情况是不同的。金属由于其导电性而对微波全反射(故腔体以导电性良好的金属制造),有些非极性材料对微波几乎无吸收而成为对微波的透明体(如石英),一些强极性分子材料对微波强烈吸收(如水)而成为全吸收体。一般无机非金属材料介于透明体和全吸收体之间。

由于材料介电损耗与温度有关,故不同温度时升温速率是不同的。一般温度越高,介电损耗越大,而且这种变化几乎是呈指数式的,如 Al_2O_3、BN、SiO_2 等材料均如此。材料介电损耗随温度迅速上升的规律对微波烧结过程影响很大。由于低温时介电损耗小因而升温速度慢,但随温度升高升温速率加快,一定温度后必须及时调整输入功率(即场强)以防止升温速度过快。另外,如材料中温度分布不均匀,温度低的部位对微波吸收能力差,而温度高的部位吸收了大部分能量,因而可能导致温度分布越来越不均匀,即所谓"热失控"现象,故烧结时一定要随时控制能量输入和升温速度。

五、爆炸烧结

爆炸烧结是利用炸药爆炸产生的瞬间巨大冲击力和由此产生的瞬间高温使材料被压实烧结的一种致密化方式。与压力烧结相比,这种方法也是利用高压和由此产生一定温度使材料致密化,但所不同的是这种压力是瞬间冲击力而非静压力,高温是由于在冲击力作用下颗粒相互摩擦作用而间接引起,而并非直接加热产生,所以这是一种区别传统压力烧结方法的一种特殊方法。

1. 爆炸烧结的特点

最初利用炸药爆炸产生的瞬间冲击力实现某些特殊材料如金刚石、立方氮化硼等的合成,这方面的工作从 20 世纪 50 年代开始,20 世纪 60 年代得到较快发展。

爆炸烧结的特点在于其过程(压力、温度)的瞬间性,这对实现非晶合金粉末的致密化有重要意义。由于这种瞬态过程可避免材料致密化时的晶化作用,故常被用于非晶合金体材料的制造。这种方法用于陶瓷的烧结一方面是由于高技术陶瓷的重要性日益得到认识,二是由于这种方法可以提供其它方法无法替代的作用:利用爆炸烧结可在使粉料实现致密化的同时抑制其晶粒生长,为获得高密、细晶材料开辟新的途径。

2. 爆炸烧结的机理与特征

由于爆炸烧结是绝热过程,因而颗粒界面热能来自颗粒本身各种能量转化,主要是动能—热能转化。一般认为激波加载引起的升温机制有以下5种:

(1)颗粒发生塑性畸变和流动,这种塑性流动将产生热能;

(2)由于绝热压缩而升温;

(3)粉料颗粒间绝热摩擦升温;

(4)粉料颗粒间碰撞动能转化为热能并使颗粒间发生"焊接"现象;

(5)空隙闭合时,孔隙周围由于黏塑性流动而出现灼热升温现象。

以上5种机制中,(1)(2)只能引起平均升温,不是主要升温机制,(3)(4)是主要的界面升温机制,(5)仅在后期起作用。界面升温由于过程极为短暂故能量效率极高。

爆轰过程中,在激波作用下颗粒发生塑性流动而相互错动,由于绝热升温使界面黏度明显下降,并有助于塑性流动的进一步进行。一定界面温度时还可能发生黏性流动。由于致密化过程历时极短,颗粒自身仍处于冷却状态,扩散传质不可能成为致密化机制,所以界面升温参与的颗粒塑性流动为爆炸烧结的主要机制。

爆炸烧结特征:

(1)瞬态绝热升温特征。粉料在爆轰过程中密实过程是瞬态冲击力造成的。激波压力与粉末压实密度存在对应关系,在压力达到最大时密度也最大,压力停止增加或撤消时,各种致密化过程和升温过程也停止。由于爆炸过程中样品升温是由于自身颗粒间撞击摩擦引起,而不是来自外界如爆炸释放的热能,而且速度极快,故这一过程是绝热过程。

(2)热量聚积颗粒表(界)面特征。晶相观察表明,爆炸烧结瞬间,颗粒界面邻近区城存在能量快速积聚现象,引起界面的高温甚至使界面区域熔化,而颗粒内部则相对处于冷却状态,对升温的边界起冷却作用甚至淬火作用,从而使界面形成极细的微晶甚至非晶组织。

(3)可能的界面层化学反应。两种不同的粉料组成复合粉料时,在激波作用下不同颗粒界面可发生反应,从而合成新的相。

课后习题

9-1 名词解释:

(1)熔融温度、烧结温度、泰曼温度;

(2)体积密度、理论密度、相对密度;

(3)液相烧结、固相烧结;

(4)晶粒生长、二次再结晶;

(5)晶粒极限尺寸、晶粒平均尺寸;

(6)烧结与烧成。

9-2 烧结的模型有哪几种?各适用于哪些典型传质过程?

9-3　若固气界面能为 $0.1 \, \mathrm{J/m^2}$，若用直径为 $1 \, \mu\mathrm{m}$ 粒子组成压块，体积为 $1 \, \mathrm{cm^3}$，试计算由烧结推动力而产生的能量是多少？

9-4　设有粉末压块，其粉料粒度为 $5 \, \mu\mathrm{m}$，若烧结时间为 $2 \, \mathrm{h}$ 时，颈部生长速率 $x/r=0.1$。如果不考虑晶粒生长，若烧结至 $x/r=0.2$，试比较蒸发—凝聚、体积扩散、黏性流动、溶解-沉淀传质各需要多少时间？若烧结时间为 $8 \, \mathrm{h}$，各个过程的 x/r 又各是多少？

9-5　如上题粉料粒度改为 $16 \, \mu\mathrm{m}$，烧结至 $x/r=0.2$，各个传质需多少时间？若烧结 $8 \, \mathrm{h}$，各个过程的 x/r 又是多少？从两题计算结果，讨论粒度与烧结时间对四种传质过程的影响程度。

9-6　下列过程中，哪些能使烧结产物强度增加，而不产生致密化过程？试说明理由。(1)蒸发-凝聚；(2)体积扩散；(3)黏性流动；(4)晶界扩散；(5)表面扩散；(6)溶解-沉淀。

9-7　在制造透明 $\mathrm{Al_2O_3}$ 材料时，原始粉料粒度为 $2 \, \mu\mathrm{m}$，烧结至最高温度保温半小时，测得晶粒尺寸为 $10 \, \mu\mathrm{m}$，试问若保温 $2 \, \mathrm{h}$，晶粒尺寸多大？为抑制晶粒生长加入质量分数为 $0.1\%\mathrm{MgO}$，此时若保温 $2 \, \mathrm{h}$，晶粒尺寸又有多大？

9-8　在 $1\,500 \, ℃$ $\mathrm{Al_2O_3}$ 正常晶粒生长期间，观察到晶体在 1 小时内从 $0.5 \, \mu\mathrm{m}$ 直径长大到 $10 \, \mu\mathrm{m}$。如已知晶界扩散激活能为 $335 \, \mathrm{kJ/mol}$，试预测在 $1700 \, ℃$ 下 4 小时后，晶粒尺寸是多少？你估计加入 $0.5\%\mathrm{MgO}$ 杂质对 $\mathrm{Al_2O_3}$ 晶粒生长速率会有什么影响？在与上面相同条件下烧结，会有什么结果，为什么？

9-9　晶界遇到夹杂物时会出现几种情况，从实现致密化的目的考虑，晶界应如何移动？怎样控制？

9-10　在烧结时，晶粒生长能促进坯体致密化吗？晶粒生长会影响烧结速率吗？试说明之。

9-11　为了减小烧结收缩，可把直径 $1 \, \mu\mathrm{m}$ 的细颗粒(约30%)和直径 $50 \, \mu\mathrm{m}$ 的粗颗粒进行充分混合，试问此压块的收缩率速率如何？如将 $1 \, \mu\mathrm{m}$ 和 $50 \, \mu\mathrm{m}$ 以及两种粒径混合料制成的烧结体的 $\log\triangle L/L$ 对 $\log t$ 曲线分别绘入适当位置，将得出什么结果？

9-12　试比较各种传质过程产生的原因、条件、特点和工艺控制要素？

9-13　烧结为什么在气孔率达约 5% 就停止了，烧结为什么达不到理论密度？采取哪些措施可使烧结材料接近理论密度(以制备透明 $\mathrm{Al_2O_3}$ 陶瓷为例)，为什么？

附　　录

附录一　146 种结晶学单形

附表 1.1　三斜晶系之单形

对称型	单形名称
L^1	1.单面
C	2.平行双面

附表 1.2　单斜晶系之单形

对称型	单形名称		
L^2	3.（轴）双面(2)	4.（平行）双面(2)	5.单面(1)
P	6.（反映）双面(2)	7.单面(1)	8.平行双面(2)
L^2PC	9.菱方柱(4)	10.平行双面(2)	11.平行双面(2)

附表 1.3　正交晶系之单形

对称型	单形名称				
3L2	12.菱方四面体(4)	13.菱方柱(4)		14.平行双面(2)	
L22P	15.菱方锥(4)	16.双面(2)	17.菱方柱(4)	18.平行双面(2)	19.单面(1)
3L23PC	20.菱方双锥(8)	21.菱方柱(4)		22.平行双面	

附表 1.4　三方晶系之单形

对称型	单形名称					
L^3	23.三方锥(3)			24.三方柱(3)		25.单面(1)
L^3C	26.菱面体			27.六方柱(6)		28.平行双面(2)
L^33P	29.复三方锥(6)	30.六方锥(6)	31.三方锥(3)	32.复三方柱(6)	33.六方柱(6)	34.三方柱(3) / 35.单面(1)
L^33L^2	36.三方偏方面体(6)	37.三方双锥(6)	38.菱面体(6)	39.复三方柱(6)	40.三方柱(3)	41.六方柱(6) / 42.平行双面(2)
L^33L^23PC	43.复三方偏三角面体(12)	44.六方双锥(12)	45.菱面体(6)	46.复六方柱(12)	47.六方柱(6)	48.六方柱(6) / 49.平行双面(2)

附表 1.5　四方晶系之单形

对称型	单形名称				
L^4	50.四方锥(4)		51.四方柱(4)		52.单面(1)
L^4PC	53.四方双锥(8)		54.四方柱(4)		55.平行双面(2)
L^4P	56.复四方锥(8)	57.四方锥(4)	58.复四方柱(8)	59.四方柱(4)	60.单面(1)
$L^4 4L^2$	61.四方偏方面体(8)	62.四方双锥(8)	63.复四方柱(8)	64.四方柱(4)	65.平行双面(2)
$L^4 4L^2 5PC$	66.复四方双锥(16)	67.四方双锥(8)	68.复四方柱(8)	69.四方柱(4)	70.平行双面(2)
L_i^4	71.四方四面体(4)		72.四方柱(4)		73.平行双面(2)
$L_i^4 2L^2 2P$	74.四方偏方面体(8)	75.四方四面体(4)	76.四方双锥(8)	77.复四方柱(8)	78.四方柱(4)	79.四方柱(4)	80.平行双面(2)

附表 1.6　六方晶系之单形

对称型	单形名称				
L^6	81.六方锥(6)		82.六方柱(6)		83.单面(1)
L^6PC	84.六方双锥(12)		85.六方柱(6)		86.平行双面(2)
$L^6 6P$	87.复六方锥(12)	88.六方锥(6)	89.复六方柱(12)	90.六方柱(6)	91.单面(1)
$L^6 6L^2$	92.六方偏方面体(12)	93.六方双锥(12)	94.复六方柱(12)	95.六方柱(6)	96.平行双面(2)
$L^6 6L^2 7PC$	97.复六方双锥(24)	98.六方双锥(12)	99.复六方柱(12)	100.六方柱(6)	101.平行双面(2)
L_i^6	102.三方双锥(6)		103.三方柱(3)		104.平行双面(2)
$L_i^6 3L^2 3P$	105.复三方双锥(6)	106.六方双锥(12)	107.三方双锥(6)	108.复三方柱(6)	109.六方柱(6)	110.三方柱(3)	111.平行双面(2)

附表 1.7　等轴晶系之单形

对称型	单形名称						
$3L^2 4L^3$	112.五角三四面体(12)	113.四角三四面体(12)	114.三角三四面体(12)	115.四面体(4)	116.五角十二面体(12)	117.菱形十二面体(12)	118.立方体(6)
$3L^2 4L^3 3PC$	119.偏方复十二面体(24)	120.三角三八面体(24)	121.四角三八面体(24)	122.八面体(8)	123.五角十二面体(12)	124.菱形十二面体(12)	125.立方体(6)
$3L_i^4 4L^3 6P$	126.六四面体(24)	127.四角三四面体(12)	128.三角三四面体(12)	129.四面体(4)	130.四六面体(24)	131.菱形十二面体(12)	132.立方体(6)
$3L^4 4L^3 6L^2$	133.五角三八面体(24)	134.三角三八面体(24)	135.四角三八面体(24)	136.八面体(8)	137.四六面体(24)	138.菱形十二面体(12)	139.立方体(6)
$3L^4 4L^3 6L^2 9PC$	140.六八面体(48)	141.三角三八面体(24)	142.四角三八面体(24)	143.八面体(8)	144.四六面体(24)	145.菱形十二面体(12)	146.立方体(6)

附录二　原子和离子半径

原子序数	符　号	原子半径/nm	离　子	离子半径/nm
1	H	0.046	H⁻	0.154
2	He	—	—	—
3	Li	0.152	Li⁺	0.078
4	Be	0.114	Be²⁺	0.054
5	B	0.097	B³⁺	0.02
6	C	0.077	C⁴⁺	<0.02
7	N	0.071	N⁵⁺	0.01~0.02
8	O	0.060	O²⁻	0.132
9	F	—	F⁻	0.133
10	Ne	0.160	—	—
11	Na	0.186	Na⁺	0.098
12	Mg	0.160	Mg²⁺	0.078
13	Al	0.143	Al³⁺	0,057
14	Si	0.117	Si⁴⁻	0.198
			Si⁴⁺	0.039
15	P	0.109	P⁵⁺	0.03~0.04
16	S	0.106	S²⁺	0.174
			S⁶⁺	0.034
17	Cl	0.107	Cl⁻	0.181
18	Ar	0.192	—	—
19	K	0.231	K⁺	0.133
20	Ca	0.197	Ca²⁺	0.106
21	Sc	0.160	Sc²⁺	0.083
22	Ti	0.147	Ti²⁺	0.076
22	Ti		Ti³⁺	0.069
			Ti⁴⁺	0.064

续　表

原子序数	符　号	原子半径/nm	离　子	离子半径/nm
23	V	0.132	V^{3+}	0.065
			V^{4+}	0.061
			V^{5+}	约 0.04
24	Cr	0.125	Cr^{3+}	0.064
			Cr^{6+}	0.03～0.04
25	Mn^{2+}	0.112	Mn^{2+}	0.091
			Mn^{3+}	0.070
			Mn^{4+}	0.052
26	Fe	0.124	Fe^{2+}	0.087
			Fe^{3+}	0.067
27	Co	0.125	Co^{2+}	0.082
			Co^{3+}	0.065
28	Ni	0.125	Ni^{2+}	0.078
29	Cu	0.128	Cu^{+}	0.096
30	Zn	0.133	Zn^{2+}	0.083
31	Ga	0.135	Ga^{3+}	0.062
32	Ge	0.122	Ge^{4+}	0.044
33	As	0.125	As^{3+}	0.069
			As^{5+}	约 0.04
34	Se	0.116	Se^{2-}	0.191
			Se^{6+}	0.03～0.04
35	Br	0.119	Br^{-}	0.196
36	Kr	0.197	—	—
37	Rb	0.251	Rb^{+}	0.149
38	Sr	0.215	Sr^{2-}	0.127
39	Y	0.181	Y^{3+}	0.106
40	Zr	0.158	Zr^{4+}	0.087
41	Nb	0.143	Nb^{+}	0.074
			Nb^{5+}	0.069
42	Mo	0.136	Mo^{4+}	0.068
			Mo^{6+}	0.065
43	Tc	—	—	—

续　表

原子序数	符　号	原子半径/nm	离　子	离子半径/nm
44	Ru	0.134	Ru^{4+}	0.065
45	Rh	0.134	Rh^{3+}	0.068
			Rh^{4+}	0.065
46	Pd	0.137	Pd^{2+}	0.050
47	Ag	0.144	Ag^-	0.113
48	Cd	0.150	Cd^{2+}	0.103
49	In	0.157	In^{3+}	0.092
50	Sn	0.158	Sn^{4-}	0.215
			Sn^{4+}	0.074
51	Sb	0.161	Sb^{3+}	0.090
52	Te	0.143	Te^2	0.211
			Te^{4+}	0.089
53		0.136	I^-	0.220
			I^{5+}	0.094
54	Xe	0.218	—	—
55	Cs	0.265	Cs^+	0.165
56	Ba	0.217	Ba^{2+}	0.143
57	La	0.187	La^{3+}	0.122
58	Ce	0.182	Ce^{3+}	0.118
59	Pr	0.183	Pr^{3+}	0.116
			Pr^{4+}	0.100
60	Nd	0.182	Nd^{3+}	0.115
61	Pm		Pm^{3+}	0.106
62	Sm	0.181	Sm^{3+}	0.113
63	Eu	0.204	Eu^{3+}	0.113
64	Gd	0.180	Gd^{3+}	0.111
65	Tb	0.177	Tb^{3+}	0.109
			Tb^{4+}	0.089
66	Dy	0.177	Dy^{3+}	0.107
67	Ho	0.176	Ho^{3+}	0.105
68	Er	0.175	Er^{3+}	0.104
69	Tm	0.174	Tm^{3+}	0.104

续　表

原子序数	符　号	原子半径/nm	离　子	离子半径/nm
70	Yb	0. 193	Yb^{3+}	0. 100
71	Lu	0. 173	Lu^{2+}	0. 099
72	Hf	0. 159	Hf^{4+}	0. 084
73	Ta	0. 147	Ta^{5+}	0. 068
74	W	0. 137	W^{4+}	0. 068
			W^{6+}	0. 065
75	Re	0. 138	Re^{4+}	0. 072
76	Os	0. 135	Os^{4+}	0. 067
77	Ir	0. 135	Ir^{4+}	0. 066
78	Pt	0. 138	Pt^{2+}	0. 052
			Pt^{4+}	0. 055
79	Au	0. 144	Au^{+}	0. 137
80	Hg	0. 150	Hg^{2+}	0. 112
81	Tl	0. 171	Tl^{+}	0. 149
			Tl^{3+}	0. 106
82	Pb	0. 175	Pb^{4-}	0. 215
			Pb^{2+}	0. 132
			Pb^{4+}	0. 084
83	Bi	0. 182	Bi^{3+}	0. 120
84	Po	0. 140	Po^{6+}	0. 067
85	At	—	At^{7+}	0. 062
86	Rn	—	—	—
87	Fr	—	Fr^{+}	0. 180
88	Ra	—	Ra^{+}	0. 152
89	Ac	—	Ac^{3+}	0. 118
90	Th	0. 180	Th^{4+}	0. 110
91	Pa		—	—
92	U	0. 138	U^{4+}	0. 105

附录三 单位换算和基本单位常数

1 微米(μm)$=10^{-6}$米(m)$=1\ 000$纳米(nm)

1 纳米(nm)$=10^{-9}$米(m)$=10$埃($\mathring{A}$)

1 埃($\mathring{A}$)$=10^{-10}$米(m)

1 英寸(in)$=25.44$毫米(mm)

1 达因(dyn)$=10^{-5}$牛(N)

1 达因/厘米(dyn/cm)$=1$毫牛/米(mN/m)

1 巴(bar)$=10^5$帕(Pa)$=10^5$牛/米^2(N/m^2)

1 毫米汞柱(mmHg)$=133.322$帕(Pa)

1 大气压(atm)$=1.01\ 325\times10^5$帕(Pa)

1 镑/英寸 2(psi)$=6.8946\times10^3$帕(Pa)

1 泊(P)$=0.1$帕·秒(Pa·s)

1 帕·秒(Pa·s)$=1$千克/米·秒(kg/m·s)

1 焦(J)$=10^7$尔格(erg)

1 热化学卡(cal)$=4.184$焦(J)

1 电子伏特(eV)$=1.602\ 2\times10^{-19}$焦(J)

附录四 国际单位制(SI)中基本常数的值

物理量	符　号	值
真空中光速	c	2.98×10^8 m/s(米/秒)
真空介电常数	ε_0	8.854×10^{-12} F/m(法/米)
真空磁导率	μ_0	$4\pi\times10^{-7}$ N/A^2(牛/安培^2)
电子的电荷	e	1.602×10^{-19} C(库仑)
电子的质量	m_e	9.109×10^{-31} kg(千克)
质子的质量	m_p	1.672×10^{-27} kg(千克)
原子的质量	m_u	1.660×10^{-27} kg(千克)
玻耳兹曼常数	k	80×10^{-23} J/K(焦/开尔文)
普朗克常数	h	6.626×10^{-23} J·s(焦·秒)
阿伏伽德罗数	N	023×10^{23} mol^{-1}(摩尔$^{-1}$)
摩尔气体常数	R	314 J/mol·K(焦/摩尔·开)
标准状况下理想气体摩尔体积	V_m	41×10^{-3} m^3/mol(米^3/摩尔)

参 考 文 献

［1］ 金格瑞 ，等．陶瓷导论［M］.清华大学，译．北京：中国建筑工业出版社，1982.

［2］ 冯端，师昌绪，刘志国．材料科学导论［M］.北京：化学工业出版社，2002.

［3］ 陆佩文．无机材料科学基础：硅酸盐物理化学［M］.武汉：武汉工业大学出版社，1996.

［4］ 胡志强．无机材料科学基础教程［M］.2 版．北京：化学工业出版社，2018.

［5］ 周亚栋．无机材料科学基础［M］.武汉：武汉工业大学出版社，1994.

［6］ 徐祖耀，李鹏兴.材料科学导论［M］.上海：上海科学技术出版社，1986.

［7］ 徐恒钧.材料科学基础［M］.北京：北京工业大学出版社，2001.

［8］ 潘金生，等.材料科学基础［M］.北京：清华大学出版社，2011.

［9］ 杜丕一．材料科学基础［M］.北京：中国建筑工业出版社，2002.

［10］ CAHN R W，KRAMER E J. Materials science and technology：a comprehensive treatment ［M］. New York：VCH，1991.

［11］ 罗尔斯，等．材料科学与材料工程导论［M］.北京：科学出版社，1982.

［12］ 徐祖麓．相变原理［M］.北京：科学出版社，1988.

［13］ 崔国文．缺陷、扩散与烧结［M］.北京：清华大学出版社，1990.

［14］ 顾宜.材料科学与工程基础［M］.北京：化学工业出版社，2002.

［15］ 王承遇，等．玻璃材料手册［M］.北京：化学工业出版社，2007.

［16］ 邱关明．新型陶瓷［M］.北京：兵器工业出版社，1993.

［17］ 石德珂．材料科学基础［M］.北京：机械工业出版社，1999.